全国中等医药卫生职业教育"十二五"规划教材

应 用 物 理

（供口腔修复工艺专业用）

总 主 编　牛东平（北京联袂义齿技术有限公司）

副总主编　原双斌（山西齿科医院）

主　　编　于爱萍（山西省运城市口腔卫生学校）

副 主 编　樊碰民（西安交通大学医学院附设卫生学校）

编　　委　（以姓氏笔画为序）

于爱萍（山西省运城市口腔卫生学校）

吕勇杰（山东省青岛卫生学校）

乔庆军（南阳医学高等专科学校）

姜集杰（山西省运城市口腔卫生学校）

唐朝亮（晋中市卫生学校）

彭卫红（安阳职业技术学院）

谭世恩（山西省运城市口腔卫生学校）

樊碰民（西安交通大学医学院附设卫生学校）

主　　审　杜建国（运城中学）

中国中医药出版社

·北 京·

图书在版编目（CIP）数据

应用物理/于爱萍主编 . —北京：中国中医药出版社，2014.7（2021.9 重印）
全国中等医药卫生职业教育"十二五"规划教材
ISBN 978 - 7 - 5132 - 1800 - 9

Ⅰ. ①应⋯　Ⅱ. ①于⋯　Ⅲ. ①应用物理 – 中等专业学校 – 教材　Ⅳ. ①O59

中国版本图书馆 CIP 数据核字（2014）第 025914 号

中 国 中 医 药 出 版 社 出 版
北京经济技术开发区科创十三街31号院二区8号楼
邮政编码　100176
传真　010 64405721
三河市同力彩印有限公司印刷
各地新华书店经销

*

开本 787×1092　1/16　印张 14　字数 309 千字
2014 年 7 月第 1 版　2021 年 9 月第 3 次印刷
书　号　ISBN 978 - 7 - 5132 - 1800 - 9

*

定价　30.00 元
网址　www.cptcm.com

前　言

　　"全国中等医药卫生职业教育'十二五'规划教材"由中国职业技术教育学会教材工作委员会中等医药卫生职业教育教材建设研究会组织，全国120余所高等和中等医药卫生院校及相关医院、医药企业联合编写，中国中医药出版社出版。主要供全国中等医药卫生职业学校护理、助产、药剂、医学检验技术、口腔修复工艺专业使用。

　　《国家中长期教育改革和发展规划纲要（2010－2020年）》中明确提出，要大力发展职业教育，并将职业教育纳入经济社会发展和产业发展规划，使之成为推动经济发展、促进就业、改善民生、解决"三农"问题的重要途径。中等职业教育旨在满足社会对高素质劳动者和技能型人才的需求，其教材是教学的依据，在人才培养上具有举足轻重的作用。为了更好地适应我国医药卫生体制改革，适应中等医药卫生职业教育的教学发展和需求，体现国家对中等职业教育的最新教学要求，突出中等医药卫生职业教育的特色，中国职业技术教育学会教材工作委员会中等医药卫生职业教育教材建设研究会精心组织并完成了系列教材的建设工作。

　　本系列教材采用了"政府指导、学会主办、院校联办、出版社协办"的建设机制。2011年，在教育部宏观指导下，成立了中国职业技术教育学会教材工作委员会中等医药卫生职业教育教材建设研究会，将办公室设在中国中医药出版社，于同年即开展了系列规划教材的规划、组织工作。通过广泛调研、全国范围内主编遴选，历时近2年的时间，经过主编会议、全体编委会议、定稿会议，在700多位编者的共同努力下，完成了5个专业61本规划教材的编写工作。

　　本系列教材具有以下特点：

　　1. 以学生为中心，强调以就业为导向、以能力为本位、以岗位需求为标准的原则，按照技能型、服务型高素质劳动者的培养目标进行编写，体现"工学结合"的人才培养模式。

　　2. 教材内容充分体现中等医药卫生职业教育的特色，以教育部新的教学指导意见为纲领，注重针对性、适用性以及实用性，贴近学生、贴近岗位、贴近社会，符合中职教学实际。

　　3. 强化质量意识、精品意识，从教材内容结构、知识点、规范化、标准化、编写技巧、语言文字等方面加以改革，具备"精品教材"特质。

　　4. 教材内容与教学大纲一致，教材内容涵盖资格考试全部内容及所有考试要求的知识点，注重满足学生获得"双证书"及相关工作岗位需求，以利于学生就业，突出中等医药卫生职业教育的要求。

　　5. 创新教材呈现形式，图文并茂，版式设计新颖、活泼，符合中职学生认知规律及特点，以利于增强学习兴趣。

　　6. 配有相应的教学大纲，指导教与学，相关内容可在中国中医药出版社网站

（www. cptcm. com）上进行下载。本系列教材在编写过程中得到了教育部、中国职业技术教育学会教材工作委员会有关领导以及各院校的大力支持和高度关注，我们衷心希望本系列规划教材能在相关课程的教学中发挥积极的作用，通过教学实践的检验不断改进和完善。敬请各教学单位、教学人员以及广大学生多提宝贵意见，以便再版时予以修正，使教材质量不断提升。

中等医药卫生职业教育教材建设研究会
中国中医药出版社
2013 年 7 月

编写说明

　　随着社会经济的发展和社会对人才需求的改变，在倡导"以服务为宗旨，以就业为导向，以能力为本位，以岗位需求为标准，大力发展职业教育，促进职业教育健康、快速发展"的新形势下，中等职业教育面临着巨大的变革和挑战。从国家办学方针、专业调整、课程设置、生源情况、实训就业等一系列问题来看，第一改革的就是教材。如何在新形势下适应改革发展的需求，就摆在了每一所中等职业学校的面前。2011年4月，本教材编写团队围绕教学大纲的修改、课程内容的取舍及编写任务的确立等项目，进行了多次研究，并借鉴国内外先进经验，结合我国实际，编写完成了适应中等卫生职业教育口腔修复工艺专业的基础课教材《应用物理》，现作为全国中等医药卫生职业教育"十二五"规划教材，由中国中医药出版社出版。

　　《应用物理》教材编写的宗旨是体现"三个基本"和"三个特性"、突出"四个贴近"、注重"五个对接"。"三个基本"和"三个特性"，即基本知识、基本理论、基本技能和思想性、科学性、实用性。"四个贴近"，即贴近职业实践、贴近学生实际、贴近岗位需求、贴近专业内容。"五个对接"，即课程内容与专业需求对接、知识梯度与初中基础对接、教学过程与工作过程对接、物理实验与生产实践对接、学习过程与培养兴趣对接。所以，在编写本教材的时候，注意到了学生在校期间的学习特点，按照岗位需要什么就学什么编什么的思路，选择了与口腔修复工艺专业联系紧密的物理学主干知识，不强调学科的系统性与完整性，而只强调实用性和应用性。

　　《应用物理》课程是中等卫生学校口腔修复工艺专业学生必修的基础课程之一，它是学习口腔材料学与设备学的基础。本书共六章，包括力学基础知识，气体、液体、固体的性质与物态变化，金属材料的力学性能，金属材料的热学性质，技工室中的有关电磁学问题，光学知识在义齿美学中的应用，并配有物理实验和习题。全书各章节穿插物理知识在口腔修复工艺技术中的应用，注重物理知识在口腔修复工艺方面的实践指导作用，对学生专业课的学习和将来的工作实践，具有一定的指导意义。本教材力求符合中等职业教育教学实际，依据本教材教学大纲的要求进行课时安排和教学内容的选择。为了减少篇幅和学习的难度，还设置了知识要点、知识回顾、知识补漏、知识链接、知识拓展、思考与探究等小栏目，呈现方式上活泼、新颖，突出了教师好教、学生好学的职业教育特色。

　　口腔修复工艺专业《应用物理》教材的编写，是物理知识与口腔修复工艺技术相结合的首次实践，在国内尚无教材可循。本教材编委会在编写过程中得到了运城市口腔卫生学校领导和口腔专家牛东平教授的指导，特别是得到口腔医师王收年主任对口腔知识方面的审核，以及原双斌、肖希娟二位院长及其他口腔修复人员的帮助。同时，本书在编写过程中，参考了大量有关的书籍与网上文献资料，事先未征求有关专家的意见，在此致歉，并对原作者表示感谢！由于我们水平有限，书中难免出现一些失误，敬请同行和广大读者提出宝贵意见，以便今后修订完善。

《应用物理》编委会

2014 年 6 月

目　录

理论模块

实践模块

理论模块

绪　　论

一、物理学研究的对象

　　物理学是一门自然科学，**它是研究物质最基本、最普遍的运动形式和规律的科学。** 物理学的理论、技术和方法对人类社会的进步和科学技术的发展，特别是对医学的研究和发展起着巨大的推动作用。

　　物理学研究的领域随着时代的发展越来越广，其中包括机械工程、材料建筑、医疗卫生、航空航天领域等。研究的对象小到微观粒子，大到宏观天体。研究的内容包括机械运动、分子热运动、电磁运动、光现象、原子和原子核内的运动等。物理学研究的这些运动，普遍地存在于其他高级的、复杂的物质运动形式之中。例如，化学反应中都包含有分子运动、热和电的现象，人体中的神经活动包含着复杂的电学过程。研究的基本规律也存在于有生命和无生命的运动形式之中，例如存在于自然界的一切物体，都毫不例外地遵循万有引力定律和能量转换与守恒定律。由于物理学研究的内容和规律具有极大的普遍性，所以物理学已成为其他自然科学研究的基础。

二、物理学与口腔修复工艺技术的关系

1. 学习口腔修复工艺技术要学好物理学

　　首先，物理学是一门基础科学。学习它能够提高学生的科学素养，培养学生的思维能力和实践能力，也能提高学生分析问题和解决问题的能力。学习物理，不仅仅是物理知识的学习，同时也是物理学研究问题的思想和方法的学习。

　　其次，物理学的知识在口腔修复工艺技术上有着广泛的应用。如在包埋铸造时要遇

到膨胀收缩现象；在利用离心铸造机进行铸造时要用到离心现象的基本原理；卡环弯制等金属冷加工时要用到金属的变形、延展性、机械应力、硬度和强度等知识。还有电磁学有关知识和光的反射与折射，以及光的波动性、颜色的形成等知识在义齿制作和义齿美学等方面起着理论与指导作用。

第三，物理学的技术和方法是口腔修复工艺技术中义齿判断和制作的有力工具。例如光学显微镜、X射线照相机、超声波清洁仪、金沉积、打磨机、切割机以及高频离心铸造机等，都是物理学的研究成果在口腔修复工艺技术中应用的范例。随着口腔医学的发展，所涉及的更前沿的物理知识和更高水平的物理技术将会越来越多。因此，作为现代口腔修复工艺技术工作者，要想顺利地搞好工作，很好地掌握各种口腔修复工艺技术的工作流程，就必须具备一定的物理基础知识。

2. 口腔技工室中制作义齿的工艺流程

口腔技工室中制作义齿有一系列工艺程序，全部完成后义齿才能制作成形，下面以固定义齿为例，简单看一下其制作的工艺流程。义齿制作工艺流程概括起来就是"口腔修复工艺阴阳模型转换技术"。它包括两个转换：

第一个转换：把口腔基础情况（牙齿硬软组织）用模型材料复制成模型。即：用印模材复制患者口腔的基础情况（取印模），先形成一阴模，然后再用石膏灌制模型，形成一阳模，再在此模型上用蜡制作出未来义齿的形态（蜡型）。

第二个转换：从石膏模型蜡型制造出所需要的修复体。即：石膏模型制备蜡型完成后包埋，而后进行失蜡，失蜡后形成一阴模（腔），然后灌注塑料或金属，形成缺失牙齿及附件的塑料或金属修复体。

以上就是"口腔修复工艺阴阳模型转换技术"两段论，也是制作固定义齿的工艺流程。虽然是针对固定义齿来讲的，但活动义齿与固定义齿制作基本相同，所不同的是多数活动义齿，需要进行热处理，即排牙后，进行装盒（在型盒上，用石膏进行包埋）、冲盒（去蜡）和煮盒（充填塑料、热处理）。在这些流程中都包含着熔解、凝固和膨胀等物理过程。

3. 牙科技工室中的主要设备

口腔修复工艺制作流程明白后，就要用成型设备进行义齿成形制作。所用的设备包括：金属部件成型设备（包括模型与蜡模制作设备、金属部件成型设备和金属表面加工设备）、义齿塑料部件成型设备（包括冲蜡机、聚合器、注塑机、压力锅和光聚合机等）、义齿陶瓷部件的成型设备（包括真空烤瓷炉、铸瓷炉、计算机辅助设计与制作系统、瓷沉积设备和高速涡轮机等）和义齿加工的其他设备（包括蒸汽清洗机、超声波清洗机、排气和排烟装置、吸尘装置、压缩空气系统和排水系统等）。这些设备将在口腔设备学中详细学习。所有制作义齿的成型设备都会涉及一些物理知识、物理学基本原理以及物理学的技术与方法。因而学习物理课之前，让大家作一些初步了解是十分必要的，以便有的放矢地学习。

三、学好物理学的方法

物理学是一门实验科学。物理学的发展与物理实验的发展是分不开的。在学习物理学的同时，一定要结合物理学理论，加强实验操作的学习，这样才能深刻地理解物理规律，从而较好地应用物理知识。

　　物理学概念多、定律多、公式多。在学习物理知识时，首先，要正确理解概念和牢固掌握定律。不能死记硬背，不能硬套公式，要了解概念的物理意义、测量及单位的规定等。学习定律要了解其意义，掌握各有关量之间的关系及适用范围，并运用它们去正确解释有关现象、分析和解决问题等。其次，做好习题，讲究学习方法。学习物理知识很重要的方法，是理论联系实际。也就是要将所学的理论运用到实际中去。因此，除了上课要专心听讲外，课后还要认真复习，并在此基础上做好习题。这既可帮助我们加深对所学知识的理解，把物理知识学得更好更活，又可以培养我们分析问题和解决问题的能力。总之，概念要理解其物理含义，定律要掌握其使用条件，习题要在理解物理概念和规律的前提下去完成，这样才能学好物理学。

　　这本书对大家的个人素质和能力的提高，以及所学专业都具有一定的作用，希望大家努力学好这门课，进而顺利完成学业。

第一章　力学基础知识

知识要点

1. 重力、弹力和摩擦力的概念；咬合力及其对牙齿的作用；静摩擦力在卡环固定中的作用。

2. 力的合成与分解；力的平衡、力矩的平衡及杠杆在义齿稳定性中的作用；平衡的种类。

3. 牛顿三大定律的简单描述；匀速圆周运动中的向心力及旋转速度对打磨头质量的影响；离心现象及离心力在铸造设备中的应用。

4. 机械振动和机械波；声波的形成与传播；超声波的特点及清洗牙齿的原理。

物理学是一切自然科学的基础，而力学是物理学的重要组成部分，也是学习牙科工艺技术的基础。本章结合牙科工艺技术专业的特点，按照"必须、够用、适当"的原则，将在学习有关力学基本知识的基础上，介绍其在义齿的固位、平衡、打磨和抛光等中的应用及机械性能，并通过牛顿运动定律和圆周运动的学习，进一步了解离心现象在铸造过程中的作用。

第一节　力学中常见的三种力

力是物理学中重要的基本概念之一，关于力我们并不陌生，在初中阶段已初步学习过，但在口腔义齿制作过程中，时时处处都在和力打交道，所以要进一步学习。力是物体间的相互作用，根据性质不同力可以分为：重力、弹力、摩擦力、分子力、电磁力、核力等。其中，力学中常见的三种力：重力、弹力和摩擦力是技工室中常用到的力。

知识回顾

1. 什么是力？什么是力的三要素？如何表示一个力？什么是力的图示？
2. 力如何分类？力的作用效果是什么？

一、重力

万有引力定律　自然界中任何两个物体都是相互吸引的，引力的大小与两物体的质量的乘积成正比，与两物体间距离的平方成反比，这就是万有引力定律。如果用 m_1、m_2 分别表示两个物体的质量，r 表示它们之间的距离，F 表示吸引力，则有

$$F = G\frac{m_1 m_2}{r^2} \qquad\qquad (1-1)$$

式中 G 叫万有引力恒量，实验得出 $G = 6.67 \times 10^{-11}$ 牛·米^2/千克^2（N·m^2/kg^2）。

重力　由万有引力定律可知，地球表面附近一切物体都会受到地球的吸引。这种**由于地球的吸引而使物体受到的力叫做重力。**用符号 G 来表示，单位是牛顿（N），简称牛。

重力的大小可以用弹簧秤称出，如图 1-1 所示。物体静止时对弹簧秤的拉力或压力的大小等于物体受到的重力。用悬绳挂着的静止物体，对竖直悬绳的拉力大小等于物体的重力。静止的水平支持物上的物体对水平支持物的压力，大小等于物体受到的重力。

应该注意，物体的重力和重量不是一回事，物体的重量是物体施加于其他物体（支持物或悬挂物）的力，物体的重力是地球对物体的作用力。但是当物体静止（或处于平衡态）时，其重力和重量的大小是相等的。

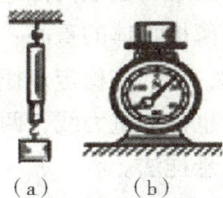
（a）　　（b）

图 1-1　弹簧秤测力的大小

如果已知物体的质量，则物体的重力大小可以根据初中学过的**重力 G 跟质量 m 成正比的关系式 $G = mg$** 计算出来。式中 $g = 9.8$ 牛/千克，表示质量是 1 千克的物体受到的重力是 9.8 牛。通常把 g 叫**重力加速度**。实际上，在地球的不同地方，g 的数值会略有差别，但为了使问题简化，常把 g 看作一个常数，并取值为 9.8 牛/千克。

一个物体的重力是多少，也可以说物体的重量是多少。

重力不但有大小，而且有方向。悬挂物体的绳子静止时总是竖直下垂的，从静止开始下落的物体总是竖直下落的。可见，**重力的方向总是竖直向下的。**

重心　物体的各部分都要受到重力的作用。从效果上看，我们可以认为物体各部分受到的重力作用都集中于一点，这一点我们叫做物体的**重心**。

将蜡刀水平放在食指上，它也许会向一边倾斜，长的一边重量较大并将其向下拉。移动蜡刀，会使蜡刀在某一点处于水平静止状态，这一点就是蜡刀的重心。

在图 1-2 中，手指支撑的位置是蜡刀的重心，因为蜡刀上的每个部分都有重力，我们可以找到一个点，在这个点上，所有力产生的转动效果都相互抵消了，因而会平衡，这时蜡刀的整个质量都集中到了重心之上。当支撑点处于重心时，物体保持平衡。

图 1-2　支持点为重心使物体保持平衡

　　质量均匀分布的规则平面或物体（均匀对称）的重心很容易找到。其重心的位置与物体的形状有关。对于规则平面（方形、三角形、圆等）重心位于对角线交叉点或等分线交叉点——圆心。对于对称物体而言，它的重心位于空间对角线的交点或几何中心上（如图1-3）。如均匀球体的重心在球心，均匀圆柱的重心在轴线的中点。

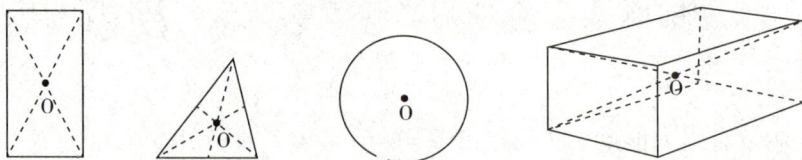

图1-3　规则平面和均匀物体重心位置

　　困难的是如何知道质量分布不均匀或不规则物体的重心呢？我们可以这样来测定平面型薄板物体的重心：可以在薄板上选定若干点将其悬挂并旋转，因为重力总是竖直向下的，它会在稳定点摆动若干次，最后在悬挂点下保持竖直稳定。从悬挂点向下画竖直线，也称为重力线，两次悬挂所做的重力线交点O即为薄板的重心（如图1-4）——二次悬挂法。

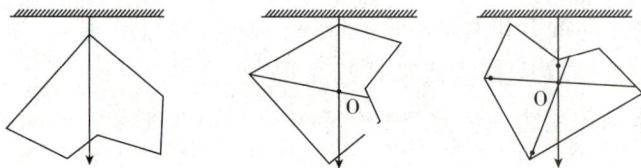

图1-4　不规则平面物体的重心测定

二、弹力

　　弹力　当我们用手压缩或拉伸弹簧时，手会感到有力的作用；被拉长或被压缩的弹簧对跟它接触的小车会产生力的作用；被压弯的细木棍或细竹竿对和它接触的圆木产生力的作用，可以把圆木推开；跳水运动员跳起时会使跳板发生弯曲，跳板对跟它接触的运动员产生力的作用，可以把运动员弹起来（图1-5）。

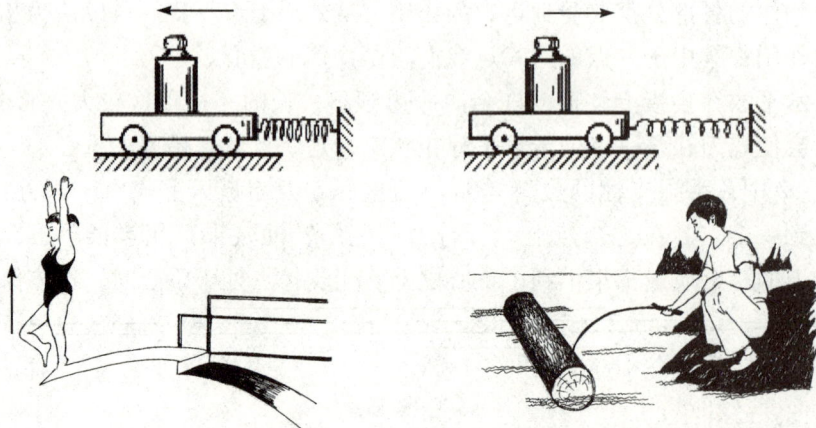

图1-5　弹力

物体的伸长、缩短、弯曲等都会产生力的作用。我们把物体的形状或体积的改变，叫做形变。实验证明，**发生形变的物体，由于要恢复原状，它就会对使它发生形变的物体产生力的作用，这种力叫弹力。**

有些形变是可以恢复的，如义齿基托向黏膜施加的一个咬合力，黏膜会在一定程度上发生形变，咬合力消失后，具有弹性的黏膜会努力恢复其原状。**能够恢复原来形状的形变叫弹性形变。**具有弹性形变的物体**叫做弹性体**。在物理学中，如果形变过大，超过一定限度，撤掉外力后，物体的形状不能完全恢复，这个限度叫做弹性限度。由此知道：当引起形变的力消失后，弹性物体能恢复其原状，而非完全弹性的物体则不能恢复原状将保持形变的状态。**不能恢复原状的形变叫塑性形变。**

弹力和重力不同，重力可以不接触地球而产生，而弹力产生在直接接触并发生形变的物体之间。

不仅弹簧、细木棍、黏膜等能发生形变，任何物体在受到力的作用时都能发生形变，不能发生形变的物体是不存在的。不过有的形变比较明显，可以直接看出，有的形变极其微小，要用仪器才能显示出来。

弹力的大小跟形变的大小有关系，形变越大，弹力也越大，形变消失，弹力就随着消失。当局部义齿要磨碎食物时，咬合力较大，黏膜要承受更大的负荷，有更大的压缩形变。当在咀嚼软的食物时，咬合力和形变都会变小。

弹力的方向 弹力的方向与物体形变的方向相反，或与使物体发生形变的外力的方向相反。通常所说的压力和支持力都是弹力。压力的方向垂直于支持面而指向被压的物体，支持力的方向垂直于支持面而指向被支持的物体，如图1-6（a）。通常所说的拉力也是弹力。绳的拉力是绳对所拉物体的弹力，方向总是沿绳而指向绳收缩的方向，如图1-6（b）。

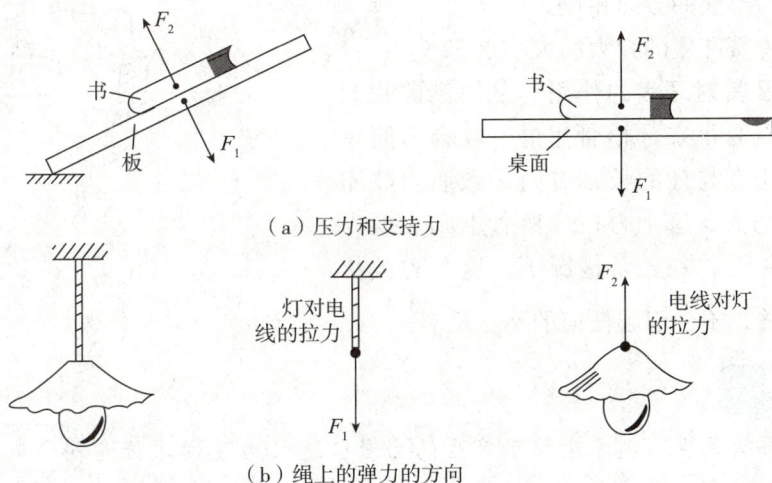

（a）压力和支持力

（b）绳上的弹力的方向

图1-6 压力、支持力和弹力

弹簧的弹力 射箭时，把弓拉得越满，弓弯曲得越厉害，产生的弹力就越大，箭射出得越远；用力扭横杆，可以使金属丝发生扭转形变（如图1-7），扭转得越厉害，产生的弹力就越大。对于拉伸形变（或压缩形变）来说，伸长（或缩短）的长度越大，产生的弹力就越大。对于弹簧来说，弹簧伸长或缩短的长度越大，弹力就越大。实验表明：**弹簧的弹力大小与弹簧的形变量成正比，弹力的方向与形变的方向相反，这就是胡克定律**。如果用 F 表示弹簧的弹力，用 Δx 表示弹簧的形变量，则胡克定律表示为：

$$F = -k\Delta x \qquad\qquad (1-2)$$

式中的 k 叫做弹簧的劲度系数。是一个由弹簧本身性质所决定的物理量，与弹簧的材料、长短、粗细、匝数等有关。单位是牛顿/米（N/m）。负号表示弹簧弹力的方向总与形变的方向相反。

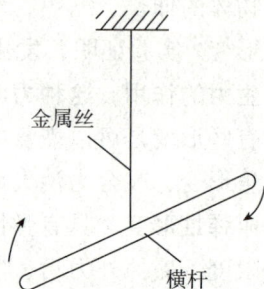

图 1-7　扭转形变

思考与探究

1. 牙齿的结构是什么？
2. 组成牙周膜组织结构的纤维分几组？各有什么功能？

〔**例题 1-1**〕已知弹簧的劲度系数是 400N/m，受到压力作用而缩短 8cm，求此弹簧产生的弹力的大小。

已知：$k = 400\text{N/m}$　$\Delta x = 8\text{cm} = 0.08\text{m}$

求：F

解：把已知数据代入公式 $F = -k\Delta x$ 得

$F = -400\text{N/m} \times 0.08\text{m} = -32\text{N}$　负号代表弹力的方向与形变的方向相反。

答：此弹簧产生的弹力的大小是 32N。

咬合力及其对牙齿的作用　从解剖课我们得知，牙齿是悬吊在牙槽骨里的，咬合力简单地说是指作用在与牙的长轴方向一致肌肉收缩时产生咀嚼的力。这个力在牙槽骨上则表现为拉力（图 1-8），在正常情况下，这个力被传递到整个牙根，不会引起任何的不适反应。

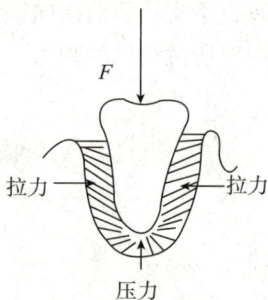

图 1-8　正常牙齿长轴方向的负荷

知识补漏

咬合力是上下颌牙齿接触产生的力量，这种力量由牙传递到牙周组织再传递至颌骨而分散。也可以理解为咬合肌的主动收缩产生的作用，它的大小与参加咀嚼运动的肌肉横断面大小有关。

通过应变片、遥测仪或许多模拟试验测定出最大咬合力在 200~3500N 范围内。成人牙齿咬合力从磨牙向切牙逐渐减小，第一磨牙、第二磨牙在 400~800N 内变化。双尖牙、尖牙及切牙各自平均咬合力分别为300N、200N及150N。在成长中的儿童的咬合力虽有些不规律，但呈现明确的增长，从235N增至494N，年平均增加22N。

如果牙齿在水平方向上受力过大，则会引起牙周组织损伤和炎症，牙槽骨吸收；持续作用会导致牙齿松动甚至脱落。在拉力一侧，纤维组织被拉紧，压力一侧，纤维组织则被紧紧压在一起（见图1-9）。

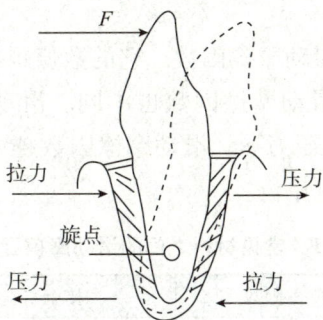

图 1-9 水平方向的负荷使牙齿倾斜

局部义齿的基托对黏膜组织的作用 一个完全靠黏膜支撑的局部义齿受到垂直方向的力，则局部义齿的基托越大，黏膜单位面积受力越小；相反，基托越小，黏膜单位面积受力越大。

知识补漏

受到压力时，压缩量的大小称为"形变量"。黏膜、牙槽嵴、腭在受到义齿支架假定 $60 \sim 70N/cm^2$ 咬合力时会产生 $0.3 \sim 1.5mm$ 的形变。只不过形变量的大小还受患者对疼痛的耐受能力限制。

义齿基托向黏膜施加一个咬合力后，黏膜会在一定程度上发生形变。咬合力消失后，具有弹性的黏膜会努力恢复其原状。当局部义齿要磨碎食物时，黏膜要承受更大的负荷，并会受到更大的压缩。在咀嚼软的食物时，咬合力和形变都会变小，由此知道：黏膜的压缩随负荷（压力）的变化而变化：负荷（f）和压缩量（或形变量）x 的比值为常数。

$$\frac{f}{x} = K = 常数$$

或

$$f = Kx$$

这就是胡克定律在这里的应用。

三、摩擦力 静摩擦力在卡环固定中的应用

（一）摩擦力

摩擦力分为滑动摩擦力、静摩擦力和滚动摩擦力，我们主要介绍前两种摩擦力。

1. 滑动摩擦力　滑动摩擦力产生于两个互相接触的物体之间，当一个物体在另一个物体表面上作相对滑动的时候，受到的另一个物体阻碍它相对滑动的力，这种力叫做滑动摩擦力。滑动摩擦力的方向总跟接触面相切，并且与物体相对滑动的方向相反。

实验表明，滑动摩擦力的大小跟物体间的正压力（垂直挤压力）成正比。如果用 F 表示滑动摩擦力的大小，用 N 表示正压力的大小，则有

$$F = \mu N \qquad\qquad (1-3)$$

其中 μ 是比例常数，叫做滑动摩擦因数。它的数值跟相互接触的两个物体的材料有关，材料不同，两物体之间的滑动摩擦因数也不同。滑动摩擦因数还与接触面的情况（如粗糙程度）有关，在相同的压力下，滑动摩擦因数越大，滑动摩擦力就越大，滑动摩擦因数是两个力的比值，没有单位。

表 1-1　常见材料之间的滑动摩擦因数 μ

接触材料	滑动摩擦因数	接触材料	滑动摩擦因数
木—木	0.20 ~ 0.50	轮胎—路面	0.60 ~ 0.75
钢—钢	0.19 ~ 0.25	润滑的骨关节	0.003
木—冰	0.03	皮带—铸铁	0.23 ~ 0.56
钢—冰	0.02		

〔例题 1-2〕马拉着一个钢制滑板的雪橇，上面装着木料，共重 5.0×10^5N，在水平冰面上匀速滑动，已知雪橇与冰面之间的滑动摩擦因数是 0.02，求雪橇受到的摩擦力。

已知：$G = 5.0 \times 10^5$N，$\mu = 0.02$。

求：摩擦力 $F = ?$

解：雪橇对冰面的压力和重力的大小相等，因此有

$$N = G = 5.0 \times 10^5 \text{ N}$$

根据滑动摩擦力的公式，有

$$F = \mu N = 0.02 \times 5.0 \times 10^5 = 10000 \text{ N}$$

答：雪橇受到的摩擦力大小为 10000N，摩擦力的方向与雪橇前进方向相反。

2. 静摩擦力　静摩擦力是一个物体在另一个物体表面上有相对滑动的趋势时产生的。我们用不大的水平力在水平地板上推箱子，箱子虽然没有相对于地板运动，但箱子具有相对地板向前运动的趋势，说明箱子跟地板之间发生了摩擦。这个摩擦力和推力都作用在箱子上，它们的大小相等，方向相反，彼此平衡，因此箱子保持不动，这时在物体和地面间产生的阻碍物体相对运动趋势的力叫做**静摩擦力**。静摩擦力的方向总跟接触面相切，并且跟物体相对运动的趋势方向相反（**图 1-10**）。

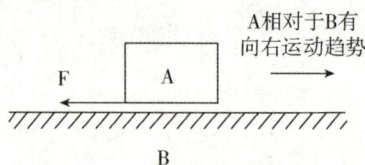

图 1-10　相对运动趋势方向

逐渐增大对箱子的推力，如果推力还不够大，箱子仍旧保持静止，静摩擦力跟推力仍旧彼此平衡，可见静摩擦力是随着推力的增大而增大。但是静摩擦力的增大有一个限度，当推力逐渐增大到某一值时，物体开始滑动，此时的摩擦力值叫**最大静摩擦力**。推力超过最大静摩擦力，就可以把箱子推动了，此时就成为滑动摩擦。两物体间实际发生的静摩擦力在零和最大静摩擦力之间。

除了滑动摩擦、静摩擦外，还存在滚动摩擦。滚动摩擦是一个物体在另一个物体表面上滚动时产生的摩擦力，比滑动摩擦力小得多。滚动轴承正是利用这一原理制成的，如图 1－11 所示。

图 1－11　滚珠轴承

如图 1－12 是打磨冠的咬合面示意图，通过打磨机的磨头跟咬合面的摩擦，可以去除影响咬合的多余部分。在去除这些有影响的多余金属物质时，打磨的效率与沙粒的大小、转动的速度和施加的压力有关。一般在打磨时用高转速、低压力，效果会更好。因为压力过大，会使摩擦力过大，不容易掌握打磨量的多少，也会使加工的冠产生大量的热量从而使冠的材料性质发生变化。

图 1－12　打磨牙冠咬合面

摩擦在大多数情况下是一种干扰现象，它使所有机器产生大量能量损失。人们利用如图 1－11 所示的滚柱轴承（滚动摩擦）来尽可能减少能量的损失。

（二）静摩擦力在卡环固定中的应用

摩擦力也是可以利用的，在皮带轮上传动物体、人的行走、拿在手中的瓶子和雕刻刀不会滑落，都是静摩擦力作用的结果。牙科技术中，静摩擦也可使 U 型卡环固定在义齿基托材料中，以便卡环发挥它的功能。将未抛光的卡环丝放入塑料义齿基托材料中，它们微小的不平处会相互咬合在一起。即使是抛光过的表面仍然不会很光滑，也会存在细小的凹凸，这些凹凸只有在显微镜下才能看得到。表面上的凹凸相互咬在一起，这样产生的静摩擦力使得物体尽管受到外力的作用仍然保持不动，这就是附件会固定在义齿基托材料上的原因。

如果 U 型卡环或附件放置不正确，那么在咬合时会产生一个切向力（与表面平行的力），此力会比静摩擦力大，从而变为滑动摩擦，这时凹凸咬合被拉开，附件开始滑动。此时只需要克服小于最大静摩擦力的滑动摩擦力就可拉开，使其松动，从而卡环就难以固定在义齿基托上。

我们已经知道，表面的光滑与否对静摩擦和滑动摩擦的影响非常大。实际上，置于基托材料中的附件不应该打磨。因为表面的粗糙程度决定着摩擦力的大小，而摩擦力的大小又决定着附件能不能固定在基托材料上。卡环就是靠较大的摩擦才固定在义齿基托上的（见图 1–13）。

图 1–13　卡环靠摩擦固定在义齿基托上

第二节　力的合成与分解

一、力的合成

在实际问题中，物体可能不只受到一个力，而是同时受到几个力。一个物体受到几个力共同作用的时候，我们可以求出这样一个力：**这个力产生的效果跟原来几个力共同作用产生的效果相同，这个力就叫做那几个力的合力。求几个力的合力的过程叫做力的合成。**

几个力如果都作用在物体的同一点，或者它们的作用线相交于一点，这几个力叫做共点力。我们初中已知道两个力作用在物体一点上，大小相等，方向相反，且作用在一条直线上，其合力等于二者相减。那么，如果两个共点力不在一条直线上，如何求二力的合力呢？物理学中的物理量分为两类，一类是**既有大小又有方向才能完全确定的物理量叫做矢量**，如速度、力都是矢量。另一类是**仅由大小就能确定的物理量叫做标量。** 如质量、路程、温度等都是标量。对于矢量的物理量，只要大小或方向有一个发生改变，该物理量就会改变。显然作用于一点而互成角度的两个力的合力，就不能简单地加减了，这就要用力的平行四边形定则来求合力了。

实验表明，**作用于一点而互成角度的两个力的合力，可以用表示这两个力的有向线段为邻边作平行四边形，其对角线的长度和方向就是所求合力的大小和方向，这叫做力的平行四边形定则。** 如图 1–14，两个共点力 F_1 和 F_2 的合力，可以用表示这两个力的线段为邻边作平行四边形，那么，对角线 OF 的长度和方向就是所求合力的大小和方向。

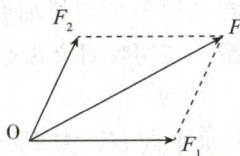

图 1 - 14　力的平行四边形

　　根据平行四边形对边平行且相等的性质，求合力可以只画平行四边形的一半，这就是三角形法则。在实际中，利用三角形法则求合力更简便。

　　如果有两个以上的共点力作用在物体上，我们也可以应用平行四边形定则求出它们的合力：先求出任意两个力的合力，再求出这个合力跟第三个力的合力，直到把所有的力都合成进去，最后得到的结果就是这些力的合力。

　　当 F_1 和 F_2 之间的夹角等于 $0°$ 时，表示 F_1 和 F_2 在同一直线上但方向相同，合力为 $F = F_1 + F_2$，合力的大小等于两个分力的大小之和，合力的方向跟两个分力的方向相同。

　　当两个分力夹角等于 $180°$ 时，F_1 和 F_2 在同一直线上但方向相反，$F = | F_1 - F_2 |$，合力的大小等于两个分力的大小之差，合力的方向跟两个分力中较大的那个力的方向相同。

　　当两个分力夹角等于 $90°$ 时，可用勾股定律求出合力，$F = \sqrt{F_1^2 + F_2^2}$。

　　力是矢量，力的合成要遵守平行四边形定则。在物理学中，所有矢量的运算都要遵守平行四边形定则。

　　我们来观察一个上颌牙列剪切殆的切咬过程。颌骨上的咬肌、颞肌、翼内肌（中蝶肌）的收缩，使得下前牙以垂直方向向咬合方向运动产生力 F_1，同时翼外肌（侧蝶肌）收缩，使下切牙以水平方向朝上切牙的唇侧运动产生力 F_2。那么这样的两个力会对上切牙产生什么效果呢？

　　我们看到这两个力不在一条直线上，由前面的理论知识可知，当两个力以某个角度作用于上切牙同一点时，借助于力的平行四边形可以确定两个力形成的合力 R（如图 1 -15）。

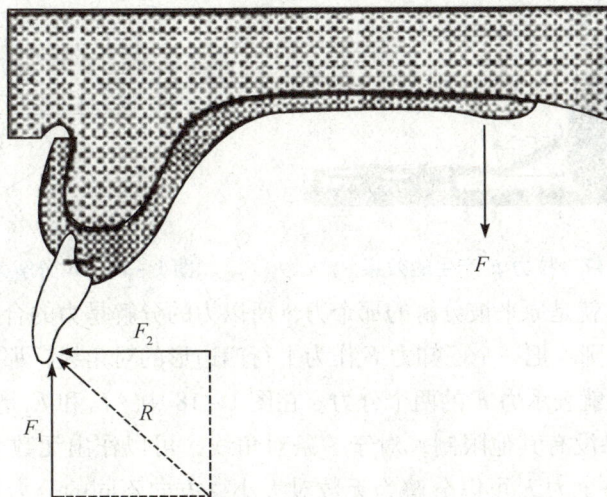

图 1 - 15　上前牙在切咬过程中所受咬合力作用

从图 1－15 可以看出，由于合力 R 以一个与长轴形成的角度作用于前牙，会使义齿基托在前牙部位产生不好的咬合关系，在切咬时义齿会失去平衡，从而使基托的后部也产生一个脱位的力量（F）。

〔例题 1－3〕力 $F_1＝45N$，方向水平向右，力 $F_2＝60N$，方向竖直向上。请用作图法求解这两个力的合力 F 的大小和方向。

解：

（1）选标度。用 1cm 长的线段表示 15N 的力，则表示 F_1 的线段长 3cm，表示力 F_2 的线段长 4 cm。

（2）作出力的平行四边形。以表示 F_1 和 F_2 的线段为邻边作平行四边形，如图 1－16 所示。

（3）求合力。用刻度尺量得表示合力 F 的对角线长 5cm，所以合力的大小为：

$$F = 15 \text{ N}/1\text{cm} \times 5\text{cm} = 75\text{N}$$

用量角器量得合力 F 与力 F_1 的夹角为 53°。

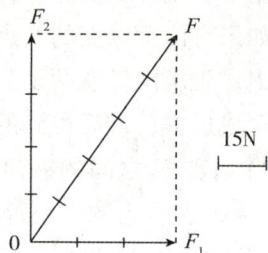

图 1－16　作图法求合力

二、力的分解

作用在物体上的一个力往往会产生几个效果。如图 1－17，拖拉机拉着犁耙来耙地，对耙的拉力 F 是斜向上方的，这个力产生两个效果：使耙克服泥土的阻力前进，同时把耙上提。这个效果相当于两个力共同产生的：一个水平的力 F_1 使耙前进，一个竖直向上的力 F_2 把耙上提。

可见力 F 可以用两个力 F_1 和 F_2 来代替，力 F_1 和 F_2 就叫做力 F 的分力。**求一个已知力的分力的过程叫做力的分解。**

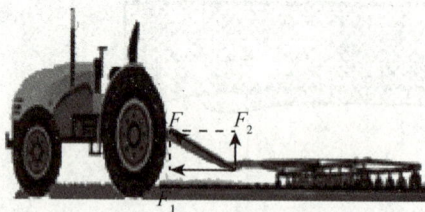

图 1－17　拉力 F 产生的效果　　图 1－18　F 分解为无数对分力

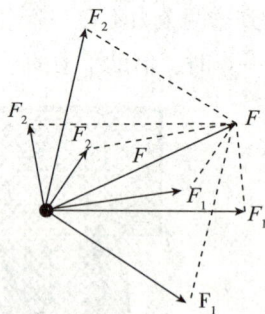

因为分力的合力就是原来被分解的那个力，所以力的分解是力的合成的逆运算，也同样遵守平行四边形定则。把一个已知力 F 作为平行四边形的对角线，那么与力 F 共点的平行四边形的两个邻边就表示力 F 的两个分力。在图 1－18 中，F_1 和 F_2 是 F 的两个分力。

在实践中，如果没有其他限制，对于一条对角线，可以作出无数个不同的平行四边形，也就是说，同一个力 F 可以分解为无数对大小、方向不同的分力。那么，一个已知力究竟该如何分解呢？这要根据实际情况来决定，一般是按照力的效果来进行的。原则上有两种情况可以进行分解：一是已知两个分力的方向；二是已知一个分力的大小和方向。

实例分析：

〔**实例1-1**〕放在水平面上的物体受一个斜向上方的拉力 F 作用，这个力与水平方向成 θ 角（图1-19）。这个力产生两个效果：水平向前拉物体，同时竖直向上提物体。因此力 F 可以分解为沿水平方向的分力 F_1 和沿竖直方向的分力 F_2，力 F_1 和 F_2 的大小为：

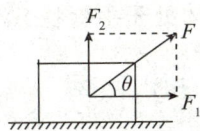

图1-19 力 F 的分解

$$F_1 = F\cos\theta$$
$$F_2 = F\sin\theta$$

〔**实例1-2**〕把一个物体放在斜面上，物体受到竖直向下的重力，沿着斜面下滑，同时使斜面受到压力（如图1-20）。

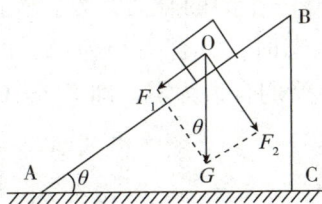

图1-20 斜面上物体重力 G 分解

这时重力产生两个效果：使物体沿斜面下滑以及使物体挤压斜面。因此重力 G 可以分解为这样两个分力：平行于斜面使物体下滑的分力 F_1，垂直于斜面使物体压紧斜面的分力 F_2。

如果已知斜面的倾角 θ，就可以求出分力 F_1 和 F_2 的大小，由于直角三角形 ABC 和三角形 GOF_1 相似，所以

$$F_1 = G\sin\theta$$
$$F_2 = G\cos\theta$$

可以看出，F_1 和 F_2 的大小都和斜面的倾角有关，斜面的倾角增大时，F_1 增大，F_2 减小。车辆上坡时，分力 F_1 阻碍车辆前进。车辆下坡时，分力 F_1 使车的运动加快。

在医学上，对骨折的病人，外科常应用大小不一、方向不同的力牵引患部，对抗伤部肌肉的回缩力，以利于骨折的复位。

第三节 物体的平衡

一个物体可以处于不同的运动状态，其中力学的平衡状态比较常见，而且很有实际意义。如桥梁、起重机、建筑物、口腔修复体等都需要保持平衡状态。那么，什么是物体的平衡状态呢？物体在什么条件下才能处于平衡状态呢？

一、共点力作用下物体的平衡

一个物体在共点力的作用下，如果保持静止或者做匀速直线运动状态，我们就说这个物体处于平衡状态。 受共点力作用的物体，在什么条件下才能保持平衡呢？

■ **知识回顾**

物体受到两个力而平衡的时候，这两个力一定是大小相等，方向相反，合力才为零。这就是我们初中学过的二力平衡。

如图 1 – 21 所示，将三个弹簧秤放在一个平面内。并将三个弹簧秤的挂钩挂在同一物体上，先将其中的两个成某一角度固定起来，然后用手拉第三个弹簧秤［如 1 – 21 (a)］，平衡时分别记下三个弹簧秤的示数，并按各力的大小、方向作出力的图示［如 1 – 21 (b)］，根据力的平行四边形定则，看出这三个力的合力为零。经过大量的实验表明，所有在共点力作用下的物体，处于平衡状态时，其合力均为零。由此可见，物体在共点力作用下，处于平衡状态的条件是：所受的合力为零，即 $F_合 = 0$。

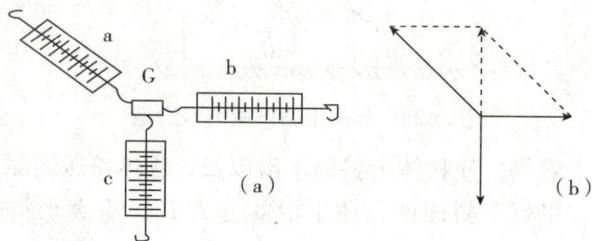

图 1 – 21　共点力作用下物体的平衡

二、具有固定转动轴的物体的平衡

（一）力矩的平衡

1. 转动平衡　力也可以使物体发生转动。当物体转动时，它的各点都沿圆周运动。圆周的中心在同一条线上，这条直线叫做**转动轴**。门、砂轮、电动机的转子等，都是有固定转动轴的物体。初中讲过的各种杠杆也属于具有固定转动轴的物体。它们都能绕转动轴发生转动，**一个有固定转动轴的物体，在力的作用下，如果保持静止或匀速转动的状态，我们称这个物体处于转动平衡状态，也叫有固定转动轴的物体的平衡状态。**

2. 力矩　力对物体的转动作用，由力和力到转动轴之间的距离共同决定。力越大力对物体的转动作用就越大，但是力对物体的转动作用，不仅仅由力的大小决定，还与力到转动轴之间的距离有关。例如，在离转动轴不远的地方推门，用比较大的力才能把门推开，而在离转动轴较远的地方推门，用比较小的力就能把门推开。用手直接拧螺帽，不能把它拧紧，用扳手来拧，且用力点距螺帽越远，就越容易被拧紧了。可见，力越大，力和转动轴之间的距离越大，力的转动作用就越大。

力和转动轴之间的距离，即从转动轴到力的作用线的（垂直）距离，叫做力臂，用 L 表示。如图 1-22 所示，有两个力 F_1 和 F_2 作用在杠杆上，杠杆的转动轴过 O 点垂直于纸面。L_1 是 F_1 对转动轴的力臂。L_2 是 F_2 对转功轴的力臂。我们把力（F）和力臂（L）的乘积叫做力对转动轴的力矩。用 M 表示力矩，则有

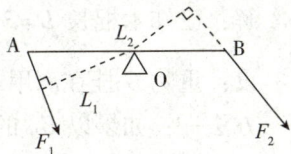

图 1-22　力矩

$$M = FL \tag{1-4}$$

力对物体的转动作用决定于力矩的大小，即力矩越大，力对物体的转动作用越大。当然力为零，力矩也为零，这个力就不会使物体发生转动。力不为零，只要力臂为零，力矩同样为零，也不会使物体发生转动的作用。比如，开门时把力作用在轴上，则 $M = 0$，门永远不会被打开。

力矩的单位是由力和力臂的单位决定的，在国际单位制中，力矩的单位是牛·米（N·m）。

3. 力矩的平衡条件　力矩可以使物体向不同的方向转动。在上图 1-22 中，力 F_1 的力矩为 M_1 使杠杆向逆时针方向转动，力 F_2 的力矩 M_2 则使杠杆向顺时针方向转动。如果这两个力矩的大小相等，杠杆将保持平衡，这是我们在初中学过的杠杆平衡条件。那么，如果是两个以上的力作用在物体的不同点，力矩平衡的条件又是什么呢？

如图 1-23，在半径为 r 力矩盘上施加三个力 F_1、F_2、F_3，大小分别为 F、$4F$、$2F$，力臂 L_1、L_2、L_3 分别为 $\frac{2}{3}r$、$\frac{1}{3}r$、r，在三个力矩作用下，力矩盘处于静止状态。此时使物体向顺时针方向转动的力矩是 F_1 的力矩 M_1 和 F_2 的力矩 M_2（$M_1 + M_2 = 2Fr$），使物体向逆时针方向转动的力矩是 F_3 的力矩 $M_3 = 2Fr$，可见使物体顺时针转的力矩之和等于所有使物体向逆时针方向转动的力矩之和，

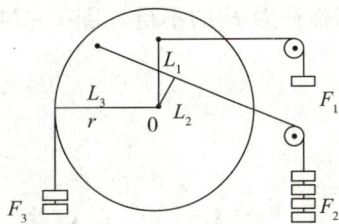

图 1-23　力矩盘

即
$$M_1 + M_2 = M_3$$

实验表明，如果有多个力矩作用在有固定转动轴的物体上，当所有使物体向顺时针方向转动的力矩代数和等于所有使物体向逆时针方向转动力矩的代数和时，物体将保持**转动平衡**。

如果把使物体向逆时针方向转动的力矩定为正力矩，使物体向顺时针方向转动的力矩定为负力矩，则上述结果可表述为：**有固定转动轴的物体的平衡条件是力矩的代数和等于零**。即

$$M_1 + M_2 + M_3 + M_4 + M_5 + \cdots = 0 \quad 或 \quad M_合 = 0 \tag{1-5}$$

作用在物体上几个力的合力矩为零的情形叫做力矩的平衡。

〔例题 1-4〕甲、乙二人用长 3m 的轻质木棍抬一重物 G，要想使甲所担负的重量是乙所担负重量的 2 倍（即甲承担 G 的 $\frac{2}{3}$，乙承担 G 的 $\frac{1}{3}$），重物应该挂在什么位置？

解：已知木棍长 $L=3\mathrm{m}$，$F_{甲}=\dfrac{2}{3}G$，$F_{乙}=\dfrac{1}{3}G$，求 x。

设：重物 G 挂在离甲 $x\mathrm{m}$ 的地方，则离乙的距离 $L_{乙}=(3-x)\mathrm{m}$。

方法一：如果以 $F_{甲}$ 的作用点为支点（转动轴），则甲对棍的支持力 $F_{甲}$ 的力臂为零，重力 G 的力臂为 x，乙对棍的支持力 $F_{乙}$ 的力臂为 L，由力矩的平衡条件

则有：
$$\dfrac{1}{3}GL=Gx \qquad 得\quad x=1\mathrm{m}$$

方法二：如果以 $F_{乙}$ 的作用点为支点，则 $F_{乙}$ 的力臂为零，$F_{甲}$ 的力臂为 L，重力 G 的力臂为 $L-x$，由力矩的平衡条件

则有：
$$\dfrac{2}{3}GL=G(3-x) \qquad 得\quad x=1\mathrm{m}$$

答：重物应该挂在离甲 $1\mathrm{m}$ 的地方。

（二）杠杆定理

用硬棒撬起石头，用钳子剪断钢丝等都是应用杠杆的实例。在牙科工艺技术中，特别是弯制卡环中也有着很大的作用。

杠杆　只要我们施力（F_1）时离转轴（支点）足够远，用钳子可以很轻易地将坚韧的卡环丝切断。因为，由平衡原理可知，到转轴的距离 L_1 长一点（力臂大一点），就可以弥补力 F_1 的不足（图1-24）。

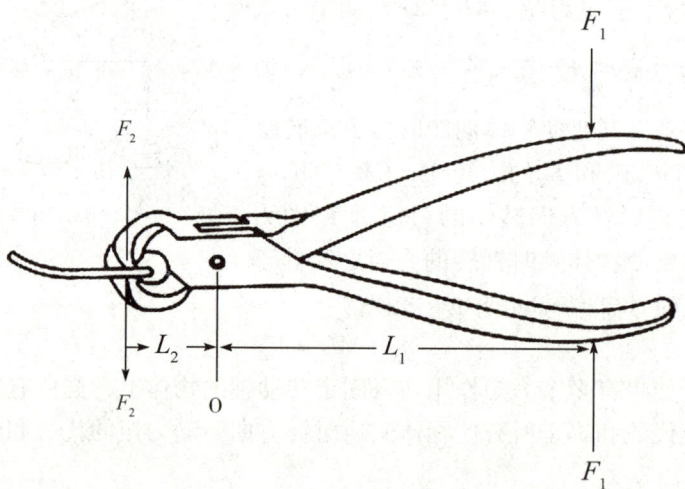

图1-24　在正确的施力点上用力，
钳子可以很容易地将坚韧的卡环丝切断的平衡

在物理学中，我们**将一个绕固定轴转动的杠状物体称为杠杆**。施加到杠杆上的力，只能产生绕轴旋转的作用。如果作用到杠杆的两端的力一样大，到转轴的距离（力臂）一样长，则它们保持平衡。举例来说，我们将卡环丝从点1放到点2（图1-25），如果要继续保持平衡，那么只需施加一半的力或将到转轴的距离缩短到4cm，也可以施加 37.5N 的力。在所有情况下，F 和 L 的乘积都相同。

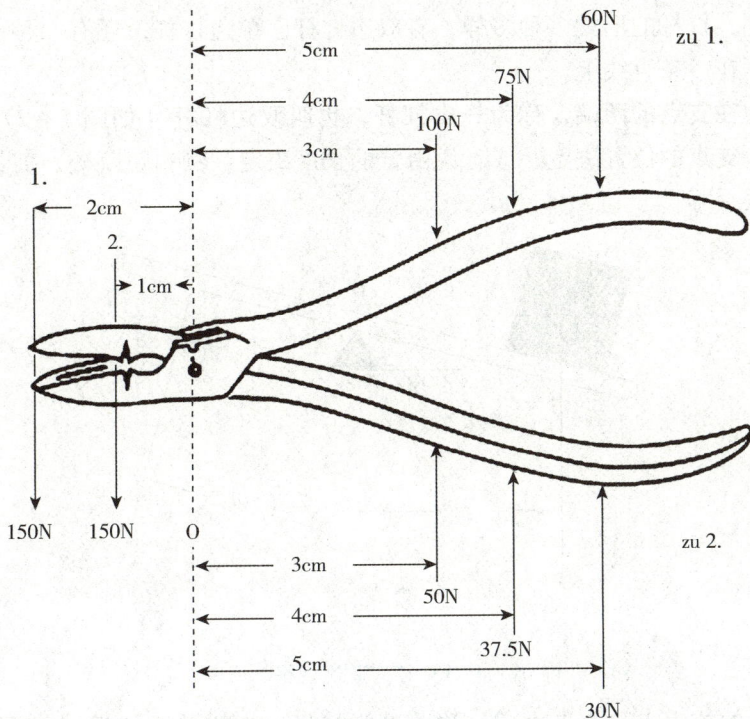

图 1 – 25　三喙钳上的力

1 对应钳上面的 zu1.　2 对应钳下面的 zu2.

杠杆定律　从图 1 – 25 中我们还可以得知，向逆时针旋转的力矩和向顺时针旋转的力矩相同时，杠杆保持平衡，这就是杠杆定律。即

$$F_1 \cdot L_1 = F_2 \cdot L_2$$

从杠杆定理我们可以看出，长短不同的力臂，可以使加在长力臂上的一个小的力产生大的力矩，在短力臂上产生更大的力。

由于借助杠杆可以获得更大的力，所以它在我们日常生活和工作中有着广泛的应用，而且它的形式也是多种多样。天平由于可以显示微小的质量变化，在实验室中得到广泛的应用。图 1 – 26（a）所示的杆秤是一个力臂不同的杠杆，在短的一端挂重物，长的一端带有刻度，并有一个可移动的秤砣，利用杠杆原理，它可以测出重物的重量。图 1 – 26（b）所示信秤的主要部分是一个曲杆，它的一个臂延长为指针，并在刻度尺上显示被称物体的重量。图 1 – 26（c）所示小推车是单边杠杆，重物应放在什么位置最省力？图 1 – 26（d）所示人的胳臂也是杠杆。

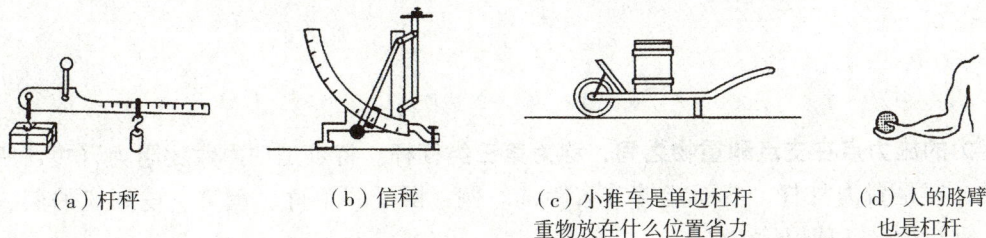

（a）杆秤　　　　（b）信秤　　　　（c）小推车是单边杠杆　　　（d）人的胳臂
　　　　　　　　　　　　　　　　重物放在什么位置省力　　　　也是杠杆

图 1 – 26 各种形式的杠杆

我们看到，杠杆的形式多种多样，有双边杠杆，单边杠杆，还有一种曲杆，它的施力点和支点不在一条直线上。

重物和力在支点的两端，称为一类杠杆，也叫双边杠杆（如图 1 - 27）。杆杆是否省力，主要由支点的位置决定，或者说由臂的长度决定。例：跷跷板、剪刀、船桨、鞋拔子、撬钉扳手等。

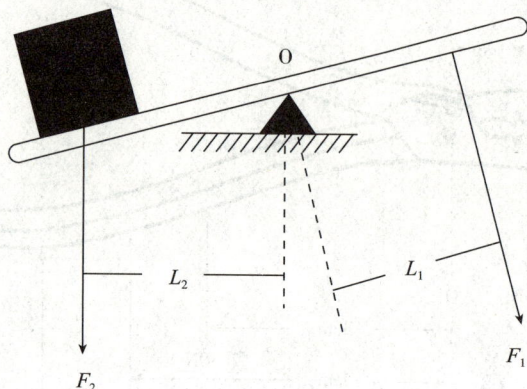

图 1 - 27　双边杠杆

重物在力的施力点和支点之间，称为二类杠杆，也叫单边杠杆（如图 1 - 28）。由于动力臂总是大于阻力臂，所以它是省力杠杆。例：坚果夹子、门、订书机、跳水板、扳手、开瓶器等。

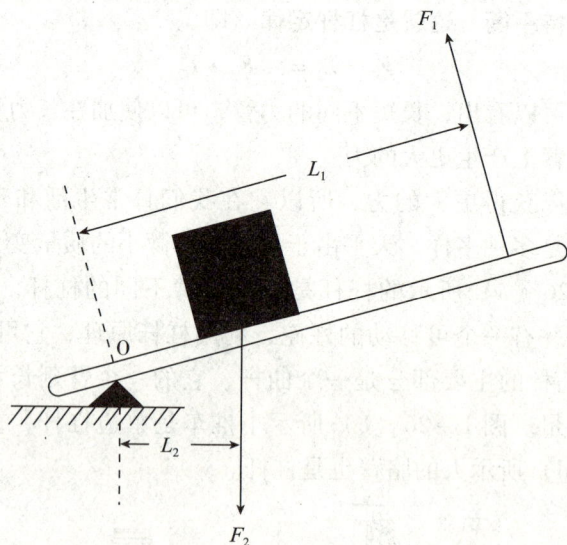

图 1 - 28　单边杠杆

力的施力点在支点和重物之间，称为第三类杠杆。特点是动力臂比阻力臂短，所以这类杠杆是费力杠杆，然而能够节省距离。例：镊子、手臂、鱼竿、皮划艇的桨、下颚、锹、扫帚、球棍等。

力的施力点和重物及转轴不在一条直线上称为曲杆（如图 1 -29）。

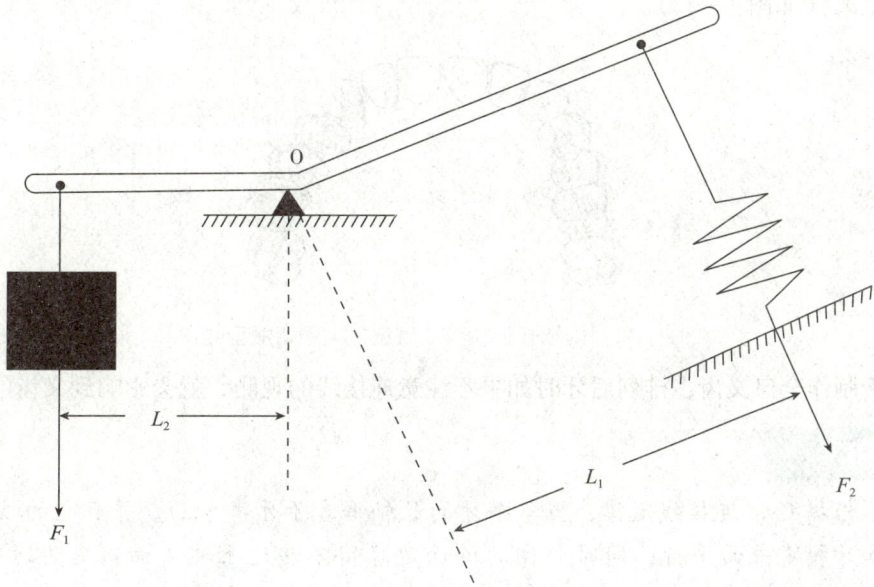

图 1 - 29 曲杆

（三）杠杆在义齿稳定性中的作用

对于天然牙而言，通过咬合运动，牙齿的不平整会产生水平方向的作用力，或牙齿缺失而使两边的牙受到侧向的作用力，这时会产生杠杆作用。临床牙冠的长度为力臂 L_1，牙根的长度为力臂 L_2。咬合时，水平方向作用力的施力点越远，牙周受到的负荷就越大（如图 1 -30）。当义齿受到在它支撑范围以外的力或义齿安放不当时，它受到杠杆作用会更加明显。由于这个原因，卡环线（固位装置的边远线，也称为固位线）要平分义齿（如图 1 -31）。

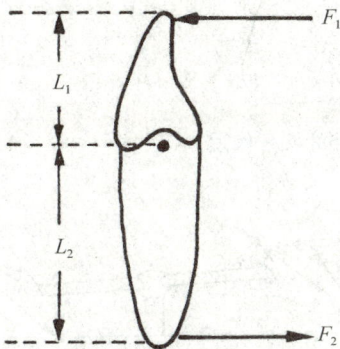

图 1 - 30 天然牙上的杠杆作用

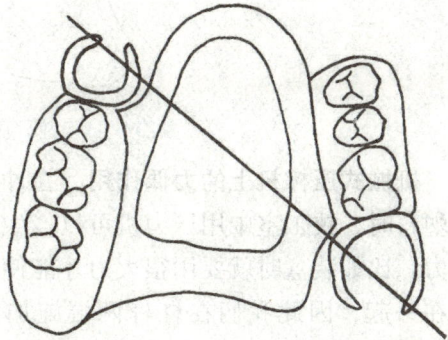

图 1 - 31 卡环线的走向

当一个固定桥的桥体固定在两个固位装置上时，桥体应在连接线（固定桥的支点连线）上。如果桥体是直线走向，则不会产生杠杆作用，有利于固定义齿稳定。如果桥体是弯曲走向构造的，则有一个倾斜限，不利于固定义齿长期稳定。这个倾斜限可以通过力臂长度和咬合力的大小来计算，力臂的长度为桥体的顶部到由两个固位装置确定的连接线的距离（如图1-32）。

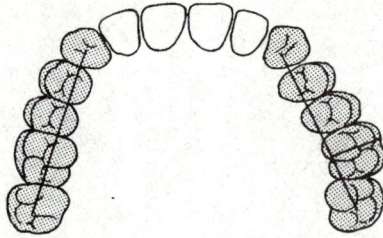

图1-32 侧牙牙列桥体的线型走向和弯曲型走向

对于制作全口义齿，排列后牙时如果不注意连接线的观测，就会影响到义齿的固定。

知识补漏

根据Gysi连接线定律，当单个牙的长轴垂直于牙嵴平面，并且它的咬合面和牙槽嵴平面平行，同时颊侧的𬌗面边缘嵴不超过上述平面前庭边缘时，义齿戴好后会满足力学规则。

当前牙位于连接线之外时，就会形成一个杠杆，其转轴为两个尖牙间的连接线，力臂L_1是从前牙弓到转轴的距离，力臂L_2是从转轴到A—线（全口义齿上颌基托的后缘线）的距离（图1-33）。

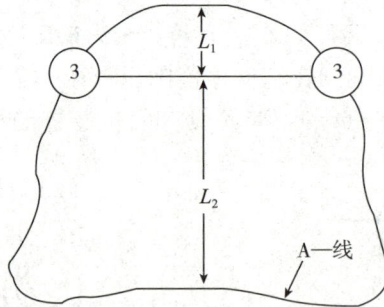

图1-33 前牙位于连接线以外的杠杆作用

机械式压榨机上的力偶作用 在冲压和充填塑料时，技工室中用压力机可以产生所需的压力。比如装盒时就要用很大力才能使两半盒压在一起，因此我们在杠杆两端施加大小相同、方向相反且平行的力来满足这个要求。

在物理学中，将作用于一个杠杆两端的、**大小相等、方向相反且平行的力**，称为力偶，在旋转方向相同（都为顺时针或逆时针）时，

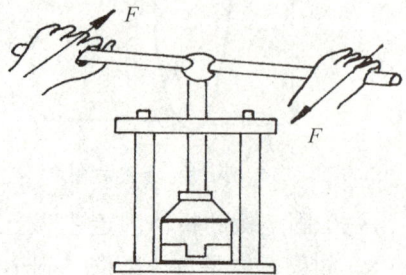

图1-34 作用于小型压榨机上的力偶

力偶是分力矩相加；旋转方向相反（一个顺时针一个逆时针）时，为分力矩相差（见图 1 - 34 ）。

三、平衡的种类　稳度

（一）平衡的种类

大家都看过杂技演员走钢丝吧，杂技演员走钢丝和小孩子玩的不倒翁都是在重力和支持力的作用下处于平衡状态的。但是钢丝演员们有时不慎就会掉下来。不倒翁搬倒后却会自动立起来。可见，这两种平衡也是有区别的，前者是不稳定的，后者是稳定的，同样是达到了平衡，还有一个平衡是否稳定的问题。那么平衡有哪些种类呢？

实验证明，平衡有三种形式：稳定平衡、不稳定平衡和随遇平衡。

稳定平衡　如果给平衡物体一个干扰，物体的重心升高，而在物体重力力矩的作用下物体重心会重新下降，物体仍能回到原来的平衡位置重新平衡，这种平衡叫**稳定平衡**。如图 1 - 35 （a），孩子玩的不倒翁就是一种稳定平衡。

不稳定平衡　如果给平衡物体一个干扰，物体的重心下降，在重力力矩的作用下，物体远离且不能再回到原平衡位置，这种平衡叫**不稳定平衡**。如图 1 - 35 （b），走钢丝的人和直立的砖都是一种不稳定平衡。

随遇平衡　如果给平衡物体一个干扰，物体的重心高度不发生变化，这样的平衡叫**随遇平衡**。如图 1 - 35 （c），光滑水平桌面上的小球，就是一种随遇平衡。

（a）稳定平衡　　　　（b）不稳定平衡　　　　（c）随遇平衡

图 1 - 35　平衡的种类

如图 1 - 36 所示，要让一个牙在竖直方向保持平衡，为什么我们的手指必须来回运动？因为牙的重心是在支撑点的上方，重心相对于相邻状态处于最高的位置，稍有一个干扰，物体的重心就会下降，因此属于不稳定平衡。重心只有在垂直方向位于支撑点正上方时，才能保持平衡。如果让手指不断地来回运动，牙齿就会试图趋向于稳定状态，使一个小小的冲撞足以让牙的重心位于支撑点的上方，由不稳定平稳状态向稳定平衡状态转变。

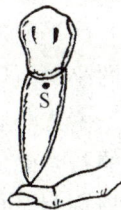

图 1 - 36　重心应位于支撑点的上方

下面结合上下牙的咬合情况的图示，来显示三种平衡状态的对比（见表 1 - 2）：不稳定平衡（不稳定的——摆动的），稳定平衡（稳定的——固定的），随遇平衡（随遇的——不确定的）。

平衡在排列人工牙齿时起着重要作用，因为咬合遵循力学规则。

表 1－2　三种平衡种类对比

稳定平衡	随遇平衡	不稳定平衡
重心相对于相邻状态处于最低的位置，遇到干扰时重心就会升高，但在重力作用下可回到原来的高度，有技术可用性，值得研究	重心位于旋转轴，也就是说发生干扰时重心高度不变，小球在平面的任何位置都能平衡	重心相对于相邻位置处于最高位置。发生干扰时重心就会降低，不可能在重力作用下，使重心再次升高而达到平衡，没有技术可用性
生理咬合特征因为闭合时在接触面上有一个同心的阻碍	磨平尖嵴或磨耗过的人工牙的接触，竖直方向有一个同心的阻碍，水平方向可以处于不同位置	咬合面形态错误和颌骨畸形时的接触，因为尖嵴的位置不确定，可能引发移位

（二）稳度

一般来说，物体受到的不是点支撑，而是面支撑。如各种建筑物，桌子、椅子、柜子等家具，都是有支面的物体。而且有支面的物体的平衡是稳定平衡。这种情况下我们谈论的是物体的稳定性。**稳定程度的大小通常都用稳度来表示**。物体的稳度与什么有关呢？从实验中得知，物体的稳度与物体的重心高度和支持面的面积有关。重心越低，稳度越大；支持面越大，稳度越大。如图 1－37 中，直立的砖重心比平放的砖重心高，直立砖的支撑面比平放的砖的支撑面小，所以直立砖的稳度比平放砖的稳度小。

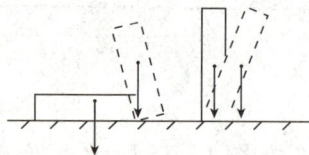

图 1－37　稳度

将三个大小底面相同的空石膏碗放在倾斜度不同的平面上，只有那个重心位于支撑面上方的石膏碗保持稳定，也就是说重心的垂线——重力作用线在倾倒边缘接触面（支撑面）以内时，保持稳定（图 1－38）。

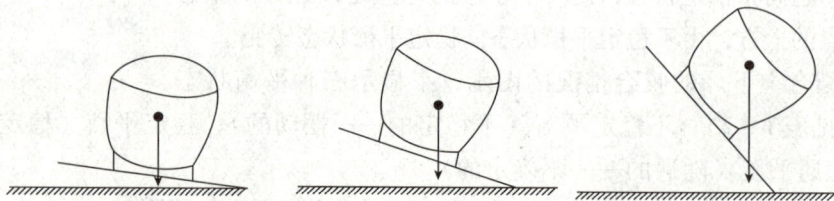

图 1－38　重力线在倾倒边缘以内时，物体保持稳定（第一个最稳定，第三个不稳定）

将一个空的和一个满的石膏碗放置在斜面上，我们会发现，重心低的和重量大的石膏碗保持稳定（图 1 – 39）。

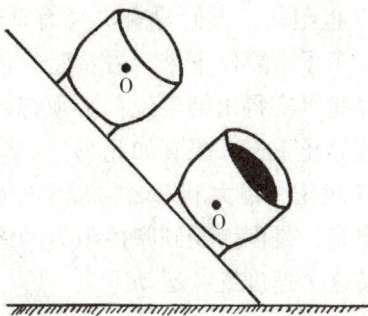

图 1 – 39　哪个石膏碗会翻倒？

可见，**物体的稳定性除了与重心的高低、支持面的大小有关外，还与物体的重量有关**。重心越低，支持面越大，重量越大，物体就越稳定。这就是装满石膏的碗站得更稳的道理。

对于牙周而言，除了力的大小和方向外，咬合力的施力点也很重要。我们知道，不是每次咬合都以相同的形式出现，最好是对刃𬌗，不协调会通过磨耗平衡掉，相反，深覆𬌗会引发不良影响，因为水平方向的咬合力会使牙齿承受非常大的负担。图 1 – 40 所示，对于牙列正常的牙齿，在正常咬合时有水平线移动，上切牙的施力点为切舌斜面，下切牙则为切唇斜面。只有在对刃𬌗时，施力点才在上下切牙的切端上（图 1 – 41）。

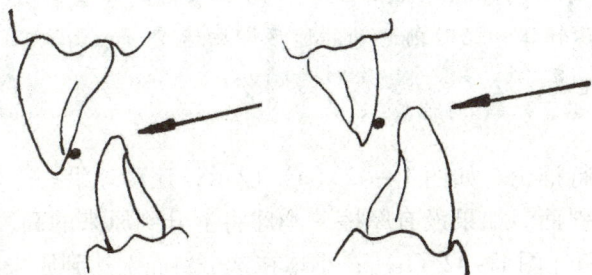

图 1 – 40　在水平情况下，上下切牙的施力点

图 1 – 41　对刃𬌗的施力点

第四节　牛顿运动定律简单描述

在力学中，只研究物体怎样运动而不涉及力和运动关系的分支学科叫做**运动学**。它是通过位移、瞬时速度、加速度等物理量来描述物体做什么样的运动，但是物体为什么会做这样或那样的运动，它是回答不了的。要讨论这个问题，必须知道力和运动的关系。研究力和运动的关系的分支学科叫做**动力学**，而动力学的基本内容就是牛顿三大运动定律。

牛顿

动力学知识在生产和科学研究中是很重要的，设计各种机器、控制交通工具的速度、研究天体运动、计算人造卫星的轨迹等等，都离不开动力学知识。

英国科学家牛顿是动力学的奠基人。牛顿在 1687 年出版了他的名著《自然哲学的数学原理》。在这部著作中，牛顿提出了三条运动定律。这三条定律总称为牛顿运动定律，是整个动力学的基础。这一节我们简要学习牛顿运动定律。

17 世纪前，人们普遍认为力是维持物体运动的原因。用力推车车子才前进，停止用力，车子就要停下来。古希腊的哲学家亚里士多德（公元前 384 ~ 公元前 322）根据这类经验事实得出结论说：必须有力作用在物体上，物体才能运动，没有力的作用，物体就要停止下来。果真如此吗？

17 世纪，意大利著名物理学家伽利略根据实验指出：在水平面上运动的物体所以会停下来，是因为受到摩擦阻力的缘故。设想没有摩擦，一旦物体具有某一速度，物体将保持这个速度继续运动下去。

知识补漏

1. 位移是表示物体位置变动的物理量，是从初位置到末位置的有向线段。

2. 瞬时速度：运动按轨迹来分有直线运动和曲线运动，按运动的性质来分有匀速运动和变速运动。在变速运动中，物体在某一时刻或通过某一位置时的速度叫瞬时速度。

3. 在变速直线运动中，为了描述速度变化的快慢，引入了加速度的概念。速度的变化跟发生这个变化所用时间的比值叫做加速度，用 a 表示。其公式为：$a = (v_t - v_0) / t$，其中 v_0 表示物体初始时刻运动的速度即初速度，v_t 表示物体运动时间 t 时刻的速度即末速度。

伽利略还根据下面的理想实验进行推论。如图 1 - 42（a）所示，让小球沿一个斜面从静止滚下来，小球将滚上另一个斜面。如果没有摩擦，小球将上升到原来的高度。他推论说，如果减小第二个斜面的倾角［图 1 - 42（b）］，小球在这个斜面上达到原来的高度就要通过更长的路程，继续减小第二个斜面的倾角，使它最终成为水平面［图 1 - 42（c）］，小球就再也达不到原来的高度，而沿水平面以恒定速度持续运动下去。

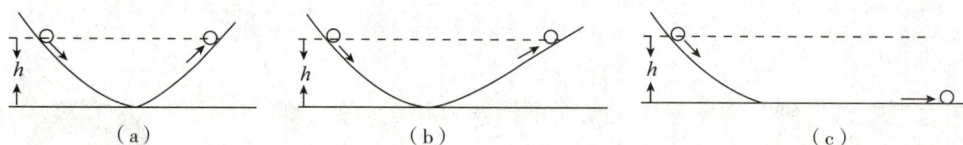

（a）　　　　　　　　　　（b）　　　　　　　　　　（c）

图 1 - 42　伽利略理想实验

一、牛顿第一定律

牛顿在伽利略等人的研究基础上，并根据他自己的研究，系统地总结了力学知识，提出了三条运动定律。

牛顿第一定律的内容是：**一切物体总保持匀速直线运动状态或静止状态，直到有外力迫使它改变这种状态为止。**

从牛顿第一定律的内容可知：

1. 一切物体在不受力时的运动状态——静止或匀速运动（理想状态）。**物体的运动并不需要力来维持。**

2. 有力作用时运动状态就会改变（状态的变化就是物体运动速度的改变），说明**力是改变物体运动状态的原因，不是维持物体运动的原因**，力和物体运动无关。由运动学知道，物体状态（速度）的变化就有加速度，所以说**力是产生物体加速度的原因**。

3. 一切物体都有保持原来的静止状态或匀速直线运动状态（即保持原运动状态）的性质，物体的这种属性叫做物体的**惯性**，所以**牛顿第一定律又叫惯性定律**。

物体的惯性与物体的运动状态无关，只与物体的质量有关，质量大惯性大，质量小惯性小。一切物体都具有惯性，惯性是物体的固有属性。

惯性对人体有着一定的影响，当人突然站起来或突然蹲下都容易引起眩晕或眼前发黑，就是因为在这两种情况下，人体内的血液由于惯性会使血压忽低或忽高而产生这种现象，因此，应尽量避免。对于年老体弱者，以及患有心脑血管疾病的病人更要注意。

牛顿第一定律描述的物体不受力是一种理想化的状态，因为不受外力作用的物体是不存在的，在物体受到的合力等于零时，物体同样会保持静止或匀速直线运动状态。同时也告诉我们力的作用与物体运动状态变化存在一定的关系。

二、牛顿第二定律

牛顿第二定律不但把力和物体运动状态的改变联系起来，而且还明确了它们之间的定量关系。

加速度和力的关系 既然力是产生加速度的原因，那么加速度和力存在什么关系呢？

研究表明：**对质量相同的物体来说，物体的加速度跟作用在物体上的力成正比**。用数学公式表示就是

$$a \propto F$$

这个结论告诉我们，要使物体在短时间内速度的改变很大，即加速度很大，就必须提供很大的作用力。比如，竞赛用的小汽车，要求启动后几秒钟内速度由零达到 60 m/s 以上，就得装备功率很大的发动机，以提供大的牵引力。巨型喷气客机要求启动后在短时间内速度达到 800～900 km/h，它们起飞的推力需达到几十万牛顿。

加速度和质量的关系 物体所受的力一定时，加速度和质量存在着什么关系呢？

研究表明：**在相同的力作用下，物体的加速度跟物体的质量成反比**。用数学公式表示就是

$$a \propto \frac{1}{m}$$

可见，相同的力作用在质量不同的物体上时，质量大的物体产生的加速度小，加速度小表示物体的运动状态难改变，而物体的运动状态难改变则表示易保持，也就是其惯性大，所以质量大的物体惯性大；反之，质量小的物体惯性小。所以说：**质量是物体惯性大小的量度**。

总结上面的研究结果，我们对力、质量和加速度的关系得到以下结论：**物体的加速度跟所受外力成正比，跟物体的质量成反比，加速度的方向跟产生这个加速度的外力的方向相同。这就是牛顿第二定律**。加速度和力都是矢量，它们都是有方向的。

牛顿第二定律不但确定了加速度和力的大小之间的关系，还确定了它们的方向之间的关系，即加速度的方向总是与力的方向一致。

牛顿第二定律也可以用数学公式来表示，这就是

$$a \propto \frac{F}{m}$$

或

$$F \propto ma$$

上式可改写成等式 $F = kma$，式中的 k 是比例常数。如果公式中的物理量选择合适的单位，可以使 $k = 1$，从而使公式简化。我们在前面已经讲过，在国际单位制中，力的单位是牛顿，其实牛顿这个单位就是根据牛顿第二定律定义的：**使质量是 1kg 的物体产生 $1m/s^2$ 加速度的力，叫做 1N**。即 $1N = 1kg \cdot m/s^2$

可见，如果都用国际制单位，则 $k = 1$。上式简化为

$$F = ma \qquad\qquad (1-6)$$

这就是**牛顿第二定律的公式**。

牛顿第二定律说明：只要物体受到力的作用，物体才具有加速度；力恒定不变，加速度也恒定不变；力随时间改变，加速度也随着时间改变。在某一时刻力停止作用，加速度随即消失。此时物体由于具有惯性，将保持该时刻的运动状态不再改变。由（1-6）可知，公式 $G = mg$ 显而易见就是牛顿第二定律公式 $F = ma$ 的变形。重力 G 产生的加速度 g，就是重力加速度。

以上讲的是物体仅受到一个力作用的情况，物体同时受到几个力的作用时，牛顿第二定律公式中的 F 表示合外力。这样，我们可以把牛顿第二定律进一步表述为：**物体的加速度跟所受的合外力成正比，跟物体的质量成反比，加速度的方向跟合外力的方向相同**。即：

$$F_合 = ma \qquad\qquad (1-7)$$

从式（1-7）可知，如果 $F_合 = 0$，则有 $a = 0$，即物体所受合外力等于0，其加速度等于0，此时物体处于静止或匀速直线运动状态。如果 $F_合 \neq 0$，则有 $a \neq 0$，则说明物体做变速运动。如果 $F = $ 定值，$a = $ 定值，则物体做匀变速直线运动。

〔例题1-5〕质量是25kg的护理车在水平面上用30N的水平力推动它，受到的阻力是5N，产生的加速度是多大？加速度的方向如何？

解：已知 $F_推 = 30N$，$F_阻 = 5N$，$m = 25kg$

求 a

根据牛顿第二定律 $\qquad\qquad F_合 = ma$

有 $\qquad\qquad a = \dfrac{F_合}{m}$

$$a = (F_推 - F_阻)/m$$
$$= (30 - 5)/25 = 1m/s^2$$

答：加速度是 $1m/s^2$，方向与推力的方向相同。

三、牛顿第三定律

力是物体间的相互作用，一个物体受到作用力时，另一个物体一定会对施加这个力的物体产生一个反作用力。那么，作用力与反作用力之间存在什么关系呢？牛顿第三定律解决了这一问题。

坐在椅子上用力推桌子，会感到桌子也在推我们，我们的身体要向后移。当用手拉弹簧时，弹簧受到手的拉力，同时弹簧发生形变，手也受到弹簧的拉力。平静的水面上，在一只船上用力推另一只船，另一只船也会反过来推自己坐的船，两只船将同时向相反方向运动。相反，在水面上的两个软木塞上面放两块异名磁极，会因为相互吸引而靠近（图1－43）。

图1－43 作用力与反作用力

观察和实验表明：**两个物体之间的作用力和反作用力总是大小相等，方向相反，作用在一条直线上**，这就是**牛顿第三定律**。

作用力与反作用力总是成对出现，且同时存在，同时消失。把两个钩在一起的同样规格的弹簧秤，一端固定，另一端用手沿水平方向施加一个拉力，会发现两个弹簧秤的读数始终相同，而且一旦放手，两个弹簧秤的计数会同时变为零。而且看到两个弹簧秤之间的作用力与反作用力的方向相反，作用在同一条直线上。

作用力和反作用力总是同性质的力。地球和物体间的相互作用是一对作用力和反作用力，地球吸引物体是引力，物体吸引地球也是引力；放在书桌上的书与桌子的相互作用是一对作用力和反作用力，书对桌子的压力是弹力，桌子对书的支持力也是弹力。

作用力与反作用力不是一对平衡力。作用力和反作用力虽然都是大小相等，方向相反，作用在同一条直线上，但平衡力是作用在一个物体上，而作用力和反作用力是作用于两个物体上。

牛顿第三定律在生活和生产中应用很广泛，人走路时用脚蹬地，脚对地面施加一个作用力，地面同时给脚一个反作用力，使人前进。轮船的螺旋桨旋转时，用力向后推水，水同时给螺旋桨一个反作用力，推动轮船前进。汽车的发动机驱动轮子转动，由于轮胎和地面间有摩擦，车轮向后推地面，地面给车轮一个向前的反作用力，使汽车前进，汽车的牵引力就是这样产生的。如果把后轮架空，不让它与地面接触，这时让发动机驱动后轮转动，由于车轮不推地面，地面也不产生向前推车的力，汽车就不能前进。火箭在运行时，火箭内燃料燃烧对产生的气体一作用力，气体也对火箭一反作用力，推动火箭前进。

如图 1–44，是一个印象深刻的有关黏膜支撑局部义齿作用方式的实验，用一块海绵橡皮作为黏膜组织，一个小长方体作为局部义齿，当小长方体（义齿）受力时，橡皮垫（黏膜）就被压缩了，从下图中我们看到，作用到小长方体上的力（小长方体的重量忽略）与橡皮垫变形后产生的反作用力大小相同方向相反，当压力逐渐消除后，橡皮垫又恢复原状。在橡皮垫被压缩的时候，施加的压力和产生的反作用力使橡皮垫保持平稳状态。刚刚看到的这个实验可以用物理原理来解释就是：作用力和反作用力的关系。

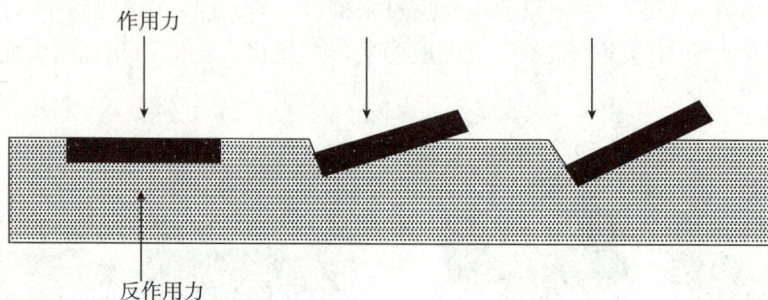

作用力

反作用力

图 1–44　黏膜支撑义齿作用力和反作用力模型实验

当义齿安放位置不当或倾斜时，对黏膜各部位的压力就会不平衡，不同部位的黏膜组织产生的反作用力也会不平衡。受力较大部位的黏膜会在其上产生较深的压痕，如果黏膜所受到的作用力在某局部超过其生理限度，就容易造成黏膜组织的严重损伤。

第五节　匀速圆周运动

物体沿圆周运动是一种常见的曲线运动，在圆周运动中，最简单的是匀速圆周运动。

一、匀速圆周运动的概念

物体沿圆周运动，如果在相等的时间里通过的圆弧长度相等，这种运动就叫做匀速圆周运动。 例如，匀速转动着的砂轮上每个质点的运动，都是匀速圆周运动。地球和各个行星绕太阳公转的轨迹是跟圆近似的椭圆。在初步研究中，可以认为行星以太阳为圆心做匀速圆周运动。

做匀速圆周运动的物体虽然速度的大小不变，但速度的方向时刻在不断变化（圆周的切线），因此其速度在不断变化，所以**匀速圆周运动是变速运动**。

二、描述匀速圆周运动快慢的物理量

（一）线速度和角速度

1. 线速度　匀速圆周运动的快慢可以用线速度来描述。根据匀速圆周运动的定义，物体运动的时间 t 增大几倍，通过的弧长 s 也增大几倍。对某一匀速圆周运动来说，s

与 t 的比值越大，单位时间内通过的弧长越长，表示运动得越快。**物体做匀速圆周运动时，所通过的圆弧长度 s 跟所用时间 t 的比值，叫做匀速圆周运动的线速度，用符号 v 表示，单位是米/秒（m/s）。** 由线速度的定义有

$$v = \frac{s}{t} \qquad (1-8)$$

线速度是矢量，其方向为该圆周运动轨迹的切线方向。

2. 角速度 匀速圆周运动的快慢也可以用角速度来描述。物体在圆周上运动得越快，连接运动物体和圆心的半径在同样的时间内转过的角度就越大。所以匀速圆周运动的快慢也可以用半径转过的角度 φ 和所用时间 t 的比值来描述。**物体做匀速圆周运动时，连接物体和圆心的半径转过的角度 φ 跟所用时间 t 的比值，叫做匀速圆周运动的角速度，用符号 ω 来表示。** 由角速度的定义有

$$\omega = \frac{\varphi}{t} \qquad (1-9)$$

我们知道，圆心角 φ 的弧度值与弧长 s 成正比，所以对某一确定的匀速圆周运动来说，φ 与 t 的比值是恒定不变的。

知识补漏

弧度：弧度是指弧长与半径的比值。比如，圆周长为 $2\pi R$，而一周的圆心角所对应的弧度值为 $2\pi R / R = 2\pi$，$\pi = 3.14$。

角速度的单位由角度和时间的单位决定。在国际单位制中，角速度的单位是弧度每秒，符号是 rad/s。

（二）周期和频率

1. 周期 匀速圆周运动是一种周期性的运动，所谓周期性，是指运动物体经过一定时间后，又重复回到原来的位置，瞬时速度也重复回到原来的大小和方向。**做匀速圆周运动的物体运动一周所用的时间叫做周期，用符号 T 表示，单位是秒（s）。** 周期也是描述匀速圆周运动快慢的物理量。周期长说明物体运动得慢，周期短说明物体运动得快。

2. 频率 **物体在 1 秒内完成周期性变化的次数，叫做频率，用符号 f 表示，单位是赫兹（Hz）。** 频率高说明物体沿圆周运动得快，频率低说明物体沿圆周运动得慢。因此频率也是表示物体转动快慢的物理量。实际应用中也常用转速来描述匀速圆周运动的快慢，所谓**转速**，是指每秒转过的圈数，常用符号 n 来表示。转速的单位为转每秒，符号是 r/s，以及转每分 r/min。

从周期与频率的定义可知，**周期与频率成倒数关系**，即：$T = \frac{1}{f}$。

3. 线速度、角速度、周期间的关系 线速度、角速度、周期都是描述匀速圆周物体运动快慢的物理量，它们之间的关系是怎样的呢？

设物体沿半径为 R 的圆周做匀速圆周运动，在一个周期 T 内转过的弧长为 $2\pi R$，转

过的角度为 2π。所以线速度和角速度分别为

$$v = \frac{2\pi R}{T} \tag{1-10}$$

$$\omega = \frac{2\pi}{T} \tag{1-11}$$

由上两式得： $$v = \omega R \tag{1-12}$$

由以上三式可以看出描述匀速圆周运动快慢的三个物理量之间的关系。式 1-12 表示，**在匀速圆周运动中，线速度的大小等于角速度的大小与半径的乘积**。当半径一定时，线速度与角速度成正比；当角速度一定时，线速度与半径成正比。

〔例题 1-6〕某飞轮的转速是 12000r/min，求：（1）它的周期、频率和角速度；（2）距转轴为 20cm 处的线速度。

已知： $n = f = 12000 \text{r/min}$，$r = R = 20 \text{cm} = 0.2 \text{m}$

求： T、f、ω、v

解：（1） $f = \dfrac{12000 \text{r}}{60 \text{s}} = 200 \text{Hz}$

$T = 1/f = 1/200 = 0.005 \text{s}$

$\omega = 2\pi f = 2 \times 3.14 \times 200 = 1256 \text{rad/s}$

（2） $v = r\omega = 0.2 \times 1256 = 251.2 \text{ m/s}$

答：飞轮的周期是 0.005s，频率是 200Hz，角速度是 1256rad/s，距转轴为 20cm 处的线速度是 251.2m/s。

（三）向心力和向心加速度

1. 向心力 匀速圆周运动虽然速度的大小保持不变，但速度的方向在不断地改变，匀速圆周运动中的"匀速"是速度的大小（速率）不变的意思。

既然匀速圆周运动是一种变速运动，做匀速圆周运动的质点一定受到力的作用。例如绳子的一端拴一小球，用手拉住绳子另一端，使小球在水平面上做匀速圆周运动，此时我们得用一个力拉住小球，否则小球就会飞走（如图 1-45）。这个拉力的方向总是沿着绳子方向指向拉绳子的手（即指向圆心）并和速度的方向垂直，这个力就是向心力。

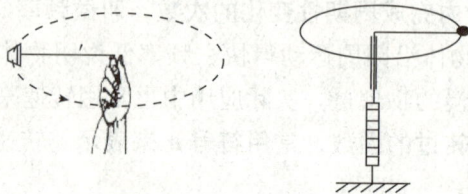

图 1-45 向心力及验证向心力

可见，要使物体做匀速圆周运动，必须始终给物体施加一个跟线速度的方向垂直、沿着半径指向圆心的力。我们把物体做匀速圆周运动时所受到的沿着半径指向圆心的力叫做向心力。

实验表明：**物体做圆周运动的向心力，跟物体的质量成正比，跟物体的速度平方成正比，跟物体的半径成反比**。用公式表示为

$$F = \frac{mv^2}{R} \tag{1-13}$$

根据线速度与角速度的关系式 $v = \omega R$，上式变为

$$F = m\omega^2 R \tag{1-14}$$

向心力的方向沿着半径指向圆心，但时刻改变，因而向心力是一变力。

在匀速圆周运动中，质点的线速度方向能够不断变化，就是由于向心力作用的结果，向心力只改变速度的方向，不改变速度的大小。

需要说明的是，向心力不是一种特殊性质的力，它是根据力的效果命名的一个力，是指方向始终指向圆心的力。它可以是前面学过的重力、弹力或摩擦力，也可以是某个力的分力或几个力的合力。例如，前面例子中小球受到的向心力就是绳子给它的弹力；人造地球卫星绕地球旋转时，卫星所受的向心力是由地球对它的万有引力提供的。

2. 向心加速度　由牛顿第二定律可知，力是产生加速度的原因，有力就会产生加速度，**由向心力产生的加速度叫向心加速度，向心加速度的方向与向心力的方向相同，也是指向圆心**。由牛顿第二定律 $F = ma$，与公式（1-13）、（1-14）比照可得

$$a = \frac{v^2}{R} \tag{1-15}$$

$$a = \omega^2 R \tag{1-16}$$

向心加速度是表示线速度的方向改变的快慢。

我们生活中经常要遇到向心力的问题。比如，我们在跑步转弯时，脚要向外用力，此时地给我们一个指向圆心的摩擦力，这个摩擦力就是我们转弯时的向心力。汽车、自行车、火车在转弯时都需要地面、铁轨等提供所需的向心力。任何做曲线运动的物体也都需要向心力。

（四）旋转速度对打磨头质量的影响

在打磨铸件时，当驱动力和所受阻力相等时，我们使用的打磨头会保持匀速转动，打磨体只有匀速转动，才能更好地进行打磨。如果阻力过大，磨头就会变为静止状态。例如一个装在打磨手机上的打磨头，在加工牙冠时施加的压力过大，它就会停止转动。如果驱动力加大，转动速度也随之增大，也就是说运动被加速了。**速度增加时，我们称为加速运动，速度减小时，我们称为减速运动**。

从图 1-46 中我们可以看出，物体是从静止开始运动的，**经过相等的时间速度的增加是相等的**，每秒钟都保持恒定的 2m/s 的速度增加，**这种运动就是匀加速直线运动**。$\Delta v / \Delta t$ 称为运动的加速度，也就是说**速度的变化跟发生这个变化所用时间的比值，叫做物体运动的加速度**，用 a 表示。

即　　　　　　　　　　　　　$a = \Delta v / \Delta t$

由牛顿第二定律　　　　　　　$F = ma$

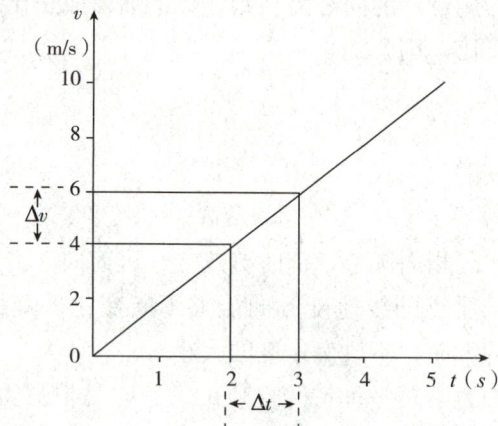

图 1－46　匀加速运动的速度－时间图像

可以知道：如果物体上不施加力，则它的速度 v 保持恒定；如果物体上施加一个恒定的力 F，则它产生的加速度 a 也保持恒定；如果施加的力越大，则物体的加速度越大，即物体速度增加得越快。

可见，要加快打磨头的旋转速度，就得加大驱动力，由 $F = ma = m\omega^2 R$ 可知，加大驱动力，就会产生旋转加速度，使旋转角速度 ω 增大，即旋转速度 n 增大（$\omega = 2\pi n$）。

无论是铣削、磨削还是抛光，都存在一个旋转速度大小的问题，那么，旋转速度对打磨头的质量有什么影响呢？是不是旋转速度越大打磨体越光洁质量就越好呢？理论与实践证明，打磨的速度 $v = \omega R = 2\pi n R = Dn\pi$（其中，$D$ 为磨头的直径，n 为电动机的转速）。显然，打磨体的质量与工作效率、机器的承受能力和被打磨体的光洁平整度有关。而工作效率是由旋转速度的大小、压力的大小、磨头的粗糙程度、直径等决定。光洁度既与磨头的粗细（颗粒大小）、打磨头材料本身的致密情况有关，还与克服摩擦力做功产生的热有关。如磨头越粗糙（颗粒越大），压力越大，旋转速度越高，克服摩擦力做功越多，对机器功率要求越高，此时，只能提高效率，不能提高打磨的质量。相反，如果是抛光工件就采用低功率、高转速、低压力，会使阻力减小，被打磨体的光洁度好，质量也高。如果是切割工件就用高功率，低转速，会提高转动的力矩，切割的效果就好一点。

知识链接

铣削是指用旋转工具进行的切削式加工的过程。通常用硬质合金锋利的刃来切削工件上多余部分。一般多用于加工相对较软的材料，如石膏、塑料、蜡等。

磨削是指用旋转工具进行的磨削式加工过程。通常是用磨头中的磨料的切割能力来磨掉工件表面细小多余部分。一般多用于加工相对较硬的材料，如金属、陶瓷等。

抛光是指用抛光工具（布轮、毡轮、毛刷轮、橡胶轮等）对工作表面进行光洁的过程。一般是对用磨头或铣头加工过的粗糙表面进行抛光。

三、离心现象　离心机械

离心现象是日常生活中比较常见的一种现象，做圆周运动的物体始终存在着离心趋势。

（一）离心现象

如图 1–47，如果小球在做圆周运动时，所提供的向心力等于物体做圆周运动所需要的向心力，物体将做**匀速圆周运动**。如果小球在做圆周运动时，所提供的向心力大于所需要的向心力，物体将做半径越来越小的曲线运动，叫做近心运动。如果小球在做圆周运动时，所提供的向心力小于所需要的向心力，物体的运动会离圆心越来越远，我们把这样的运动叫做**离心运动**。总之，

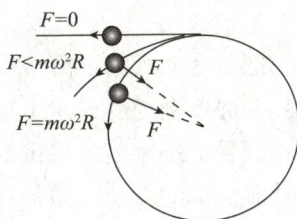

图 1–47　当提供的向心力不足或突然消失时，物体将做离心运动

做匀速圆周运动的物体，在外力突然消失或外力不足以提供所需要的向心力时，将做逐渐远离圆心的运动，这种运动叫做离心运动，这种现象叫做离心现象。

由此可知，做匀速圆周运动的物体总有远离圆心的趋势。实际上物体是在向心力的作用下，被迫做匀速圆周运动。

（二）离心机械

利用离心现象制造的机械叫离心机械。离心机械在生活和生产中有着广泛的应用，在义齿的铸造中也有着很重要的作用。我们简单介绍两种离心机的工作原理。

1. 离心脱水器　离心脱水器在生活中主要用于甩掉湿物体上的水。洗衣机的脱水桶，使纺织厂里的湿棉纱、毛线或纺织品脱水，用的都是这种装置。图 1–48 是离心脱水器示意图，主要是一个可以转动的桶，在桶壁上有许多孔，当湿物体放在其中，桶开始转动时，附着在物体上的液体随物体一起转动，这时液体与物体的附着力提供了物体做圆周运动的向心力，当转速越来越大时，附着力小于液体做圆周运动所需要的向心力，液体就会做离心运动，向半径较大的桶壁运动，最终从桶壁的小孔中沿切线飞出。从而脱去湿物上的水。

图 1–48　离心脱水器

2. 离心分离器　离心分离器〔如图 1–49（a）〕又叫做电动离心机，是实验室和临床化验中用来迅速分离悬浮在液体中的微粒，借以分离密度不同的各种物质成分的装置。在医学检验上，也经常用到离心原理提高检验的速度。如当抽取人的血液后，检验人员要检查细胞的数量，但血液中含有血清、血浆、沉淀蛋白质等，如果让其自然沉淀来检查，则需要的时间较长。

(a)

(b)

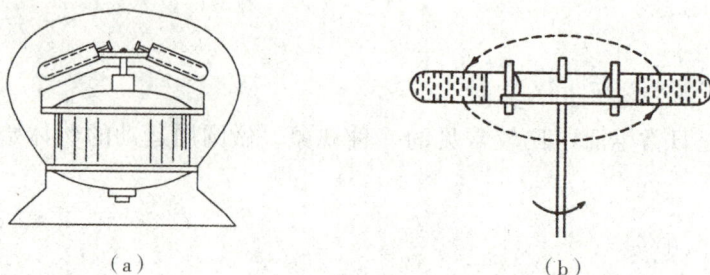

图 1 - 49 离心分离器

我们把装有血液的试管放在离心台上，开动离心机，当转速不断增大时，两个沉淀管因离心趋势逐渐地变成水平状态［如图 1 - 47（b）所示］，血液中的悬浮微粒就逐渐沉于管底，且会按密度分层沉淀，以便迅速检查。

此时血液中的微粒在做匀速圆周运动时，所需要的向心力是由液体内部微粒之间的摩擦力提供的。但转速增大时，微粒所需要的向心力也会增大，当摩擦力不足以提供所需要的向心力时，微粒就会做离心运动，而沉于管底。

（三）离心力在铸造设备中的应用

1. 手动离心机 离心机有手动离心机与电动离心机，下面以手动离心机为例来说明离心力在铸造设备中的应用。铸造金属熔化后，可用手动离心机来进行铸造。随着手臂快速摇动把柄，手动离心机开始转动。按照惯性定律，离心机上的铸造器会试图向圆的切线方向运动，因此必须不断对它施加一个指向圆心的向心力，以使它能够保持圆周运动。

当物体（离心机上的铸造冠）的质量为 m，线速度为 v，圆周半径为 R（可转动固定点到铸造冠的距离）时，那么物体受到的向心力为：

$$F_p = \frac{mv^2}{R} = F_f$$

按照牛顿第三定律，相对于这个指向圆心的力 F_p 有一个大小相等、方向相反的力，我们的手可以明显地感觉到这个力的存在，如图 1 - 50，我们把这个力称为**离心力 F_f**。

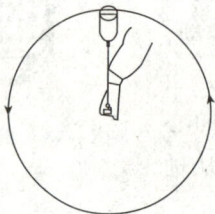

图 1 - 50 用手感受离心力

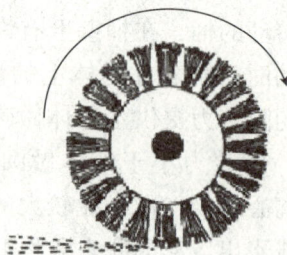

图 1 - 51 碎末从切线方向离开圆周

离心力表现出一种惯性阻力，它与不断使离心机改变运动轨道的力相抗衡。我们的手松开（力消失）后，离心机就不再做径向的运动，而变为切线方向的运动。在打磨贵金属时，可以看到飞出的碎屑是沿切线方向飞出的，如图 1 - 51，因而可以将切线飞出的碎屑用收集装置进行收集。这也是牙科工艺技术中在使用手机加工时要佩戴防护镜的原因。

在快速转动时离心力会变得很大。我们的机器必须很稳定地运行，因此建议将离心机加上固定装置。

离心力在技术领域有着广泛的应用，想想我们使用的离心泵、甩干机、鼓风机等等。开车转弯时我们可以亲身感受到离心力的存在，为了防止转弯时偏离跑道，修路时转弯处会修得倾斜一些，来更好地提供物体转弯时所需的向心力。离心力实际是一种惯性的表现。

铸造金属熔化后，随离心机作圆周运动，在离心力的作用下，使熔液很快均匀地流到铸圈中来完成铸造工序。

2. 电动离心铸造机 电动离心铸造机是牙科技工室中常用的灌铸金属的仪器。常用的有风冷式真空高频离心铸造机、真空加压离心铸造机和钛铸造机，它们都是利用离心力将熔化的金属液抛入预热好的铸型中，完成铸造的。

（1）风冷式真空高频离心铸造机 风冷式真空高频离心铸造机（如图1-52所示），其工作原理为高频电流感应加热原理。高频电流是频率较高的交变电流，它所产生的电磁场使坩埚内的合金受高频磁力线的切割，产生感应电压（电动势），从而出现一定强度的涡流（旋涡式的电流）。高频涡流在合金表面产生短路，将电能转换成热能，使金属材料在无氧状态下（即真空）发热直至熔解，通过高频离心电机的转动作用，产生较大的离心力，将熔融金属灌铸到铸圈的阴模中，来得到符合要求的牙铸件。此离心铸造的优点是：金属熔铸处于真空状态，能避免金属产生氧化，使铸件的物理性能稳定，高品质和高纯度，从而提高铸件表面质量和使用寿命。同时，可使铸件组织致密，无缩孔、气孔、夹渣缺陷，力学性能良好。另外，金属液的充型能力有所提高，可浇注流动性差的合金和薄壁铸件。

（2）真空加压铸造机 真空加压铸造机也叫压差式铸造机（如图1-53所示），其主机结构分熔解室和浇铸室两部分。其工作原理为中空水冷式线圈感应加热熔融。具有熔解速度快，合金成分无氧化、无气泡等优点，有利于提高铸件的物理性能。

图1-52 风冷式真空高频离心铸造机　　图1-53 真空加压铸造机

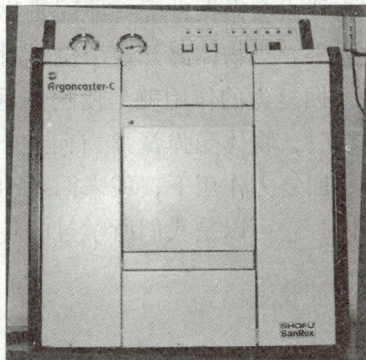

（3）钛铸造机 钛铸造机（如图1-54所示），采用离心、加压、吸引三力合一的原理进行铸造，兼有真空铸造、加压铸造和离心铸造的优点，不仅可用于纯钛的铸造，也可用于钛合金、贵金属合金、镍铬合金、钴铬合金、银合金等多种合金的高精密铸造。

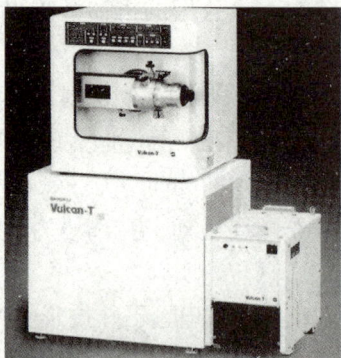

图 1-54 钛铸造机

这三种铸造机将在以后学习设备学时作详细介绍。

第六节 振动与波

我们已知道在平衡力作用下的匀速直线运动，还有大小不变、方向指向圆心的变力作用下的匀速圆周运动，现在，我们要学习大小和方向都在不断变化的力作用下的一种运动形式——**机械振动**。振动是一种常见的运动。琴弦的振动、地壳的振动、放在振荡器上的石膏碗中石膏的振动、人体内心脏的跳动等都是振动的例子。波动是基于振动形式的能量传播的重要方式。例如我们听到的声音就是声源的振动在介质中传播而形成的一种波，波在医学中有着很重要的应用。

一、机械振动

物体在平衡位置附近来回往复的运动，叫机械振动。在微风中摇摆的树枝所做的运动，挂在弹簧下端的重物的上下运动，单摆小球的左右摆动，都是振动的典型例子。

物体为什么会做振动呢？原因是物体有一个平衡位置，物体在这个位置，振动方向上合外力为零。当物体离开这个位置时，便受到一个指向平衡位置的力。这个力我们叫做回复力（回复力的作用就是使物体返回平衡位置）。如一个与物体相连的弹簧，当物体向右运动时，物体受弹簧弹力向左，当物体向左运动时，物体受弹簧弹力向右。这样，物体在回复力作用下，就来回振动起来了。回复力也是一个根据力的作用效果命名的力。所以，它可以是我们所学过的各种性质的力或其合力、分力。

（一）简谐振动

振动是一种复杂的运动形式，其中有一种最简单的振动叫简谐振动。如图 1-55 所示的弹簧振子的振动就是一个简谐振动。把弹簧振子从平衡位置 O 拉到 A 点，放手后就会在弹力的作用下，越过 O 到达 A′点，然后又返回越过 O 回到 A 点，完成一次

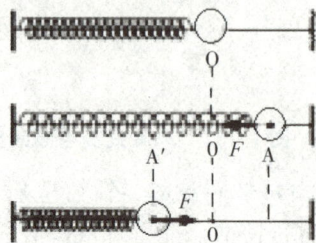

图 1-55 简谐振动

全振动，以后就重复这个运动。而弹簧振子受到的回复力就是指向平衡位置弹簧的弹力。由胡克定理可知，弹力与弹簧形变量成正比，方向相反。

像弹簧振子这样总是受到一个与位移（x）大小成正比而方向相反的回复力（F）作用下的振动叫做简谐振动。即满足：

$$F = -kx$$

知识补漏

振子的位移 x，是指振子在任意时刻从平衡位置到振动点的有向线段。

负号表示 F 与 x 的方向相反。可见，弹簧振子的振动就是一个简谐振动。

物理学中最重要、最简单的振动形式就是简谐振动，其他复杂的振动都是由许许多多简谐振动合成的。

简谐振动物体的能量是在平衡位置的动能，也是最大位移时的势能，也等于振动过程中的动能与势能之和。

（二）描述振动状态的物理量

因为做振动运动的复杂性，所以描述物体的振动物理量也就与前面研究过的一些运动物理量不同，下面介绍描述物体振动的几个物理量。

振幅　振幅是描述物体振动幅度大小的物理量。**振动物体离开平衡位置的最大距离叫振幅**。振幅越大，物体振动的强度越大。比如，在打鼓的时候，鼓皮会上下振动。打击用的力越大，鼓皮振动的幅度就越大，我们说振动的强度也就越大。

周期　振动的特点是它的重复性（在平衡位置来回运动），所以振动有一定的周期性。我们**把物体完成一次全振动所用的时间，叫做物体的振动周期**。用 T 表示，国际单位是秒。

频率　**1 秒内完成全振动的次数叫做频率**。用 f 表示，国际单位是赫兹（Hz），简称赫。

1 千赫（kHz）＝1000Hz

1 兆赫（MHz）＝1000kHz

周期和频率的关系是：$f = \dfrac{1}{T}$ 或 $T = \dfrac{1}{f}$

周期和频率都是描述振动快慢的物理量，周期越大，振动越慢，频率越大，振动越快。

振幅、周期和频率是表征整个振动的物理量。知道了这三个物理量，我们就从整体上把握了振动的情况。

二、机械波

我们在平静的水面上投入一石子，激起一圈圈起伏不平的波纹向周围传播开去，这

就是水波（图1-56）。我们能听到声音，是靠声波把
能量传到我们的耳朵。远处发生地震，激起的地震波把
能量传来，造成灾害。我们能从收音机中收听到节目，
能从电视机中看到电视图像，是因为它们接收到电磁
波。我们接收到太阳的能量，是光波把太阳能传递过来

图1-56　水波

的。水波、声波、地震波都是由机械振动引起的机械波。机械波传递着机械能。电磁波
和光波传递的是电磁能和光能。

（一）机械波

机械振动在介质中的传播形成机械波，简称波。从机械波的概念中我们会看到，**要
形成机械波，必须有两个条件：一是要有振动源，二是要有传播振动的介质。**必须有传
播的介质，是机械波的特点。那么为什么会形成波呢？原来，介质中的某一质点开始振
动时，由于介质中各质点间有相互的作用力，于是，这个振动的质点会给其周围的质点
一个力，这样，第一个质点的振动就会带动它周围的邻近质点也开始振动，接着它们又
会带动更远的质点振动。但是，后面质点的开始振动总比前一质点开始振动落后一个时
间差，从整体上看，就形成了波。

风吹过的麦田可以显示波的特性。振动从振动源借助于介质（载体）向外扩散，
介质中的各质点只在各自的平衡位置附近振动，质点并没有随波迁移。波在传播过程
中，传播的是振动的形式和能量。

（二）波的分类

按照质点振动方向和波的传播方向，波可分为横波与纵波。**振动方向和波的传播方
向垂直的波叫横波（图1-57）。**例如水波、绳波。**振动方向和波的传播方向相同的波叫
纵波。**例如弹簧波和声波。横波有凸部和凹部或者叫波峰或波谷。纵波没有峰和谷，有
密部和疏部（图1-58）。

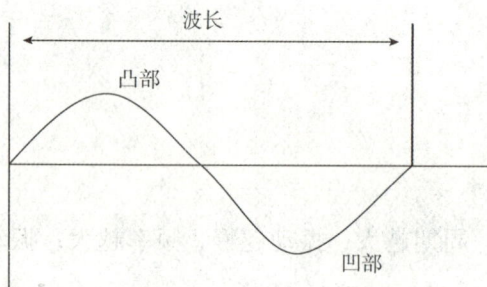

图1-57　横波（绳波）

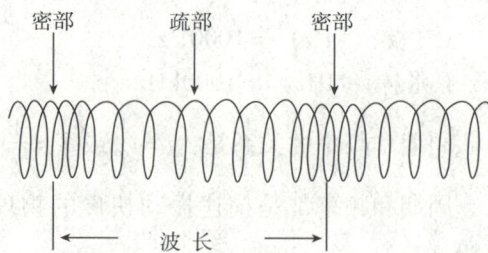

图1-58　纵波（弹簧波）

（三）波长、频率与波速的关系

我们把横波中相邻的峰与峰（或谷与谷）之间的距离叫波的一个波长。把纵波中
相邻的密部（或疏部）中央间的距离叫做波的一个波长。波长用 λ 表示。波在一个周

期内，向前传播一个波长的距离。**波向前传播的速度叫波速**，用 v 表示。振源质点振动的周期是波的传播周期，用 T 来表示。周期的倒数是波的频率，用 f 表示。则波速、频率、波长的关系是

$$v = \frac{\lambda}{T} \quad 或 \quad v = \lambda f \qquad\qquad (1-17)$$

上式表示**波速等于波长与频率的乘积**。在波的传播中，波速是由介质决定的，频率是由振源决定的，则波长是由波速和周期共同决定的。同一频率的波，在不同介质中传播时波速不同。不同频率的波在同一介质中传播时波速相同。波在传播过程中，频率总是不变的。

三、声波的形成与传播

（一）声波的形成与传播

声音在人们的生活中是非常重要的，人类就是靠声音进行交流的。那声音是如何产生的呢？简单地说，一切发声的物体都在振动，它们就是声源。**声源的振动在介质中的传播就形成了声波，声波也叫声音。**

声波借助空气向四面八方传播，在具有开阔空间的空气中，声波的传播方式就像逐渐吹大的肥皂泡。声音是指可闻声波的特殊情形，例如对于人耳的可闻声波，达到人耳位置的时候，人的听觉器官会有相应的声音感觉。

我们听到鼓声，是鼓皮的振动在介质中传播形成的声波传到人耳，引起耳膜振动的原因。我们观察鼓皮，会发现鼓皮在振动。人讲话必出声音，是人的声带振动后形成的声波在介质中的传播。人在讲话时，用手摸住自己的咽喉，会感到声带在振动。

声波是纵波。声波可以在各种介质中传播，如空气、水、金属、木头等都能够传递声波，它们都是声波的良好传播介质。在真空中声波就不能传播了。在固体中传播速度最大，在液体中传播速度次之，在气体中传播速度最小。声波一般在空气中的传播速度是 340m/s。气体中声波的传播速度受温度的影响较明显，通常空气的温度每升高 1℃，声速增大 0.6m/s。固体和液体的声速，受温度影响较小，一般可以忽略不计。表 1-3 是 0℃时声波在一些物质中的传播速度。

声波的传播速度取决于它的载体，并且它的强度与距离平方成反比。

表 1-3　0℃时声波在一些物质中的传播速度（m/s）

介质	速度	介质	速度
空气	331.6	铜	3710
水	1440	钢	4714
酒精	1168	铝	5000
甘油	1923	石英玻璃	5370
铅	1200		

正弦波是最简单的波动形式。优质的音叉振动发出声音的时候产生的是正弦声波。正弦声波属于纯音。任何复杂的声波都是多种正弦波叠加而成的复合波，它们是有别于纯音的复合音。正弦波是各种复杂声波的基本单元。

（二）超声波

人对声音的感觉有一定频率范围，即 20～20000Hz。也就是说，物体振动频率低于 20Hz 或高于 20000Hz 人耳就听不到了。低于这个频率范围的称为**次声波**，高于这个频率范围的称为**超声波**。

超声波的特点　超声波的频率高至 20000Hz 以上（每秒振动 20000 次以上），由于它的频率高，因此具有以下特点：

（1）方向性好，几乎沿直线传播。

（2）穿透能力强，能穿透许多电磁波不能穿透的物质。

（3）在介质中传播时能产生巨大的作用力，可以用来为硬质材料做切割、凿孔，也可以用来清洗和消毒等。

超声波的用途　超声波在液体中传播时，可使液体内部产生相当大的液压冲击，能很快地使各种金属零件、玻璃、陶瓷等制品的表面污垢清洗干净。所以口腔科常用超声波清理牙上的污垢。超声波洁牙可有效预防牙龈炎及牙周炎。要保持牙齿健美，就要定期到医院做口腔检查。使用先进的超声震动洁齿器清洁牙齿时，医生只要开动超声波工作手机，用洁牙器的头部轻轻接触到牙齿表面，牙石就会自动脱落。不仅如此，它还能将附着在牙上的食物碎屑、茶垢、烟垢和牙菌斑等一并清除，很快恢复牙齿本身的洁白光泽。定期洗牙不仅能使牙齿洁净舒服，还能促进牙龈血液循环使口腔清爽；在清洗过程中，如果发现牙齿有浅龋、坏损时，可及时利用现代技术去净龋坏的牙质，用光固化材料将牙齿修复完整，达到美化牙齿的目的。书后彩图 1 展示的就是用超声波清洁前后的效果对比。医院中常用的 B 超，它是把超声波射入人体，根据人体组织对超声波的传导和反射能力的变化来判断有无异常，如对人体脏器做病变检查、结石检查等，它具有对人体无损伤、简便迅速的优点。

超声波在现代生活中应用较广。超声波具有比可闻声波更好的直线传播性。因为它的波长比可闻声波小的多，不容易发生绕射，可以定向传播。超声波在水中比光波和无线电波传播的距离远得多。声呐（水声测位仪）就是根据超声波的上述特点制成的装置。

在技术领域中，频率可以达到 500MHz 的超声波有着广泛的用途，它可以用来测定材料的弹性性质，进行水中通讯，材料检测。图 1-59 展示的超声波清洗仪中的超声波是由固定在框架中、两边镀有金属的振动石英产生的。交流电转变为高频电流后，作用在振动石英上，产生压力变化，振动石英则将这种振动传导到相连的金属槽中。金属槽中是加有添加剂的液体，不仅作为振动的传递媒介，而且还作为清洁剂。

那么超声波如何清洗工件呢？

超声波振动源产生的持续的压力变化在液体中产生周期性的压力差，这个压力差能够克服液体分子间的内聚力，使分子相互分离。作用在待清洗物体和清洁剂接触面上的流体打击力（压力或拉力）更为强大，这些压力或拉力使得液体分子间产生成千上万的小空间，这些小空间又形成无数微小的真空流。在这种打击下杂质从待清洁工件表面脱落。用机械清洗方式无法去除的内部凹槽，小孔中的杂质，牙齿上细小窝中的牙菌斑，超声波都可将它们清除。

图 1 - 59　频率为 40kHz 的
超声波清洗仪

另外，一些特别小而对清洁度有较高要求的产品有钟表和精密机械的零件，电子元器件，电路板组件等，使用超声波清洗都能达到很理想的效果。

图 1 - 60 所示的装置是超声波发生器示意图，通过耦合线圈会得到一交流电，如果在压电晶体（石英）的两面加上 20000Hz 的交流电时，晶体作高频率的振动，在媒质中会产生超声波。

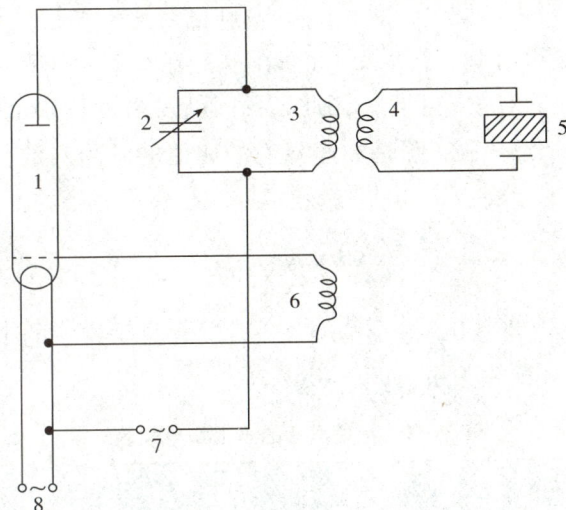

图 1 - 60　压电超声波发生器（开关方式）
1. 电子管　2. 冷凝器　3. 振动回路　4. 耦合线圈　5. 振动石英
6. 反耦合线圈　7. 阳极电源　8. 加热电源

次声又称亚声，许多自然灾害如地震、火山爆发、龙卷风等在发生前都会发出次声波。次声波对人体能够造成危害，引起头痛、呕吐、呼吸困难等症状。次声波的特点是来源广、传播远、穿透力强，科学家们利用它来预测台风、研究大气结构等。在军事上可以利用次声来侦察大气中的核爆炸、跟踪导弹等。

地震、台风、核爆炸、火箭起飞等都能产生次声波。现在有些国家建立了次声波站，可以探知数千千米以外的导弹发射和核试验。接收次声波还可以预报破坏性很大的海啸、台风。

（三）声强及声强级

现在在航空领域人们已经不再谈论音速，而是谈论超音速了。超音速是指速度大于声波在其周围介质（例如空气）中传播的速度。只是在穿越音障时，即从亚音速过渡到超音速时会发出雷鸣般的响声。这个响声使我们的耳朵感到很不舒服，因为这个声强已经达到了我们耳朵的疼痛感知点。在物理学中，人们根据强度等级制定了相应的声强。

单位时间内，通过垂直于传播方向的单位面积的声音能量，叫做声强，用 I 表示， 即

$$I = \frac{E}{S \cdot t} \tag{1-18}$$

在国际标准单位中，声强单位是焦耳/米^{2}秒或瓦/米^2，代号为 J/（m^{2}s）或 W/m^2。

能够引起人耳听觉的声波，不仅在频率上有一定的范围，在声强上也有一定的范围。当频率为 1kHz 时，能引起人耳听觉的最低声强为 10^{-12} W/m^2，最高声强为 1W/m^2，声强范围约为 $10^{-12} \sim 1$W/m^2，两者相差 1000 亿倍。事实上，人耳不能把这样大范围内的声音由弱到强分辨出 10^{12} 个等级。生理学研究证实：人耳对两个不同声强的感觉近似地与两个声强之比的对数成正比。因此，我们以频率为 1kHz 的最低声强 $I_0 = 10^{-12}$ W/m^2 为基准声强，**取任意声强 I 跟基准声强 I_0 的比值的常用对数，叫做声强 I 的声强级，用 L 表示，** 则

$$L = \lg \frac{I}{I_0} \tag{1-19}$$

L 的单位为贝尔，代号为 B，这个单位太大，通常是采用它的十分之一即分贝来衡量的，代号用 dB 表示。换算关系：1B = 10dB。

表 1-4 常见声音的声强和声强级

声源	声强（W/m^2）	声强级（dB）	声源	声强（W/m^2）	声强级（dB）
正常呼吸	10^{-11}	10	交通要道	10^{-4}	80
小溪流水	10^{-10}	20	高音喇叭	10^{-3}	90
医院	10^{-9}	30	地铁列车	10^{-2}	100
阅览室	10^{-8}	40	纺织车间	10^{-1}	110
办公室	10^{-7}	50	柴油机车	10^{0}	120
日常交流	10^{-6}	60	喷气式飞机	10^{2}	140

不仅声压声强会影响我们对声音的感知和忍受程度，由频率确定的音高同样如此。通过对极高和极低声音段的抑制，测试仪可以模拟声音的效果。按照抑制过滤器的种类 A、B 或 C，人们将这样测试出的音调记为 dB（A）、dB（B）、dB（C）。国际上通用的是 dB（A）音高。

表 1 – 5　一些噪声音高

噪声源	噪声声强级 dB（A）	造成危险程度
炮声	160	非常危险
喷气发动机	130 ~ 140	
铆锤	130	
气锤，警铃	120	疼痛的忍受极限
迪斯科舞厅	110	
冲击式扳手	105	长时间听危险
轻便摩托车	90	
铣床	85	造成听力伤害的界限
交通繁忙的公路	75 ~ 80	注意力集中的界限
交谈	65	
打字机	50	
声音低的收音广播	40	
耳语	30	无危险
电台的录音室	10 ~ 20	
深洞穴	0 ~ 10	
绝对静音	0	听力界限

　　我们每天都能听到各种声音，但不是所有听到的声音都是噪声，声音只有在干扰或损害我们的健康时才成为噪音。职业协会在劳动保护条例的说明中将噪音确定为在某种音高为 90dB 的鉴定音环境中持续工作 8 小时能引起听力损害的声音。在鉴定音超过 85dB 的环境中必须提供个人听力保护设备。在噪声为 90dB 环境中必须佩戴听力保护设备。

　　如何减少噪声呢？首先可以减少机器和加工工件时物体和空气的振动。其次可以通过封闭噪声源，在噪声大的机器周围修建隔音墙或在墙上粘贴吸音材料来减少声音的传播。第三可使用耳塞、防声耳罩和头盔等方式进行防护。牙科技工室中也要注意减少噪音。

习题一

一、名词解释

1. 弹力
2. 力的平行四边形定则
3. 力矩
4. 牛顿第二定律
5. 惯性

6. 匀速圆周运动

7. 线速度

8. 向心力

9. 离心现象

10. 机械振动

11. 波长

12. 超声波

二、判断题（正确的打√，错误的打 ×）

1. （　　）力按性质分有：重力、弹力、摩擦力、分子力、电磁力、核力等。

2. （　　）物体间的正压力是指垂直于两物体接触面的力。

3. （　　）由牛顿第二定律可知，力越大，使物体产生的加速度越大。

4. （　　）超声波在媒质中传播时能产生巨大的作用力，可以用来为硬质材料做切割、凿孔，也可以用来清洗和消毒等。

5. （　　）卡环主要不是靠较大的摩擦才固定在义齿基托上的。

6. （　　）人造地球卫星绕地球旋转时，卫星所受的向心力由地球对它的万有引力提供。

7. （　　）打磨体的工作效率由打磨机的旋转速度大小、压力的大小、磨头的粗糙程度决定。

8. （　　）相对于指向圆心的力有一个方向相反、大小相等的力，这个力叫向心力。

9. （　　）真空高频离心铸造机是牙科技工室中常用的灌铸金属的仪器。

10. （　　）如果小球在做圆周运动时，所提供的向心力小于所需要的向心力，物体的运动会离圆心越来越远，我们把这样的运动叫做离心运动。

三、选择题

1. 关于力的概念，下列说法中正确的是（　　）

　　A. 力是产生运动的原因

　　B. 力是维持运动的原因

　　C. 力是保持物体运动方向的原因

　　D. 力是改变物体运动状态的原因

　　E. 车子不动，施以力可以使车子由静止变为运动，所以力是产生速度的原因

2. 应用平行四边形法则求合力，下列说法中正确的是（　　）

　　A. 合力一定大于分力

　　B. 合力至少会大于其中的一个分力

　　C. 合力等于两个分力的代数和

　　D. 合力一定小于分力

　　E. 合力的大小可以比两个分力都小，也可以比两个分力都大，也可以和两个分力（或其中一个分力）相等

3. 下列工具（杠杆装置）中，不能省力的有（　　）

　　A. 钳子　　　　　　　B. 铡刀　　　　　　　C. 镊子

　　D. 剪铁丝的剪刀　　　E. 羊角头

4. 对于惯性，下面描述正确的是（　　）

　　A. 质量大的物体比质量小的物体惯性大

　　B. 同一个物体运动时比静止时惯性大

　　C. 两个物体的速度相同，它们的惯性一定也相同

　　D. 物体在光滑的平面上运动比在粗糙的平面上运动具有更大的惯性

　　E. 以上都不正确

5. 关于作用力和反作用力，下面正确的是（　　　）

　　A. 物体相互作用时，先产生作用力，后产生反作用力

　　B. 作用力和反作用力的合力为零

　　C. 作用力和反作用力是同一性质的力

　　D. 作用力和反作用力可以使物体处于平衡状态

　　E. 作用力和反作用力作用在同一个物体上

6. 灯通过绳子悬吊在天花板上，属于一对作用力和反作用力的是（　　　）

　　A. 灯的重力与绳子对灯的拉力

　　B. 灯的重力与灯对绳子的拉力

　　C. 灯对绳子的拉力与绳子对天花板的拉力

　　D. 灯对绳子的拉力与绳子对灯的拉力

　　E. 以上都不是

7. 对于匀速圆周运动，下面错误的是（　　　）

　　A. 匀速圆周运动是匀速运动

　　B. 匀速圆周运动是变速运动

　　C. 匀速圆周运动是速率不变的运动

　　D. 匀速圆周运动中速度的大小不变

　　E. 做匀速圆周运动的物体，在相等的时间内通过的圆弧长度相等

8. 关于匀速圆周运动中的向心力，下面正确的是（　　　）

　　A. 向心力的方向始终与线速度的方向一致

　　B. 向心力的方向始终指向圆心

　　C. 向心力的大小与物体的质量和圆的半径无关

　　D. 向心力是一个特殊的力

　　E. 向心力是按照力的性质命名的

9. 作匀速圆周运动的物体，下面哪种说法是正确的（　　　）

　　A. 线速度不变　　　　　　B. 平均速度不变　　　　　　C. 加速度不变

　　D. 速度方向不变　　　　　E. 速率不变

10. 每分钟转 120 周的飞轮，它的频率是（　　　）

　　A. 120Hz　　　　　　　　B. 1/120Hz　　　　　　　　C. 2Hz

　　D. 1/2Hz　　　　　　　　E. 以上都是错误的

11. 离心分离器，下面错误的说法是（　　　）

　　A. 可以把混合溶液中的悬浮微粒按密度的大小分层沉淀

　　B. 分离出来的液体，密度小的微粒在底层，密度大的微粒在上层

　　C. 密度大的物体，受到的摩擦力比较小，更易发生离心现象

　　D. 密度小的物体，受到的摩擦力比较大，不易发生离心现象

　　E. 以上说法都不正确

12. 做简谐运动的质点通过平衡位值时，下列哪些物理量取最大值（　　　）

    A. 加速度　　　　　　　B. 位移　　　　　　　C. 速度

    D. 回复力　　　　　　　E. 以上都不是

13. 关于简谐运动，以下说法中正确的是（　　　）

    A. 回复力总指向平衡位值

    B. 加速度和速度的方向总跟位移的方向相反

    C. 越接近平衡位值，加速度越小

    D. 速度方向有时跟位移方向相同，有时相反

    E. 回复力的方向总跟位移方向相反

14. 弹簧振子的振幅增大到原来的 2 倍时，下列说法中正确的是（　　　）

    A. 周期增大到原来的 2 倍　　　　　B. 周期减小到原来的 1/2

    C. 周期增加到原来的 4 倍　　　　　D. 周期减小到原来的 1/4

    E. 周期不变

15. 不同频率的声波在同一媒质中传播，下列说法中正确的是（　　　）

    A. 波速不同，波长相同　　　　　　B. 波速相同，波长不同

    C. 波速、波长都不同　　　　　　　D. 波速、波长都相同

    E. 波速、波长有时相同，有时不相同

四、简答及作图题

1. 举出几个实例，说明力是物体之间的相互作用。

2. 画出沿滑梯下滑的质量 $m = 20\text{kg}$ 的物体受到重力的图示。

3. 停放在地面上的篮球，受到几个力的作用？施力物体各是什么物体？各是哪种性质的力？各力的方向是怎样的？画出物体受力的示意图。

4. 在水平桌面上有两个球，它们靠在一起，但不互相挤压，它们之间有弹力吗？为什么？

5. 手压着桌面向前移动，会明显地感觉到有阻力阻碍手的移动。手对桌面的压力越大，会感到阻力越大。试一试，并说明道理。

6. 有两个力，一个是 10N，一个是 2N，它们的合力能等于 5 N、10N 吗？

7. 当我们开关门窗时，如果力的作用线通过转动轴，不论用多大的力也不能把门打开或者关上。这是为什么？

8. 两个力互成 30°角，大小分别是 90N 和 120N，用作图法求出合力的大小和方向。如果这两个力的大小不变，两个间的夹角变为 150°，再用作图法来说明合力的大小如何变化。

9. 一列在平直铁路上匀速行驶的火车，在车厢的水平桌面上放着一个小球，当火车突然加速时，坐在车厢里的人会看到小球运动吗？如果会看到，小球是向哪个方向动？当火车突然减速时，又会看到什么现象？

10. 从牛顿第二定律知道，无论怎样小的力都可以使物体产生加速度。可是，我们用力提一个很重的箱子，却提不动它。这跟牛顿第二定律有无矛盾？为什么？

11. 结合向心力和牛顿第二定律公式，说明旋转速度对打磨头的质量有什么影响？

五、计算题

1. 用 20N 的水平力拉着一块重为 40 N 的砖，可以使砖在水平地面上匀速滑动。求砖和地面之间

的动摩擦因数。

2. 一个物体的重量为20N，把它静止放在一个斜面上，斜面长与斜面高之比是5:3。

求：（1）重力分解成平行于斜面使物体下滑的分力和垂直于斜面使物体压紧斜面的分力；（2）物体所受静摩擦力的大小和方向？

3. 把竖直向下的 180 N 的力分解为两个分力，一个分力在水平方向上并等于 240 N，求另一个分力的大小和方向。

4. 一架飞机起飞时在跑道上加速行驶，已知飞机的质量是10t，所受的合力为 2.0×10^3 N，这架飞机的加速度有多大？

5. 直径是 20cm 的飞轮，每分钟转120周，试计算在轮边上一质点的线速度？

6. 人造地球卫星绕地球的运动可近似地看做匀速圆周运动。若卫星离地面高度为 9×10^5 m，绕地球一周的时间是 1 小时 40 分，求卫星运动的线速度？（设地球半径为 6.4×10^6 m）。

7. 一根木料，抬起它的右端要用480N竖直向上的力，抬起它的左端要用650N竖直向上的力，这根木料有多重？

8. 如图 1－61，物体在五个共点力的作用下保持平衡，如果撤去力 F_1，而保持其余四个力不变。这四个力合力的大小和方向是怎样的？

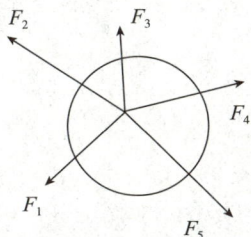

图 1－61　物体在五个共点力作用下平衡

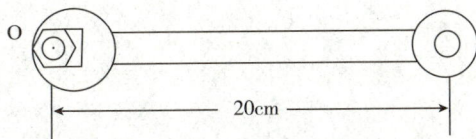

图 1－62　扳手拧螺母所需力

9. 如图 1－62，螺丝和螺母间最大静摩擦力对轴 O 的力矩为 40N·m，若用长为 20cm 的扳手来拧这个螺母，至少要在扳手上用多大的力才能拧动这个螺母？

10. 甲乙二人用扁担抬水，扁担是均匀的，长1.5m，重2kg，水和水桶共重18kg，挂在距甲0.5m的地方，求甲乙二人肩上各承担多大的力？

11. 如图 1－63，一根均匀直棒 OA 可绕轴 O 转动，用 $F = 10$N 的水平力作用在捧的 A 端时，直棒静止在与竖直方向成30°角的位置，直棒有多重？

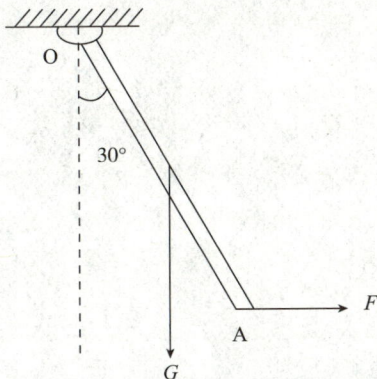

图 1－63　可绕 O 点转动的直棒 OA

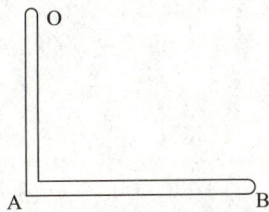

图 1－64　可绕 O 点转动的直角杆 OAB

12. 图 1-64 中的 OAB 是一个弯成直角的杆，可绕通过 O 点垂直于纸面的轴转动，杆的 OA 段长 30cm，AB 段长 40 cm。现用 $F=110$ 牛的力作用在 OAB 上，要使力 F 对轴 O 的力矩最大，F 应怎样作用在杆上？画出力的示意图，并求出最大力矩。

13. 做简谐运动的一个物体，完成 30 次全振动用了 24s，求它的振动周期和频率。

14. 某一弹簧振子的周期是 0.2s，它在 1s 内通过 40cm 的路程，它的振幅是多大？

15. 每秒做 100 次全振动的波源产生的波，它的频率、周期各是多少？如果波速是 10m/s，波长是多少？

16. 频率为 100 Hz 的声波，由空气传入水中，声波在水中的波长是多长？（此时温度为 0℃）。

17. 一艘渔船停泊在岸边，如果海浪两个相邻波峰的距离是 6m，海浪的速度是 15m/s。渔船摇晃的周期是多少？

18. 一个人在船上测出每经过 5s，有一个波峰经过船的锚链，他还通过目测估计出相邻两个波峰的距离是 15m，这时的波速是多少？

第二章　气体、液体、固体的性质及物态变化

知识要点

1. 气体的状态参量及理想气体的状态方程；空气压缩机和真空泵。

2. 液体的表面张力、浸润和不浸润现象及毛细现象；蜡表面张力的消除；影响义齿固位的因素。

3. 晶体和非晶体；金属的晶体结构；合金的晶体结构；实际金属的晶体结构；固体的热膨胀及膨胀包埋材料在牙科技术中的应用。

4. 固体的熔解与凝固、汽化与液化；技工室中水蒸气冲蜡的应用。

一切物质的分子具有许多共同的特性，但由于所处的状态不同，又有其明显的差异。例如，固体分子间的距离较小，相互作用力较大，有一定的形状和体积；液体分子间距离较固体大，分子作用力较固体小，有一定的体积，而无一定的形状；气体分子间距离最大，所以相互作用力可以忽略不计，正是由于这个缘故，气体分子能自由运动，没有一定的形状和体积。本章在此基础上再来学习固体、液体、气体的有关性质及它们之间相互作用变化过程中表现出的有趣现象。

第一节　气体的性质

本节将学习气体的热学性质。通常用气体的温度、压强和体积等物理量来描述气体所处的状态，进而学习一定量的气体，在状态发生变化时所遵循的规律。

一、气体的状态参量

在力学中我们用位置、速度等物理量来描述物体的运动状态。对于一定质量的气体，它的温度、压强和体积，都是大量分子运动的宏观表现，所以，可以用它们来表示气体所处的状态。通常我们**把气体的温度、压强和体积这三个物理量叫做气体的状态参量**。

（一）气体的温度

温度是反映物体冷热程度的物理量。从分子运动论的观点来看，**温度是大量分子运**

动平均动能大小的标志。即分子运动越剧烈，其平均动能越大，物体的温度越高。反之，温度就越低。为了测量物体的温度，人为制定了温标。温标是温度的数值表示法，是指测量温度的"标尺"。我国目前常用的温标有摄氏温标与热力学温标两种。

摄氏温标 这种温标规定在一个标准大气压下冰水混合物的冰点为 0 度，沸点为 100 度，把 0～100 度分为相等的 100 等份，每一等份就是 1 度。在日常生活中，常用**摄氏温标下的温度来表示物体的温度，叫摄氏温度**，用 t 表示，单位是摄氏度，代号为℃，如人的正常体温为 37℃。由于温度计细管的内径是均匀的，因此，我们可以用同样的间隔标出 0℃以下和 100℃以上的刻度。

热力学温标 在物理学中，国际上又用热力学温标（又叫开氏温标或绝对温标）来表示温度，**热力学温标下表示的温度叫热力学温度（或绝对温度）**，用 T 表示，单位是开尔文，代号为 K。这种温标是以 −273.15℃为热力学温标的 0 度，它的分度方法与摄氏温标相同，每一度和摄氏温度每一度是相同的，这样热力学温度 T 和摄氏温度 t 两者关系为：

$$T = t + 273.15$$

实际应用时：

$$T = t + 273 \qquad\qquad (2-1)$$

比如一个物体温度为 15℃，则其绝对温度为 288K。

初中我们已学过测量温度的常用仪表温度计和体温表，这里就不再作介绍了。

（二）气体的压强

在初中我们学过压强，那时是固体和液体的压强。那么，气体的压强是什么呢？

大气的压强是由于大气的重力产生的，但装在容器里的气体对其器壁也会产生压强，比如自行车轮胎里充上气后，轮胎很难用手压下去，说明被充进轮胎里的气体对器壁产生了压强，这要从分子运动论来说明。原来，被充进容器里的气体分子在不停地做无规则运动，有大量的气体分子要不断地与器壁发生碰撞，这些气体分子对器壁的碰撞会对器壁产生持续的压力，这样**气体分子在器壁单位面积上的压力数值就是气体的压强**。由于容器内气体的重力很小，这里我们不考虑重力产生的压强，于是在容器内，气体的压强就是气体分子对容器碰撞产生的。在装有气体的容器内，气体向各个方向产生的压强都相等。

压强的符号用 P 表示，国际单位是牛顿/米^2（N/m^2），叫帕斯卡（Pa）。常用的单位还有毫米汞柱（mmHg）和巴（bar）。

（三）气体的体积

气体的体积是指气体所充满的整个容器的容积，并不是容器内所有气体分子体积之和。这是因为气体分子之间距离较大，分子并非像固体、液体那样一个紧挨一个地排列。

气体的体积用 V 表示，单位是米^3 或升（分米^3），代号为 m^3 或 dm^3。

知识回顾

分子运动论的内容：物质是由分子构成的；分子永不停息地做无规则的热运动；分子间存在着相互作用的引力或斥力。

二、理想气体的状态方程

理想气体　忽略了分子本身的体积和分子间相互作用的引力和斥力的气体叫做理想**气体**。它是一种理想化的模型，理想气体在实际生活中是不存在的。但是有些实际气体在压强不太大，温度不太低的条件下，其性质很接近于理想气体，如氮、氢、氧和空气等。

当然，对于理想气体不再考虑分子间的势能，物体的内能仅由温度所决定。这是因为分子间距离较大，分子间引力和斥力较小，我们忽略了分子间相互作用力的缘故。

理想气体状态方程　当一定质量的理想气体在某一状态下时，气体的温度、压强、体积是一个确定的量。那么，当气体的温度、压强、体积中有一个、两个或三个发生变化后，气体的三个参量之间有什么变化规律呢？

实验证明，当一定质量的气体中，有一个参量发生变化时，另两个参量中至少有一个参量发生变化。只有一个参量发生变化，其他两个参量不变的物理过程是不可能发生的。

如果用 T_1、P_1、V_1 表示一定质量气体在初状态时的参量，用 T_2、P_2、V_2 表示一定质量气体在末状态下的参量，实验得出它们的变化规律为

$$\frac{PV}{T} = C\text{（恒量）}\quad\text{或}\quad \frac{P_1V_1}{T_1} = \frac{P_2V_2}{T_2} \tag{2-2}$$

上式表示，**一定质量的理想气体，压强和体积的乘积与热力学温度的比值，在气体状态变化过程中是一个恒量**。这就是理想气体的状态方程。

等温变化　一定质量的理想气体，如果温度不变，则

$$PV = C \quad\text{或}\quad P_1V_1 = P_2V_2$$

这一关系叫**波义耳－马略特定律**。

等压变化　一定质量的理想气体，如果压强不变，则

$$\frac{V}{T} = C \quad\text{或}\quad \frac{V_1}{T_1} = \frac{V_2}{T_2}$$

这一关系叫**盖·吕萨克定律**。

等容变化　一定质量的理想气体，如果体积不变，则

$$\frac{P}{T} = C \quad\text{或}\quad \frac{P_1}{T_1} = \frac{P_2}{T_2}$$

这一关系叫**查理定律**。

对于一定质量的气体而言，只有当温度不变时，压强和体积的乘积才保持不变。将

气瓶放在阳光下照射时，容积未变但温度上升，压强也上升了，气瓶的钢壁就会承受不了压强的增高而破裂。

三、大气压　正压和负压

（一）大气压

我们的地球被一个大约 450km 厚，逐渐向外层空间延伸的空气层包裹着，地球周围包围着一层厚厚的空气，叫做**大气**，是一种混合气，它的重力产生的压强叫做**大气压强**，常用 P_0 表示。地球上的一切物体都要受到大气压的作用。我们把 0℃ 时，北纬 45° 的海平面上的大气压强叫做标准大气压，大气压单位用 atm 表示。它的大小大约为 1 巴 $= 10^5$ 帕。

大气压是由意大利自然学家托尔（托里拆利）（1608—1647 年）于 1644 年通过下述试验成功测定的。

将一个大约 1m 长一端封闭的细玻璃管中装满水银，用手指将开口端堵住，同时将开口端浸入一个装有水银的槽中，将手指松开后，玻璃管中的水银柱开始下降，并停留在高于水银槽水银平面 760mm 处（如图 2-1）。即：一个标准大气压相当 760mmHg 所产生的压强，也就是：

$$P_0 = 1 \text{ 大气压(atm)} = h \cdot \rho \cdot g$$
$$= 0.76\text{m} \times 13.6 \times 10^3\text{kg/m}^3 \times 9.8 \text{ m/s}^2$$
$$= 101320\text{N/m}^2 = 101320\text{Pa} = 1.0132 \times 10^5 \text{ Pa}$$
$$= 101.32\text{kPa(千帕)}。$$

大气压与高度有关，随高度的升高而减小。在海拔 3000m 以内，大约每升高 10m，大气压减小 100 帕。

因为 100000 N/m² = 1 巴（bar），则 101300 N/m² = 1.013 巴 = 1013 毫巴 = 101.3 百帕。

我们可以用水银气压计（类似于图 2-1）来测定大气压。下面介绍更易操作的膜盒式或空盒式气压计，它是由一个几乎抽成真空的金属盒和一个带有弹簧的薄而具有弹性的膜构成，按大气压的强度压在一起。大气压变化引起膜的运动，并由杠杆机构传导到指针上。

盒式气压计的工作原理　大气作用于被抽成真空的金属盒上，该盒的盒盖是弹性的，也就是说当大气压发生波动时盒盖也会发生形变。盒盖的这种运动则通过角形杆传递到指针上，指针就在刻度盘上指示出气压值（图 2-2）。气压计必须在工作地点，即待测气压的地点，进行校准。

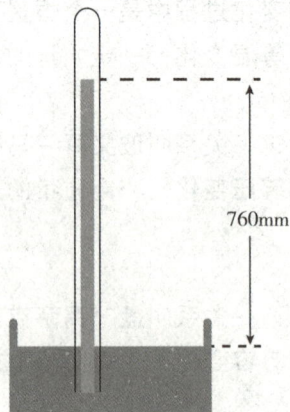

760mm

图 2-1　测定大气压的试验

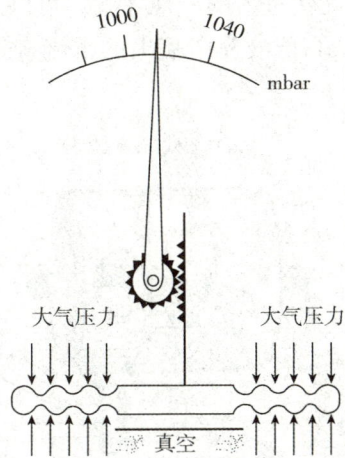

图 2 - 2　盒式气压计

（二）正压和负压

牙科修复工艺技术中，将义齿基托紧紧压在黏膜上最主要的固位力是靠大气压力，此时，义齿基托与黏膜之间完全被唾液水分子密封之后而产生负压使大气压起作用的。

以当时当地的大气压强（$P_0 = 101.3kPa$）为标准，**凡是高于当时当地的大气压强的那部分压强叫做正压**。如实际压强 $P = 103.3kPa$，则相对压强 $\Delta P = 103.3kPa - 101.3kPa = 2.0kPa$，即正压值。**凡是低于当时当地的大气压强的那部分压强叫做负压**。如实际压强为 100.3kPa，如当时大气压强 $P = 101.3kPa$，则相对压强为 $\Delta P = 100.3kPa - 101.3kPa = -1.0kPa$，即负压值。注意无论是正压还是负压都与当时的实际压强是一致的。

正负压强的知识在临床上有着广泛的应用，例如静脉输液、输氧气和高压氧舱等均是利用正压将液体和氧气输入人体的；胃肠引流器、中医拔火罐是应用了负压原理给病人治病的。

（三）在空气稀薄的空间里烧制冠和加工金属的原理

所有在大气压下烧结的金属材料，内部结构都或多或少地含有气泡，这些气泡影响了浇铸的齿科金属制品的物理性质，如透明度的下降、不光滑的表面、强度的下降等。因此，要寻找一个办法，在浇铸前就将存在于材料分子间的气泡清除掉，办法就是在空气稀薄的空间或真空的空间里去浇铸。

真空中烧结能将材料中空气去除的想法，早在 1899 年就由威南德在他的专利提到过。从那时起，真空烧结法就在矿质材料牙的制作和特殊齿科陶瓷中得到了广泛的应用。

在技术领域，真空是一种近于没有气体的状态。但大家知道，一个绝对真空是不可能做到的。托尔在他的试验中（图 2 - 1），已经成功地在水银柱上方获得了真空，那里除了一些水银分子外，空气是无法进入的。现在我们可以用真空泵制造真空（见图 2 - 3 和图 2 - 4）。在喷水泵中，从高压喷嘴中喷出的水流将外壳中的空气带走，这样可以形成一个只有几毫巴的真空（见图 2 - 5）。

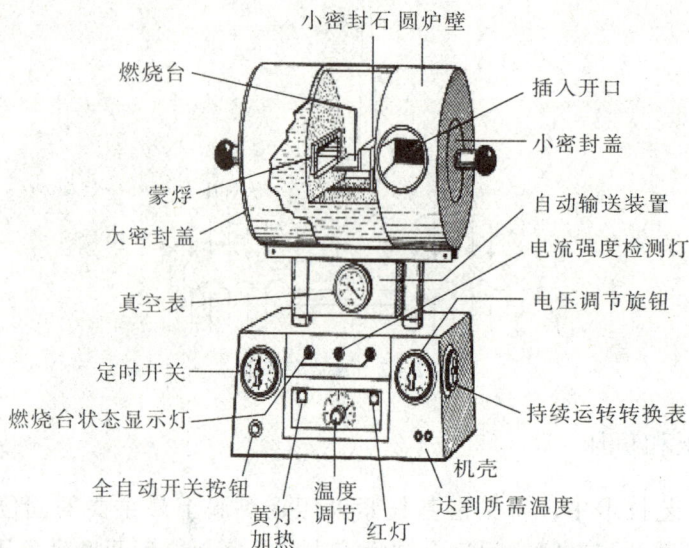

图 2 - 3 Vita "S" 真空机

图 2 - 4 利用 Duerr 真空泵可以在 15 ~ 25s 的时间内获得 5mbar 的真空

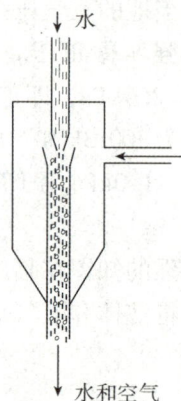

图 2 - 5 利用水流泵可以获得几毫巴的真空

现在高真空技术更多地用到了封闭式空气泵或旋转滑阀泵（如图 2 - 6 所示），在这种机器中有一个旋转的、偏心放置的圆柱形活塞，在活塞径向槽中有两个被硬弹簧压在机壳圆柱形壁上的滑阀。活塞转动时，空气被滑阀抽出，压缩并由阀门排到外部，机壳上涂有油脂，防止外部空气进入。用这样的真空泵可以获得 0.002mbar 的真空。

石膏在空气中搅拌时，会形成很多气泡，影响模型的坚固性和精确性。使用真空搅拌机则会消除气泡使石膏更致密，这样就可以提高模型的强度和清晰度，使模型的表面更加光洁坚固。

在贺利生产的真空压力铸造机中（如图 2 - 7）我们看到了真空和压力的共同应用，5mbar 的真空不仅可以将铸造器中的空气抽干净，而且能去除可能溶到金属溶液中的气体。容器振动过后，施加的 7.5bar 的压缩空气，可将熔化的金属迅速压到非常细小的空间中，达到高质量的浇铸。

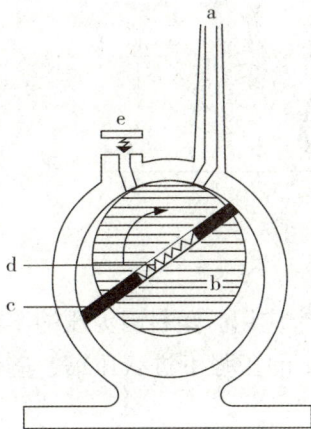

图 2 - 6　旋转滑阀泵的剖面图
a. 抽吸管接口　b. 活塞　c. 滑阀
d. 弹簧　e. 排气阀门

图 2 - 7　真空压力铸造机

四、气体的扩散和压缩

气体的扩散　如果技工室中某个工作台的煤气阀门打开了，那么我们进入技工室就能闻到煤气味。由此我们可以认识到气体的一个重要性质——扩散。

与固体和液体分子表现出的内聚力不同，气体分子会相互排斥，从而表现出一种扩散的性质，它们试图扩散到每个能够到达的地方。气体也占有一定空间，这从多孔的石膏模型中可以看出。用一般的自来水而没经过放置的水来搅拌石膏，由于自来水中含有空气，而空气又占据一定空间，因此会形成一个多孔的石膏模型。牙科技工室中用蒸馏水来搅拌石膏，这样就不会形成有孔的石膏模型。

空气压缩机　固体和液体受到压力时会产生比较大的抗力，而气体则会被轻度压缩。气体的这种可压缩性可以被很好利用。利用空气压缩机可以将空气压缩（大多数情况下可以达到 1 个大气压），产生很大的空气压力。

图 2 - 8 是一活塞式空气压缩机，它的工作原理为：动力装置带动活塞在气缸中做往复运动。活塞向下运动时收入空气，返回时将空气压缩，压强达到一定程度时，空气通过打开的压力阀门进入压缩空气排管。

牙科技工室中的喷砂机，就是利用空气压缩机获得高压气体，来清除各种义齿铸件的表面残留物和基底冠的表面粗糙物。喷砂机的原理为：空气压缩机为喷砂机提供气源，经滤清器过滤，又经调压阀调定喷砂压力。接通电源，电磁阀工作，压缩空气从喷嘴喷出，压缩空气带动金刚砂，从喷嘴的小孔内高速喷出，打在铸件表面，最终实现表

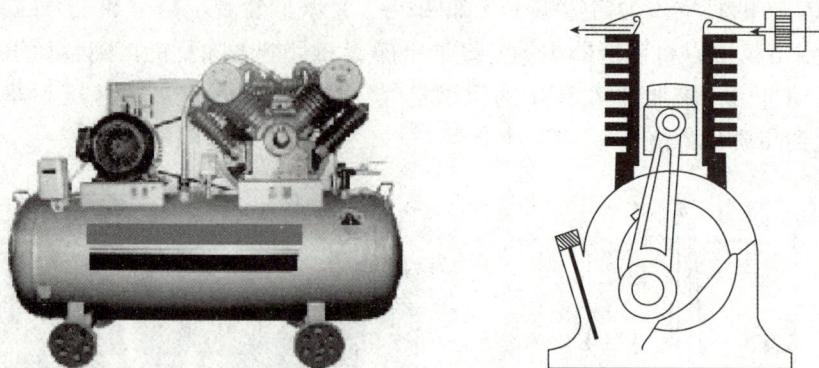

图 2-8　活塞式空气压缩机

面清洁目的。

　　在特殊的压力聚合反应中可以看到空气压缩机的另一个应用。塑料因为压缩不够会出现多孔的现象，可将塑料在进行聚合反应前，先在 7bar 的压强下进行压缩，避免多孔的出现。如图 2-9 所示就是一加压聚合反应装置。

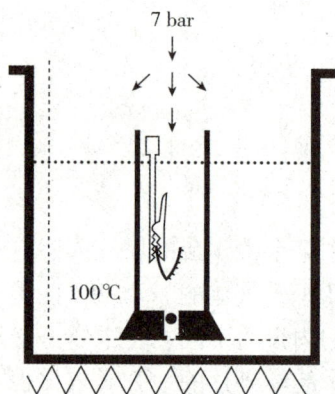

图 2-9　加压聚合反应图解

第二节　液体的性质

　　液体和气体不同，主要是液体分子间的距离比气体小得多。液体内部的分子几乎是一个紧挨一个，分子间存在着作用力，稍远一些就相互吸引，稍近一些就相互推斥，这就决定了液体分子不像气体分子那样可以无限扩散，而只能在临时平衡位置附近作振动和旋转。但是，在跟气体和固体接触的液体薄层里，情形却不是这样。跟气体接触的液体薄层叫做**表面层**，在表面层的分子，一方面受到液体内部分子的作用，另一方面又要受到气体分子的作用。跟固体接触的液体薄层叫做**附着层**，在附着层的分子，一方面受到液体内部分子的作用，另一方面又要受到固体分子的作用。所以，表面层和附着层的分子跟液体内部的分子比较起来，是处在特殊情况中，因此，就会产生一些特殊现象，下面我们来研究这些现象和性质。

一、液体的表面现象及表面张力

（一）液体的表面现象

我们大家都知道，荷叶上的小水滴、草叶上的露珠、玻璃板上的小水银滴都近似于球形。

如果我们在洁净的水平玻璃片上，滴上大小不同的几个水银滴，可以看到：大的水银滴呈椭球形，而体积越小的水银滴则越接近球形（图 2–10）。这是因为，大的水银滴重量比较大，它的形状受到重力的影响也就比较大。那么，如果没有重力或消除重力的影响，则在水平玻璃片上的水银滴就应该呈球形了，这一点已得到实验证实。从数学角度来讲，体积相同的各种形状的物体，以球形物体的表面积最小。这就是说，**液体表面具有收缩到最小面积的趋势。**

图 2–10　大的和小的水银滴在玻璃板上的形状

我们还可以用肥皂液做实验，来证明液面具有这种收缩趋势。把系有棉线圈（棉线不要张紧）的金属环浸入肥皂水里取出，环上便蒙上了一层肥皂液薄膜。这时棉线圈是松弛的［图 2–11（a）］。当用热针刺破线圈内的液膜时，线圈被外面的液膜拉成圆形［图 2–11（b）］。如果将一根棉线系在金属环上的两点［图 2–12（a）］，同样使环上布满肥皂液薄膜后，用热针刺破一侧时，棉线将被另一侧液膜拉成弧形［图 2–12（b）］。

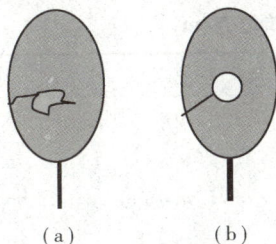

(a)　　　(b)　　　　　　　(a)　　　(b)

图 2–11　薄膜的收缩使棉线圈变成圆形　　图 2–12　薄膜的收缩使棉线变成弯形

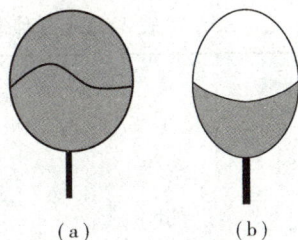

从上面的实验可以知道，**液体的表面就好像张紧的橡皮膜一样，具有收缩到最小面积的趋势。**

原来在液体与气体接触的地方形成一液体薄层，叫**表面层**。正是由于表面层中的分子处于一种特殊的情况才使得液体表面具有收缩的趋势。图 2–13 是表示液体表面附近分子分布的大概情况。可以看出，表面层中的分子一方面受到液体内部分子较大的作用，另一方面又要受到气体分子较小的作用。

气体
表面层
液体

图 2–13　液体表面层

由此可知，表面层里分子的分布要比在液体内部稀疏些。也就是说，表面层里分子间的距离要比液体内部分子间的距离大些，这样分子间的斥力和引力都会减弱，但斥力减小得更快，分子间的作用力就表现为引力，因此，液面总是具有收缩的趋势。

（二）表面张力

如果我们在液体表面上划一条长为 L 的分界线 MN，把液体表面分成（1）、（2）两部分（图2–14）。则表面（1）对表面（2）的引力用 F_1 表示，表面（2）对表面（1）的引力用 F_2 表示。这两个力大小相等、方向相反，分别作用在相邻的两部分表面上。**像这种液体表面层中相邻各部分液面互相吸引的力就叫做表面张力。**

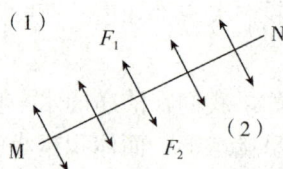

图 2–14　液体的表面张力

表面张力的方向总是跟液面相切的。如果液面是平面，表面张力就在这个平面内；如果液面是曲面，表面张力就在这个曲面的切面内。并且作用到任何一部分液面上的表面张力，总是跟这部分液面的分界线垂直。

实验和理论证明：一定温度下的同种液体，液体表面张力的大小 F 与液面分界线的长度 L 成正比，写成公式为：

$$F = \alpha L \tag{2-3}$$

或

$$\alpha = F/L \tag{2-4}$$

上式中比例系数 α 叫做液体的表面张力系数，它在数值上等于作用在液体表面单位长度分界线上的表面张力。在国际单位制中，它的单位是牛/米，代号为 N/m。

表 2–1　几种常见液体的表面张力系数（单位 N/m）

液体	t（℃）	α（$\times 10^{-3}$）	液体	t（℃）	α（$\times 10^{-3}$）
水银	20	540	黄疸病人尿	20	55
甘油	20	65	水	0	75.6
酒精	20	22	水	20	72.8
肥皂	20	40	水	40	69.6
血浆	20	60	水	60	66.2
正常尿	20	66	水	100	58.9

从上表可以看出，液体的表面张力系数 α 跟液体的温度、种类和其中有无杂质有关。如水的表面张力系数 α 随着温度的升高而减小，其实任何相同液体的 α 值都是随温度的升高而减小的。此外，同一温度下，不同种类的液体，表面张力系数 α 也不同。除了温度和物质的种类外，还有液体里掺入少量杂质可以使液体的表面张力系数发生很大变化。例如在一杯水中加入一滴肥皂液，就可以使水的表面张力系数减小原来的一半以上。我们把这种能使液体表面张力系数减小的物质称为**表面活性物质**，又称**表面活性剂**，如水的表面活性剂常见的有肥皂、蛋黄素、胆盐和有机酸、醛、酚等。

二、浸润和不浸润现象　蜡表面张力的消除

（一）浸润现象和不浸润现象

把一块洁净的玻璃片浸入水里取出来，会看到玻璃片的表面上带有一层水；如果在洁净的玻璃片上滴一滴水，水就会沿着玻璃表面扩展开来，在玻璃片上就会形成一层水膜，这种现象叫做**浸润现象**。但是对于涂有石蜡或油脂的厚纸板，水就不能附着在它上面了。如图 2 – 15。

把一块洁净的玻璃片浸入水银后再取出，可以看到玻璃片上面不附着水银；在玻璃片上放一滴水银，不会像水那样形成一层水银膜，而是形成球体在玻璃片上滚来滚去，不附着在上面，这种现象叫做**不浸润现象**，如图 2 – 16。但如果拿一块锌板重做刚才的实验，情况正好相反。

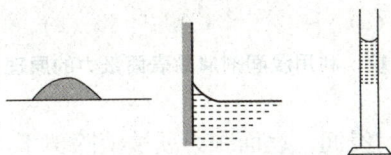

图 2 – 15　液体的浸润现象　　　图 2 – 16　液体的不浸润现象

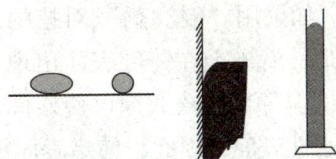

同一种液体，对一些固体是浸润的，对另外一些固体是不浸润的。水能浸润玻璃但不能浸润石蜡；水银能浸润锌板但不能浸润玻璃。所以对玻璃而言，水是浸润液体而水银就是不浸润液体，但对锌板而言，水银就是浸润液体了。

浸润和不浸润现象也是分子力作用的表现。当液体跟固体接触时，在其接触面处形成一液体薄层，我们把它叫做**附着层**。附着层中的分子处于一种特殊的情况：一方面要受到液体内部分子的吸引力（内聚力），另一方面还要受到固体分子的吸引力（附着力）。显然，如果附着力大于内聚力，附着层里的分子就要比液体内部分子更密。这样，附着层中液体分子之间的相互作用力就会表现为排斥力，使液体跟固体接触的液体表面有扩张的趋势，液体浸润固体，从而形成浸润现象。如果附着力小于内聚力，则附着层里分子的分布虽然比表面层密，但仍然是比液体内部稀疏。这样，在附着层里就出现了跟表面张力相似的收缩力，这时液体跟固体接触的液体表面就有缩小的趋势，液体不浸润固体，形成不浸润现象。

当液体装在容器里的时候，器壁附近的液面往往呈弯曲的形状，这种现象也可以用附着层的特性来说明。如果液体是能够浸润器壁的，如把水装在玻璃容器中，附着层里的推斥力的上推作用就使水在接近器壁处向上弯曲。在内径比较小的容器里，液面就呈凹形（如图 2 – 15）。相反，如果液体是不浸润器壁的，如把水银装入玻璃容器中，附着层里的收缩力的下拉作用就使水银液体在接近器壁处向下弯曲。在内径比较小的容器里，液面就呈凸形（如图 2 – 16）。

通常，我们把液体在内径比较小的容器里出现的凹形或凸形的液面都叫做**弯月面**。

（二）蜡表面张力的消除

蜡具有油脂性表面，该表面是憎水的，过剩的包埋材料的"混合液"会在蜡面上形成球状［如图2－17(a)］，正如雨水会在打蜡的汽车漆面上聚成小水珠一样。在进行蜡型包埋过程中，造成包埋材料与蜡表面不易贴合，从而把包埋材料排挤出去，在蜡型的表面形成一些空洞，浇铸时金属就会流入这些空洞中，这样一来，铸件表面就会变得粗糙或出现金属瘤子（铸珠）。如果用"浸润剂"对蜡的表面进行处理，就不会在铸件表面出现"珠化效应"。其原因是浸润剂可使蜡件

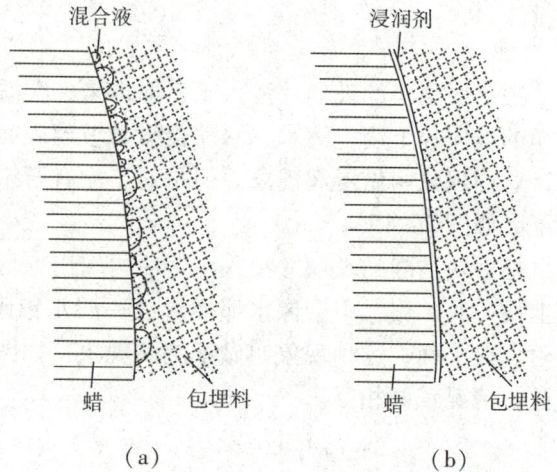

图2－17　利用浸润剂消除表面张力的原理

表面变成亲水性表面，因此，使蜡表面被混合液均匀浸润，表面张力就被消除掉了。这样一来就可使包埋材料充分贴合于蜡模，因而使铸件形成光滑的表面［如图2－17(b)］。

浸润剂的作用是使混合液的凝聚力下降，而加强其附着力。浸润剂可以喷或涂于蜡件表面上，蜡件也可在浸润剂中浸一下再拿出来获得同样的效果。但要注意的是，浸润剂对蜡件表面有溶解作用，因此浸放时间不宜过长。浸润剂中往往含有酒精，而酒精在挥发时又会使蜡件表面的温度迅速下降，从而引起蜡件的收缩。当采用喷射法使用浸润剂时，温度会下降得更迅速。这些因素都是应该考虑到的。

可见，要消除蜡表面张力，用浸润剂对蜡表面进行处理即可达到目的。口腔工艺技术中常用的浸润剂几乎都是由洗涤剂和酒精配成的，其中只有洗涤剂起浸润作用，因为它是亲水的。另一种防止铸件表面出现铸珠的方法是采用"压力包埋技术"。该方法的特点是，事先不在蜡件表面上涂浸润剂，在包埋了蜡件后直接将铸圈置于压力为5～6bar的压力釜（压力釜内的压力将包埋材料表面层多余的混合液挤出），直至包埋材料完全凝固后再取出。

三、毛细现象

毛细现象　把几根内径不同的玻璃细管插入水中［图2－18(a)］，可以看到，这些管子里的水面比容器里的水面高。管子内径越小，它里面的水面就越高。如果把这些细玻璃管插入水银中［图2－18(b)］，可以看到，所发生的现象正好相反，管子里的水银面要比容器里的水银面低些。管子的内径越小，它里面的水银面就越低。

像这种浸润液体在细管里上升和不浸润液体在细管里下降的现象叫做**毛细现象**。发生毛细现象的管子叫做**毛细管**。

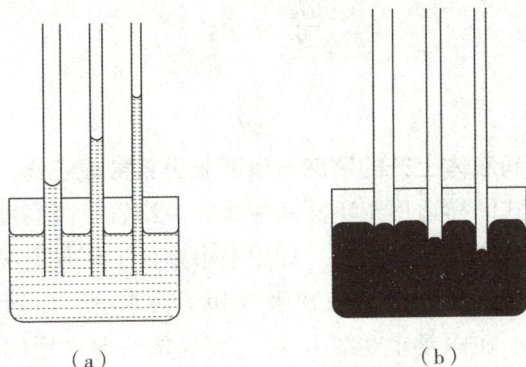

图 2 – 18　毛细现象

　　浸润液体在毛细管中上升的原因　浸润液体之所以在毛细管里上升，是由于浸润液体与毛细管的内壁接触时，引起了液面的弯曲，使液面变大，而表面张力的收缩作用使液面减小，于是管内液体就会随着上升，以减小液面。直到表面张力向上的拉引作用和管内升高的液柱的重量相等时，管内的液体才会停止上升，稳定在一定的高度。同理可以解释不浸润液体在细管中下降的现象。

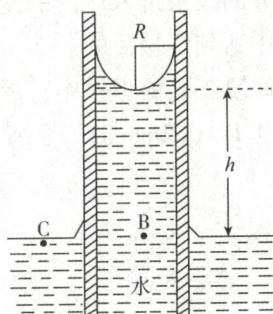

图 2 – 19　浸润液体在毛细管中上升的高度

　　如何求浸润液体在毛细管中上升的高度呢？下面来研究这个问题。

　　图 2 – 19 是一浸润液体的凹形弯月面，设毛细管凹形弯月面正好是一个半径为 R 的半球面，产生向上的附加压强 $P_S = 2\alpha/R$，又设液柱上升 h 高时才停止上升，此时管内外同一高度 B、C 两点的压强相等。

　　因为

$$P_C = P_B = P_0$$

$$P_B = P_0 - \frac{2\alpha}{R} + \rho gh$$

　　所以有：

$$P_0 = P_0 - \frac{2\alpha}{R} + \rho gh$$

知识补漏

　　附加压强是弯曲液面产生的，此压强 P_S 的方向总是指向弯曲液面球心所在的那一边，从而使弯曲液面内外压强不相等。经数学推导，弯月液面附加压强为：$P_S = 2\alpha/R$。即弯曲液面附加压强的大小与液体的表面张力系数 α 成正比，与弯曲液面的曲率半径 R 成反比。

即 $$\frac{2\alpha}{R} = \rho g h$$

于是 $$h = \frac{2\alpha}{\rho g R} \qquad\qquad (2-5)$$

可见，**毛细管中浸润液体上升的高度与表面张力系数成正比，与毛细管内半径和液体的密度成反比**。此公式同样适用于不浸润液体在毛细管下降高度的计算。

在日常生活中经常可遇到毛细现象。如用毛巾擦汗，用粉笔吸水，用棉线做灯芯浸入煤油使煤油上升，土壤提升水分，植物吸收和运输水分，血液在毛细血管中的流动等，都与毛细现象有关。在医学上也常用到毛细现象，如常用的药棉是经过脱脂处理的，外科用棉球擦洗创面的污液就是利用棉花纤维的毛细作用。但毛细现象有时又要力求避免，如外科手术缝线总要先经蜡处理，其目的是封闭手术缝线中的毛细管，堵住细菌从留在体外的线头进入体内的途径。在牙科工艺的焊接技术中，利用了毛细现象将焊剂吸入焊缝中达到焊接目的。

在口腔修复工艺的焊接中，焊剂的射出利用的就是毛细作用。但是要注意，只有焊缝的宽度为 0.1~0.2mm 时，毛细现象才起作用，见图 2-20。

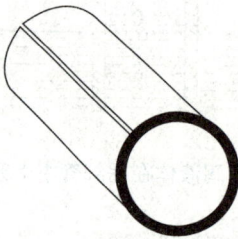

图 2-20 焊缝只允许 0.1~0.2mm 宽的
毛细管才能发生毛细现象而被射出

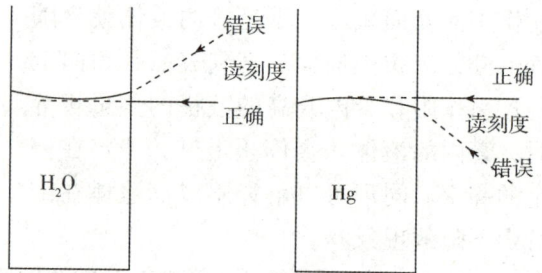

图 2-21 浸润和不浸润液体的表面

如图 2-21，不同的液体在同一玻璃管中，有的呈现凹液面，有的呈现凸液面，因此在称量液体时，读刻度的方法就很重要了。对于凹液面，眼睛就要与最低液面线平齐；对于凸液面，眼睛就要与最高液面线平齐。

从图 2-22 可以看到，对于浸润液体来说，管子越细液体上升得越高，管子越粗液体上升得越低；对于不浸润液体来说，正好相反。

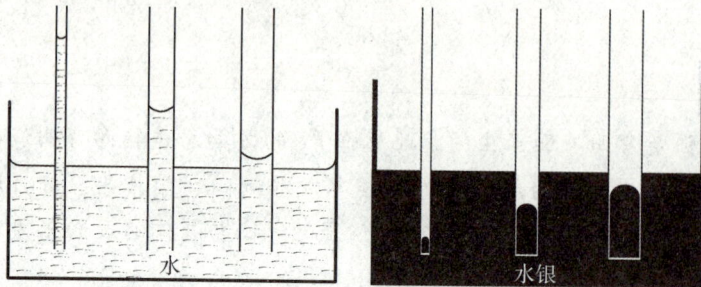

图 2-22 水和水银的毛细现象

四、影响义齿固位的因素

同种物质的分子通过内聚力（黏合力）聚集在一起，而不同物质的分子紧密地联在一起靠的是附着力。从前面所学知识知道，当液体与固体表面紧密接触时，如果液体浸润固体，就会在附着力的作用下，接触面趋于扩大且相互附着在一起。在此过程中，固体被液体覆盖或润湿对附着力的大小有很大影响。例如，唾液润湿或黏附到树脂表面的程度取决于表面吸附的程度。

如图 2-23 当我们思考是哪些力使义齿粘住时，除了要考虑解剖因素的原因外，主要有两方面的力：

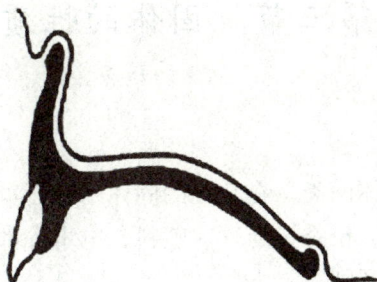

图 2-23 义齿黏附的原因

（一）吸附力

吸附力包括内聚力和附着力。要使义齿在牙槽骨上得到固位，必须使义齿基托和黏膜间出现吸附效应。

第一必须使义齿基托组织面与黏膜形状完全一致，且二者之间应完全密合。

第二必须有一薄层足够的唾液存在来浸润义齿基托，以实现基托与黏膜完全无任何缝隙的密封，最大限度地让附着力与内聚力发挥作用，这样才能把义齿基托吸附在黏膜上。

例如上颌全口义齿，由于基托大，吸附力好，有时不易取出义齿，这时可以让患者吹口气，或喝口水，则将其边缘封闭破坏，才能取出义齿。这说明附着力是相当大的。故全口义齿可利用吸附力获得固位。

以上两个条件缺一不可，缺少其中一个都不能使义齿很好地得到固位。其中唾液和基托、黏膜之间产生附着力，而唾液分子之间存在着内聚力。所以临床上患者唾液的量和黏稠度对义齿实现吸附效应有很重要的影响。临床上，为口干症患者配戴全口义齿是非常困难的，只能依赖水或者其他医用液体来帮助其实现吸附力。

这里要特别说明的是，义齿表面和黏膜距离在 $10^{-10} \sim 10^{-9}$ m 时才有黏附作用。因此有唾液存在时，内聚力和黏附力才对义齿的附着起作用。我们在日常生活中可以发现很多黏附作用的应用，例如焊接、黏接（将物体相互粘连起来称为黏接）、镀金等等。

（二）大气压力

根据物理学原理，当两个物体之间产生负压，而周围空气不能进入时，外界的大气压力将两个物体紧压在一起，只有使用一定的力量破坏了负压之后，才能将两个物体分开。

同样，义齿基托与黏膜之间完全被唾液水分子密封之后将产生负压，大气压力将义齿紧紧压在黏膜上从而产生固位力。义齿基托愈大，基托与黏膜之间接触愈紧密，基托边缘封闭愈好，则大气压力对义齿的固位愈大。有经验的患者在戴上全口义齿后会使劲抽气，因而提高了负压，增强了固位。

印膜是全口义齿制作步骤中的第一环节，因此，印模是获得全口义齿固位力的基础和关键。印模必须准确，边缘伸展要适度，并获得黏膜转折处自然的宽度和深度，才能使全口义齿获得良好的功能效果。

第三节　固体的性质

一、晶体和非晶体

固体可分为晶体和非晶体两类。在常见的固体中，石英、云母、明矾、食盐、硫酸铜等都是晶体；玻璃、蜂蜡、松香、沥青、塑料、电木等都是非晶体。晶体和非晶体在外形和物理性质上都有很大区别。

晶体是由若干个平面围成的多面体，所以晶体具有天然规则的几何形状。比如，食盐（NaCl）晶体外形是立方体［见图 2 - 24（a）］，明矾［$KAl(SO_4)_2 \cdot 12H_2O$］的晶体是八面体，［见图 2 - 24（b）］。雪花也是晶体，它们的形状虽然不同，但都呈六角形的规则图案（见图 2 - 25）。非晶体则没有规则的几何外形。

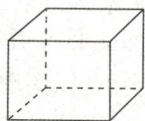

（a）立方体（NaCl晶体）　　　　（b）八面体（明矾晶体）

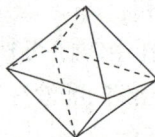

图 2 - 24　晶体外形

图 2 - 25　雪花晶体

晶体可以分为单晶体和多晶体。单晶体是由单个的晶粒形成的，而多晶体是由许多的单晶体组成的。

晶体和非晶体在某些物理性质上表现也不同。比如，晶体在导热性、导电性等方面表现为各向异性，即在不同方向上其导热性能和电阻不同，这种现象叫做**晶体的各向异性**。非晶体则表现为各向同性。这种特性可以在下面的实验中观察到。

取一张云母片（晶体），在上面涂很薄的一层蜂蜡（或石蜡），再拿一根烧红了的钢针，用针尖接触云母片。这时我们会看到，钢针跟云母片一接触，接触点周围的蜂蜡就熔化了，但是溶化了的蜂蜡是呈椭圆形的，见图 2－26。这表明在云母晶体里各个方向上的导热性不同。

如果用玻璃板代替云母片重做上面的实验，我们会看到，熔化了的蜂蜡在玻璃板上总是呈圆形的，见图 2－27。这说明在非晶体的玻璃里，各个方向上的导热性是相同的。实际上，不仅导热性，非晶体的各种物理性质在各个方向上都是相同的。

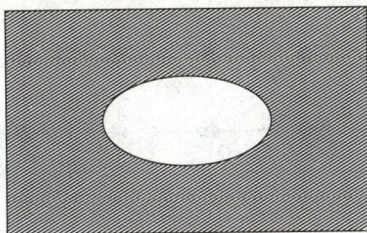

图 2－26 云母片各向异性　　　　图 2－27 玻璃的各向同性

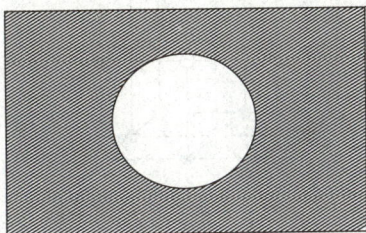

多晶体除具有固定的熔点外，其他宏观性能就不再存在。但由于它是由许多的单晶体组成的，而这些晶体在里面的排列是无序的，所以在物理性质上表现为各向同性。金属材料一般都是多晶体。

常常有这样的情况：同一种物质既可以是晶体，又可以是非晶体。例如，天然的石英是晶体，但是曾经熔融过的石英（熔凝石英）就是非晶体。

如果给晶体的硫加热使它熔化，并且使它的温度超过 300℃，然后把它倒进冷水里，它就会变成柔软的非晶体的硫。非晶体的硫过了一段时间后又会转变成晶体。玻璃经过一段时间以后，里面也可以生成微小的晶体，在生成晶体的地方，我们可以看到模糊的斑点。从这些现象可以得到结论：对固体来说，非晶体不是稳定的，在适当情况下，它会变成晶体。

真正的固体只有晶体，而非晶体可以看作是黏度很大的液体。

二、空间点阵

为什么会有晶体和非晶体呢？为什么它们会表现出不同的物理性质呢？这都是由其内部的不同组织结构所决定的。

19 世纪中叶，人们根据晶体外形的规则性和各向异性提出了一种假说，认为晶体内部的微粒是有规则排列着的。1912 年开始，科学家应用 X 射线对晶体结构进行的研究，证实了这种假说的正确性。现在，人们用电子显微镜对晶体内部结构进行直接观察和照相，进一步证实了这种假说的正确。

组成晶体的物质微粒（分子、原子或离子）依照一定的规律在空间中排成整齐的行列，构成所谓空间点阵。如果沿着这些物质微粒的行列画出直线来，可以得到若干平行线，物质微粒就在这些平行线的交点上。这些交点叫做**空间点阵的结点**。

晶体中物质微粒的相互作用是很强的。微粒的热运动主要表现为以结点为平衡位置不停地做微小的振动。微粒的热运动不足以克服它们的相互作用而远离，因而形成了空间点阵的结构。

图 2-28 是食盐的空间点阵示意图。食盐的晶体是由钠离子 Na^+（"●"）和氯离子 Cl^-（"○"）组成，每个 Cl^- 的周围有六个 Na^+。

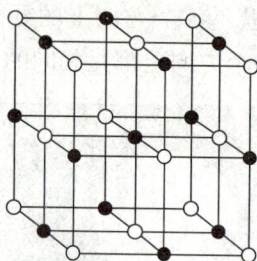

图 2-28　食盐的空间点阵示意图

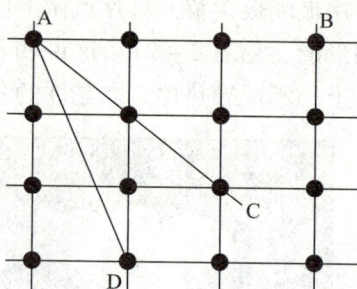

图 2-29　食盐空间结构平面图

晶体外形的规则性可以用物质微粒的规则排列来解释。同样，晶体的各向异性也是由晶体的内部结构决定的。

图 2-29 表示在一个平面上晶体物质微粒的排列情况。从图上可以看出，沿不同方向所画的等长直线 AB、AC、AD 上，物质微粒的数目不同。因为直线 AB 上物质微粒较多，直线 AC 上较少，直线 AD 上更少，所以才引起晶体在不同方向上物理性质的不同。

有的物质能够生成种类不同的几种晶体，是因为它们的物质微粒能够形成不同的空间点阵。例如，碳原子如果按图 2-30 那样排列就成为石墨，按图 2-31 那样排列就成为金刚石。石墨是层状结构，层与层之间距离较大，作用力较弱，沿着这个方向容易把石墨一层层地剥下，例如我们用的铅笔芯。金刚石正四面体结构中碳原子间的作用力很强，所以金刚石有很大的硬度。例如玻璃裁刀尖上就镶有金刚石。

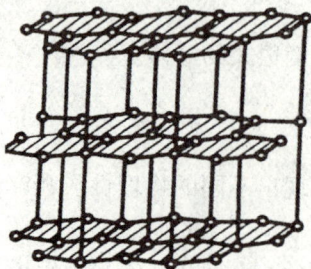

图 2-30　石墨的空间点阵

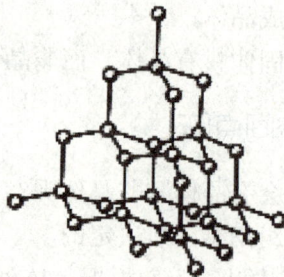

图 2-31　金刚石的空间点阵

知识拓展

　　金属具有很多共同的性质：通常情况下以固态存在（除汞外）；绝大多数金属都是银白色，有少数金属具有其他颜色，如金（Au）金黄色，铜（Cu）紫红色；密度最大的为锇（Os），最小的为锂（Li）；熔点最高的为钨（W），最低的为汞（Hg）；硬度最硬的金属为铬（Cr），最软的金属为钾（K）；导电性能强的为银（Ag），导电性能差的为汞（Hg）；延展性最好的为金（Au）。

三、金属晶体

（一）金属的晶体结构

　　金属具有金属光泽，易导电、导热，有很好的延展性和机械强度等物理性质。在金属单质晶体中，金属原子主要是通过金属键（金属离子与自由电子间强烈的相互作用）结合在一起，并规则地排列形成晶体结构（见图 2－32）。通常固态金属绝大多数是多晶体物质，结构上是由许多微小晶粒组成。

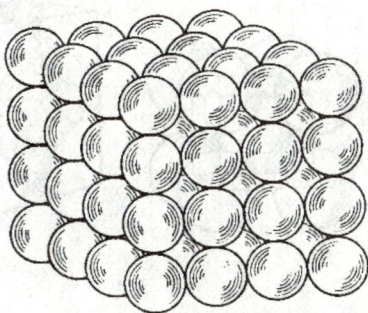

图 2－32　金属的晶体结构

　　1. 晶格和晶胞　为了形象描述晶体内部原子排列的规律，把每个原子看成是固定不动的刚性小球，并用一些假想的几何线条将晶格中各原子的中心连接起来，这样就构成一个空间格架（空间点阵），如图 2－33（a）。这种抽象的、用于描述原子在晶体中排列形式的几何空间格架，简称晶格。

　　由于晶体中原子排列的周期性，通常从晶格中选取一个能够完全反映晶格特征的最小几何单元称为晶胞，如图 2－33（b）。用它可以来分析晶体中原子排列的规律。整个晶格就是有许多大小、形状和位向相同的晶胞在空间重复堆积而成的。

　　晶胞的大小和形状以三个边长 a、b、c 及其三个夹角 α、β、γ 来表示，如图 2－33（b），这些数据就是晶格参数。图 2－33（b）所示的简单立方晶胞，其晶格参数为 $\alpha = \beta = \gamma$，且 $\alpha = \beta = \gamma = 90°$。

　　金属的晶体结构由晶格、晶胞、原子组成。

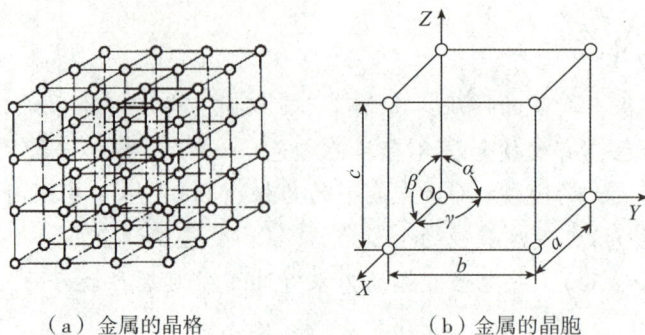

（a）金属的晶格　　　　　　　（b）金属的晶胞

图 2 - 33　晶格和晶胞

2. 晶格类型　在金属晶体中最常见的晶格类型有体心立方晶格、面心立方晶格和密排六方晶格三类。

（1）**体心立方晶格**　体心立方晶格的晶胞也是一个正立方体。在晶胞的中心和八个角上各有一个原子，共 9 个金属原子（见图 2 - 34）。此种晶格中的原子间距离大于面心立方晶格。人们称其为"钨晶格"。金属钨是很硬的。许多非贵金属都有此种晶格，例如 α - 铁、铬、钼、钒、钨、β - 钛等。此类金属中的许多金属很难进行冷态变形加工。金属晶格的类型与金属及其合金的性质有密切关系。

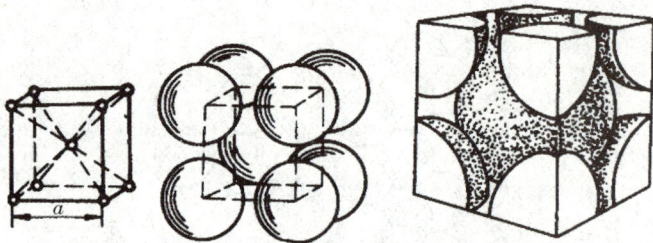

图 2 - 34　体心立方晶格

（2）**面心立方晶格**　面心立方晶格的晶胞是一个立方体。在晶胞的每个角上和晶胞的六个面的中心都排 1 个原子，晶胞角上的原子为相邻的八个晶胞所共有，而每个面中心的原子为两个晶胞共有，共 14 个原子（见图 2 - 35），也是一种紧密堆积方式。黄金是此类金属的典型代表。因此，人们称这种晶格为"黄金晶格"。大多数贵金属（除锇和钌外）以及 γ - 铁、铝、铜镍也具有此种晶格。此类金属特别容易进行冷态变形加工。

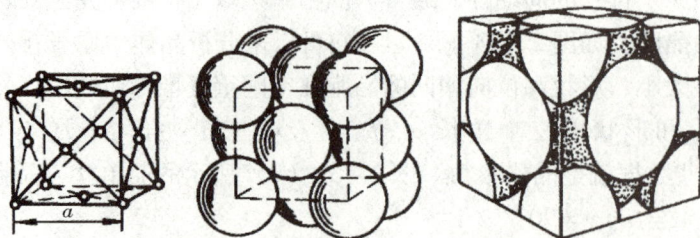

图 2 - 35　面心立方晶格

（3）**密排六方晶格**　密排六方晶格的晶胞是一个六方柱体，由六个呈长方形的侧面和两个呈正六边形的底面所组成。晶胞的每个角上和上下两个正六边形的中心各有 1 个原子，在上下底面之间的中平面上有 3 个原子，共 17 个原子，为最紧密堆积方式。人们通常称其为"镁晶格"（见图 2－36）。具有这种晶格的有贵金属中的锇和钌以及一些非贵金属钪、钇、钛、锆、钴、锌、镉等。此类金属在冷态可进行变形加工，但没有面心立方晶格的金属好。

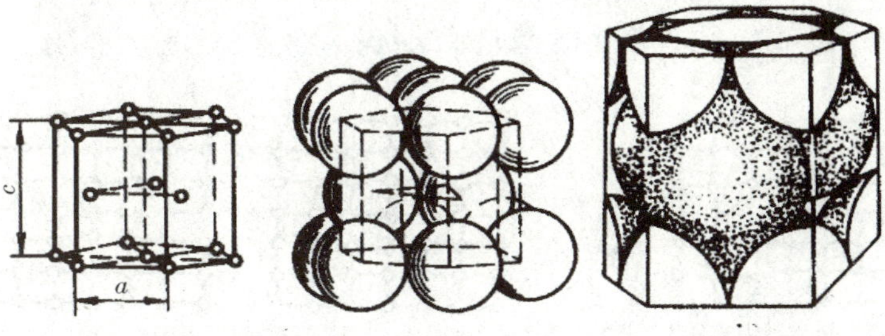

图 2－36　密排六方晶格

（二）合金的晶体结构

1. 合金的概念　由两种或两种以上的金属元素或金属元素与非金属元素组成的具有金属特性的物质，称为合金。

组成合金的最基本的、独立的物质叫做组元。组元通常是纯元素，但也可以是稳定的化合物。根据组成合金组元数目的多少，合金可以分为二元合金、三元合金和多元合金。合金中，具有同一化学成分且晶体结构和物理性能相同的均匀部分叫做相。合金中相与相之间有明显的界面。液态合金通常都为单相液体。固态下，由一个固相组成时称为单相合金，由两个以上固相组成时称为多相合金。合金的性能一般都是由组成合金的各相成分、结构、形态、性能和各相的组合情况——组织所决定的。

2. 合金的相结构　合金中元素在液态时能够互溶，形成均匀的溶体。凝固后合金的原子也是规则地排列成晶体结构，根据合金中相的晶体结构特点，可以将其分为固溶体和金属化合物及混合物三大类。

固溶体　一种元素均匀地溶解于另一种元素的晶体相中而形成的固体称为固溶体。与液体溶液相同，固溶体中的原子也有溶剂和溶质之分，溶质原子溶入溶剂原子所形成的晶格结构中，构成了固溶体的合金结构。按照溶质原子在固溶体中的位置不同，将其分为间隙型固溶体和置换型固溶体（如图 2－37）。**间隙型固溶体指溶质原子进入溶液晶格中的间隙位置所生成的固溶体。置换型固溶体是指溶质原子替代了部分溶剂原子的位置所形成的固溶体。**

无论是溶质原子处于溶剂原子的间隙中或者代替了溶剂原子，都会使固溶体的晶格结构发生畸变（见图 2－38），晶格的畸变增大了晶格位错运动的阻力，使晶面滑移难以进行，塑性变形抗力增大，从而使合金固溶体的强度与硬度增高。这种**通过溶入某种溶质元素形成固溶体而使金属材料的强度、硬度升高的现象，称为固溶强化。**

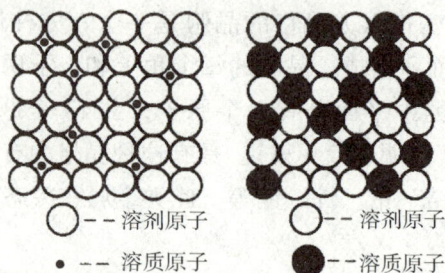

○ ─ ─ 溶剂原子　　　　○ ─ ─ 溶剂原子

● ─ ─ 溶质原子　　　　● ─ ─ 溶质原子

图 2 – 37　　固溶体的形成

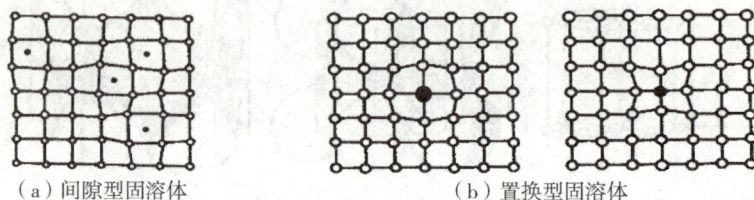

（a）间隙型固溶体　　　　　　（b）置换型固溶体

图 2 – 38　　固溶体中的晶格畸变示意图

固溶强化是提高金属材料力学性能的重要途径之一。实践表明，虽然固溶强化后，合金的韧性、延展性和塑性有所下降，但适当控制固溶体中的溶质含量，可以在显著提高金属材料的强度、硬度的同时，仍能保持良好的塑性和韧性。因此，对综合力学性能要求较高的结构材料，都是以固溶体为基体的合金。

金属化合物　金属化合物的晶格类型与形成化合物各组元的晶格类型完全不同。我们把**合金中其晶体结构与组成元素的晶体结构均不相同的固相称为金属化合物**。一般可用化学分子式表示。钢中渗碳体（Fe_3C）是由铁原子和碳原子所组成的金属化合物，它具有复杂的晶格形式。

金属化合物的性能不同于任一组元，其性能特点是具有较高的熔点、硬度和较大的脆性。金属化合物也是一些合金的重要结构组成相。当合金中出现金属化合物时，通常能提高合金的强度、硬度和耐磨性，但塑性和韧性会降低。银汞合金就是主要由金属化合物组成的合金。

绝大多数合金的组织都是固溶体与少量金属化合物组成的混合物，其性质取决于固溶体与金属化合物的数量、大小、形态和分布状况。金属的混合物在这里就不讲了。

（三）实际金属的晶体结构

1. 金属材料都是多晶体

我们把晶体内部的晶格位向完全一致的晶体叫做单晶体。实际使用的金属材料，即使体积很小，由于受结晶条件和其他因素的限制，其内部结构仍包含少许颗粒状的小晶体，每个小晶体内部的晶格位向是一致的，而各个小晶体彼此间的位向都不同。这种由许多尺寸很小、各自结晶方位都不同的小单晶体，组合在一起就构成了多晶体（如图 2 – 39）。这些外形不规则的小晶体就是晶粒，它们之间的界面即为晶界。在一个晶粒内部其结晶方位基本相同，但也存在着许多尺寸更小、位向差更

小的小晶粒，它们相互嵌镶成一颗晶粒，这些小晶块
称为亚晶粒，亚晶粒之间的界面称为亚晶界。

2. 晶体的缺陷　晶体内部的某些区域，由于各
种原因，原子的规则排列受到干扰和破坏，使晶体中
的某些原子偏离原来位置，造成原子排列不像理想晶
体那样规则和完整。把这些区域称为**晶体缺陷**。这些
缺陷的存在，对金属的性能（物理性能、化学性能、
机械性能）影响很大，如钢的耐腐蚀性、实际金属
的屈服强度远远低于通过原子间的作用力计算所得
数值。

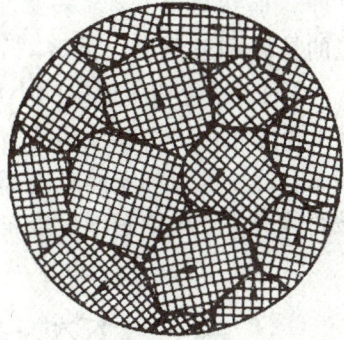

图 2-39　多晶体示意图

根据晶体缺陷的几何形态特征，可将其分为三
类：点缺陷、线缺陷、面缺陷。

（1）点缺陷——空位和间隙原子　在实际晶体
结构中，晶格的某些结点，往往未被原子所占据，这
种空着的位置称为**空位**。这种不占有正常的晶格位
置，而处在晶格空隙之间的原子称为**间隙原子**。见图
2-40。

由于空位和间隙原子的存在，使晶体发生了晶
格畸变，晶体性能发生改变，如强度、硬度和电阻
增加。

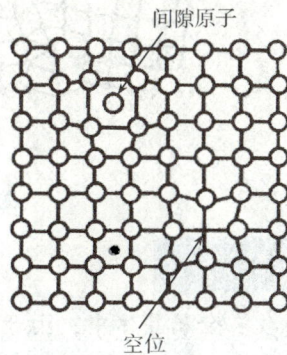

图 2-40　空位与间隙原子

晶体中的空位和间隙原子处于不断的运动和变化之中，在一定温度下，晶体内存在
一定平衡浓度的空位和间隙原子，空位和间隙原子的运动，是金属中原子扩散的主要方
式，对金属材料的热处理过程极为重要。

（2）线缺陷——位错　线缺陷就是各种类型的位错。**晶体中，某处有一列或若干
列原子发生有规律的错排现象，称为位错**。见图 2-41。其中 ABCD 构成的平面为晶体
滑移面。其特征是在一个方向上的尺寸很长，而另两个方向的尺寸很短。晶体中位错
的数量通常用位错密度表示，**位错密度是指单位体积内位错线的总长度**。位错的存在
以及位错密度的变化，对金属的性能如强度、塑性、疲劳等都起着重要影响。如金属
材料的塑性变形与位错的移动有关。冷变形加工后金属出现了强度提高的现象（加工
硬化），就是由于位错密度的增加所致。

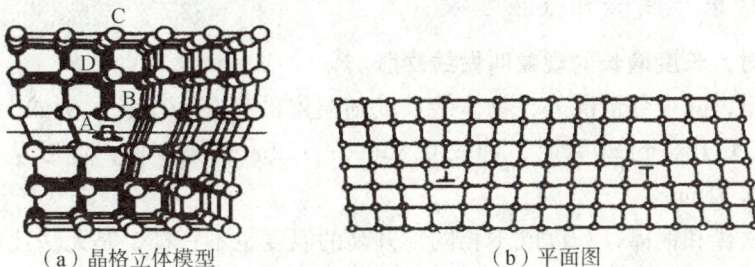

（a）晶格立体模型　　　　　　　　（b）平面图

图 2-41　刃型位错的立体与平面图

（3）**面缺陷——晶界和亚晶界**　实际金属材料是多晶体材料，在晶体内部存在着大量的晶界和亚晶界。晶界（晶粒的交界，原子排列成无规则的过渡层）和亚晶界（由一系列刃型位错所形成的小角界面）实际上是一个原子排列不规则的区域，在一个方向上尺寸很小，在其他两个方向上尺寸很大（如图2-42），该处晶体的晶格处于畸变状态。此处能量高于晶粒内部，在常温下强度和硬度较高，在高温下则较低，晶界容易被腐蚀等。亚组织越细，金属的屈服强度越高。

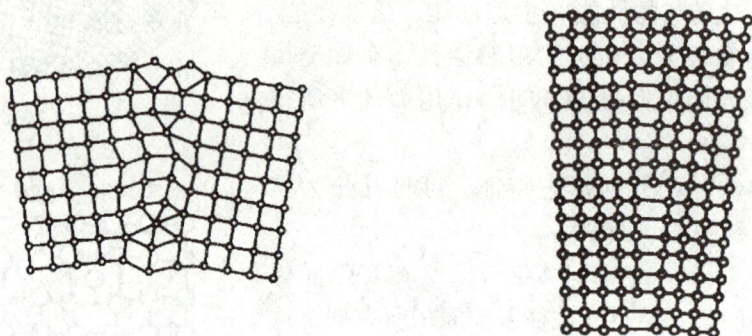

图2-42　晶界过渡与亚晶界过渡图

知识补漏

　　在金属晶体中，由于某种原子，晶体的一部分相对于另一部分滑移出现一个多余的半原子面。这个多余的半原子面像刀刃一样切入晶体，使晶体上、下两部分的原子发生错排现象，刀片的刃口线即为位错线。这种线缺陷称为刃型位错。"⊥"表示正刃位错，"⊤"表示负刃位错。符号中水平线代表滑移面，垂直线代表半个原子面。

四、固体的热膨胀

　　由实验和日常生活的观察知道，通常的固体在受热时会发生膨胀，受冷时会收缩。例如，在夏天，电线受热伸长而下垂，冬天则冷却缩短而拉紧。相邻两条火车轨道的铁轨间留有一定缝隙，就是防止夏天铁轨膨胀时相互挤压，使轨道弯曲变形。固体的热膨胀有线膨胀和体膨胀。

（一）固体的线膨胀和线胀系数

固体受热时，长度增长的现象叫做线膨胀。

　　由实验知道，除少数情况外，物体的长度随温度的升高而增长。例如，长1.5m的铁棒，温度从0℃升高到20℃时，伸长0.86mm；1.2m长的铜棒，温度从0℃升高到15℃时伸长了0.31mm。

　　像上述的铁棒和铜棒，长度既不相同，升高的温度也不一样，是无法比较它们的膨胀特性的。为了比较各种固体的线膨胀特性，我们研究单位长度的物体，在温度变化

1℃时，其线长度变化的量。

固体在温度上升1℃所增长的长度跟0℃时的长度的比叫做线胀系数。

如果在0℃时固体的长度为l_0；在t℃时它的长度为l_t，根据线胀系数的定义，$\dfrac{l_t - l_0}{\Delta t}/l_0 = \dfrac{l_t - l_0}{l_0 \Delta t}$就是固体的线胀系数。用$\alpha$表示线胀系数，那么

$$\alpha = \frac{l_t - l_0}{l_0 \Delta t} \qquad (2-6)$$

由式（2-6）可知，线胀系数的单位是度$^{-1}$。应当注意，当温度降低时，固体的长度变化是缩短。

表2-2　在通常温度范围内几种物质的线胀系数

物质	α（度$^{-1}$）	物质	α（度$^{-1}$）
铅	0.000028	钨	0.000001
铝	0.000024	钢	0.000011
铁	0.000012	玻璃	0.000015
黄铜	0.000019	铁镍合金	0.0000015
铜	0.000017	熔凝石英	0.000004
铂	0.000009	陶瓷	0.00003

从式（2-6）可以得到$l_t = l_0 + l_0 \alpha t$或

$$l_t = l_0 (1 + \alpha t) \qquad (2-7)$$

如果知道了物体在0℃时的长度和它的线胀系数，就很容易根据式（2-7）算出它在任意温度下的长度。

〔例题2-1〕铁路桥梁（钢的）在0℃时的长度是600m，求温度从-10℃上升到30℃时桥梁的长度变化是多少？

解：已知　$l_0 = 600$m，$t_1 = -10$℃，$t_2 = 30$℃，$\alpha = 0.000011$度$^{-1}$

根据公式　$l_1 = l_0 (1 + \alpha t_1)$

$l_2 = l_0 (1 + \alpha t_2)$

所以　　$l_2 - l_1 = l_0 \alpha (t_2 - t_1)$

因此　　$l_{30} - l_{-10} = 600 \times 0.000011 [30 - (-10)]$

$= 0.264$m

答：铁路桥梁的变化是0.264m。

（二）固体的体膨胀和体胀系数

固体受热时，体积增大的现象叫做体膨胀。固体由于温度上升1℃所增大的体积跟0℃时的体积的比叫做体胀系数。

如果固体在0℃时的体积为V_0；在t℃时它的体积为V_t。那么体胀系数β为

$$\beta = \frac{V_t - V_0}{V_0 \Delta t} \qquad (2-8)$$

显然，体胀系数的单位也是度$^{-1}$。

各向同性的固体，它的线胀系数 α 与体胀系数 β 的关系是：$\beta = 3\alpha$。即固体的体胀系数是它线胀系数的三倍。

蜡的热膨胀系数与温度有着密切关系，温度从18℃加热到51℃，它的线膨胀系数从0.22%增加到0.50%，当蜡被加热到100℃时，它的体积大约膨胀13%到17%。因此，在进行蜡加工时，温度越低则膨胀率或收缩率越小，完成的蜡型准确性就越高，这一点不仅适用于蜡的塑性加工，也适用于蜡的液态加工。牙科用的包埋材料是二氧化硅，在包埋铸造进行热处理时，体积会发生膨胀，这是它的一个重要性质。除了热膨胀，再加上凝固时的膨胀与吸水时的膨胀共同来补偿液态金属在冷却凝固时的收缩量，以便得到准确的铸件大小。

因为流体有一定的体积，而没有一定的形状，所以，对流体来说，有意义的只有体膨胀，故上式也适用于液体。

与液体的均匀膨胀相比，水则表现出十分特异的性质。它在4℃时密度最大，体积最小，对它冷却或加热，则它开始膨胀，这种现象称为水的特异性，冰因此比水轻而漂浮在水面上。

表2-3　几种常用物质的体胀系数

物质	β（度$^{-1}$）	物质	β（度$^{-1}$）
水银	0.00018	石油	0.001
水（20℃左右）	0.00021	煤油	0.001
橄榄油	0.0005	酒精	0.0011
硫酸	0.00056	乙醚	0.0017
苯	0.00123	氢气	0.00366
氮气	0.00367	二氧化碳	0.00373

〔例题2-2〕铝块的体积在0℃时是$1 \times 10^{-4} m^3$，在220℃时是$1.0158 \times 10^{-4} m^3$，求铝的线胀系数。

解：已知　$t = 220℃$　$V_t = 1.0158 \times 10^{-4} m^3$　$V_0 = 1 \times 10^{-4} m^3$

求：α

由公式　$\beta = (V_t - V_0)/V_0 t = (1.0158 \times 10^{-4} - 1 \times 10^{-4})/(1 \times 10^{-4} \times 220) = 0.000072$ 度$^{-1}$

因为　$\beta = 3\alpha$

所以　$\alpha = \beta/3 = 0.000024$ 度$^{-1}$

答：铝的线胀系数是0.000024度$^{-1}$。

热膨胀在口腔科也有广泛的应用。如图2-43为人体牙的纵截面图，显示了牙的正常结构，如果在诊断牙髓炎时，常把牙胶棒烧热刺激病牙牙体部，这时，由于牙髓和渗出物膨胀，使病牙疼痛加剧。但对于龋病患者要充填龋洞时，充填体和牙体组织的线胀系数的差别，会在窝洞的束缚下产生热应力，时间久了会使充填体产生微裂缝隙，唾液时而进入缝隙，时而又被挤出，也易引发牙髓炎。医生必须选用充填体和牙体组织的膨胀系数相近（如银汞合金等），以使患牙充填后不因热胀冷缩而疼痛，充填物无裂隙、无松动和不脱落等。另外，模型材料的线胀系数直接影响铸造修复体的精度。金属烤瓷修复体中的金属材料与陶瓷材料的线胀系数必须匹配，这样，在口腔的温度发生变化时，二者才能结合紧密，不发生剥离。

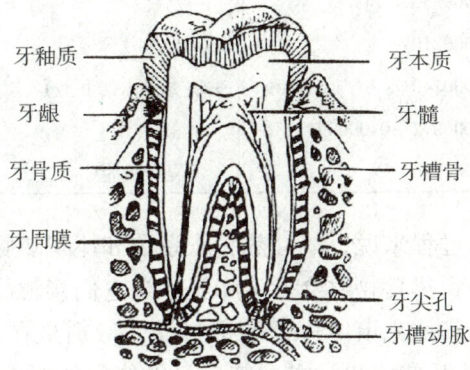

图 2－43　牙的结构

（三）膨胀包埋材料在牙科技术中的应用

熔化状态时的贵金属合金比开始凝固时要多占5%的空间。从凝固点降到室温时，体积会继续收缩大约1.5%到1.7%。若要弥补合金凝固时的收缩，就要求包埋材料要有适当的膨胀率。被包埋的蜡型进行失蜡处理后形成材料转换腔，该空腔在凝固和加热时应发生三维膨胀，膨胀量应恰好抵消浇入合金的凝固收缩量。包埋材料的膨胀来自于吸湿膨胀、热膨胀和凝固膨胀，这三种膨胀组合起来即形成包埋材料总的膨胀量，总膨胀量应等于合金的凝固收缩量，以便使铸件具有所需的尺寸。这样，我们就可以利用包埋材凝固时的膨胀、吸水时的膨胀和热膨胀的总量来弥补合金凝固时的收缩量。由金属和包埋材发生的现象告诉我们，固体会随着温度的升高产生三维的膨胀。

物体在加热时膨胀，冷却时收缩，这就是通常说的热胀冷缩现象。

对于长而细的桥而言，相对于纵向的膨胀，横向的膨胀可以忽略不计，这时只需要考虑各种固体的线膨胀特性。表2－4列出了一些与牙科有关材料的线性膨胀系数。

在牙科修复中，虽然上述一些重要材料的线性热膨胀系数是一常数，但它在温度大范围变化时并不保持恒定。例如，牙科蜡的线性热膨胀系数在温度40℃时，平均值为$300\times10^{-6}/℃$，而在40℃~50℃时，平均值为$500\times10^{-6}/℃$。当聚合物从玻璃态向更柔软的橡胶材料转变时，其热膨胀系数也发生变化。

包埋材料不仅在长的方向上膨胀，而且会在高和宽的方向上膨胀，也就会发生体膨胀。

表 2-4　与牙科有关的一些材料的线性膨胀系数（1/℃）

材　料	膨胀系数	材　料	膨胀系数
石英玻璃	0.0000005	金	0.0000144
金刚石	0.0000013	银	0.0000192
铱	0.000006	锌	0.0000267
矿物牙	0.000007	氧化锌丁香油水门汀	0.000035
硬陶瓷	0.000007	银汞合金	0.000022 ~ 0.000028
嵌体蜡	0.00035 ~ 0.00045	烤瓷	0.000210
硅橡胶印模材料	0.000210	牙齿（牙冠）	0.0000114
聚硫橡胶印模材料	0.000140	玻璃离子体（Ⅱ型）	0.0000102 ~ 0.0000114
窝沟及点隙封闭剂	0.000071 ~ 0.000094	汞	0.0000606
丙烯酸树脂	0.000076	复合树脂	0.000014 ~ 0.000050

　　对于修复材料和加工过程来说，线性热膨胀系数和体积热膨胀系数都很重要。口腔内的牙齿和修复材料在遇到热食物时会发生膨胀，当它们接触冷物质时会收缩。这样的膨胀和收缩会破坏嵌体或其他充填体边缘的密封性，特别是在牙齿和修复材料的热膨胀系数差异很大时，情况更是如此。在构筑良好的修复体时，模型蜡的热膨胀系数是一项重要因素。冷却造成的体积变化是造成合金铸件在凝固过程中常常出现收缩点或表面裂纹的原因。如前所述，要获得精确的铸件，包埋材料与金属热膨胀的匹配是关键。因此，在合金冷却过程中必须对其收缩进行补偿，包埋材料利用的就是膨胀的特性来实现补偿的。

第四节　物态变化

　　气体、液体和固体是通常存在的三种物质状态。在一定条件下，这三种物质状态可以相互转化，即发生物态变化。本节主要研究三种状态的转化即熔解和凝固、汽化和液化等现象。

一、比热容

　　初中物理我们已经学习过，物体吸收一定热量，它的温度升高，放出一定热量，它的温度要降低，而且不同物质，尽管它们的质量相同，升高（降低）的温度也相同，但吸收（放出）的热量却不同。为了描述物质的这一性质，物理学中引入了比热容的概念，即**单位质量的某种物质，温度升高1℃所需要的热量，叫做这种物质的比热容，简称比热**。设质量为 m 的物体，吸收热量是 Q，它的温度由 t_1℃升高到 t_2℃，则该物质的比热容为

$$c = \frac{Q}{m\ (t_2 - t_1)} \qquad\qquad (2-9)$$

比热容的单位是焦耳/（千克·度），代号为 J/（kg·℃）。

实验测得，单位质量的某物质，温度降低 1℃ 放出的热量也等于它的比热容。表 2-5 给出了一些物质的比热容。

表 2-5　一些物质的比热容 c

物质	比热容（c）10^3J/（kg·℃）	物质	比热容（c）10^3J/（kg·℃）
氢（压强不变）	14.29	玻璃	0.63
氦（压强不变）	5.07	石蜡	3.23
酒精	2.43	铁	0.465
乙醚	2,35	铜	0.389
煤油	2.14	银	0.235
冰	2.10	汞	0.138
空气（压强不变）	1.01	铂	0.130
铝	0.883	铅	0.13
水	4.20	水蒸气	2.10
金	0.13	石英	0.79
牙釉质	0.75	烤瓷	1.09
牙本质	1.17	丙烯酸树脂	1.46
甘油	2.24		

将一个质量为 m、比热容为 c 的物体从 t_1 加热到 t_2，需要吸收的热量为：

$$Q_{吸} = m \cdot c \cdot \Delta t = m \cdot c \cdot (t_2 - t_1) \qquad (2-10)$$

当物体的温度从 t_2 冷却为 t_1 时，它释放出同样的热量。

1g 水从 15℃ 升至 16℃ 所需的热量为 1cal，起初被用作定义热量单位的基础。从上表中可以看出，大多数物质的比热容都比水小，因此比水更容易加热。

很明显，将物质升高 1℃ 所需的总热量取决于物质的总质量和比热容。例如，100g 的水升高 1℃ 所需热量大于 50g 所需热量。同样，由于水和乙醇比热容的差异，100g 水与 100g 乙醇升高同样的温度时，前者需要更多的热量。一般流体的比热容比固体的大。一些金属的比热容甚至不足水的 10%。

在熔化和铸造过程中，由于加在金属块上的总热量必须能使其温度升至熔点，因此了解金属或合金的比热容就显得十分重要。

加热物体所需的热量，随着质量的增加和温度的升高而增加，热量（一种能量形式）的国际标准单位是焦耳（J）。

$$1J = 1N \cdot m = 1Ws$$

以前人们使用另外一个热量单位卡（卡路里），这在热能和其他能量的转化时需要换算。运用新的能量单位焦耳，则不需要进行换算。

旧单位和新单位之间换算关系：

$$1cal = 4.1868J$$
$$1kcal = 4186.8J$$
$$1J = 0.24cal$$

二、熔解和凝固　熔解热

（一）熔解和凝固

物质从固态变成液态的过程叫做**熔解**，从液态变成固态的过程叫做**凝固**。在熔解和凝固现象里，晶体和非晶体有很大的区别。

晶体的熔解与凝固　对某一种晶体加热，可以看到，在晶体还没有开始熔解的时候，它的温度逐渐升高；但是，在晶体从开始溶解到全部溶解的这段时间里，也就是在液态和固态都存在着的这段时间里（固液共存），虽然继续吸收热量，物质的温度却保持不变；如果在晶体全部熔成液体以后还继续对它加热，液体的温度才上升。图 2 – 44 （a）是萘的熔解图线，其中 AB 段表示萘的熔解过程。图 2 – 44 （b）是萘的凝固图线，其中 CD 段表示萘的凝固过程。

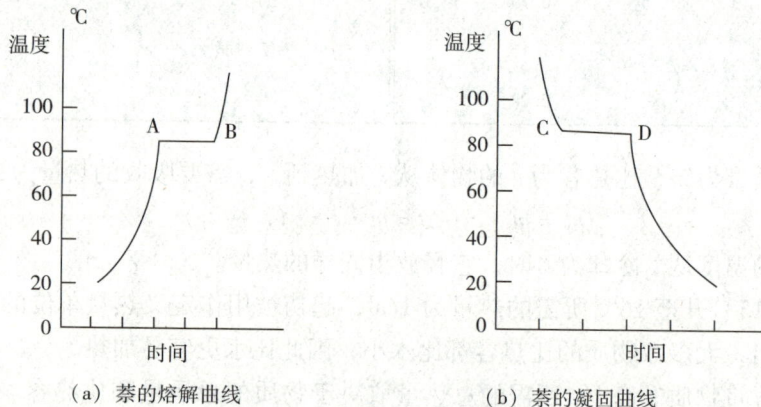

（a）萘的熔解曲线　　　　　（b）萘的凝固曲线

图 2 – 44　萘的熔解和凝固曲线

从图 2 – 44 可以看出，萘在熔解和凝固过程中的温度都保持不变。其他任何晶体（例如铁、铜、银、冰等），也是在熔解和凝固过程中保持温度不变。

非晶体的熔解与凝固　至于非晶体，比如松香、蜡、玻璃、沥青等就不同了。以蜡为例，它在受热时先逐渐变软，在熔解的同时，温度不断升高，这一段温度称为**熔化范围**。如石蜡的熔化范围是 44℃ ~62℃，棕榈蜡是 50℃ ~90℃。软化温度包含两层意思：一种是指蜡本身有一个特定的软化点温度；另一种是广义的可供操作和塑形的温度。软化温度较为重要，一般商品规格中只标明软化温度，因为它与流动性和可塑性有密切关系。熔解以后的非晶体因冷却而凝固的时候，它的温度也不断降低，图 2 – 45 表示松香在凝固时温度改变的情形。

某种晶体熔解时的温度叫做它的熔点。从上面的研究知道，晶体有一定的熔点，而非晶体没有确定的熔点。同一晶体的熔点，要随着它所受压强的不同而改变。对于不同的晶体来说，即使外面的压强相同，它们的熔点也是互不相同的。所以，晶体的熔点决定于物质的种类和它所受的压强。

某种液体凝固时的温度叫做它的凝固点。跟熔解时的情形一样，只有凝固成晶体的液体才有一定的凝固点，而凝固成非晶体的液体是没有确定的凝固点的。

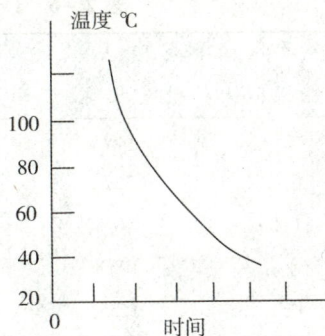

图 2 – 45　松香的凝固

从图 2 – 44 我们看到萘的熔点和凝固点相同。实际上，任何一种晶体也都是这样。一种晶体在某一压强下的熔点，也就是凝固这种晶体的液体在同样压强下的凝固点。表 2 – 6 列出了几种物质在 1 个标准大气压下的熔点。

熔点是物质的重要性质之一，在实际中常常要根据需要选用不同熔点的物质。例如，制做白炽灯丝用熔点高的钨，而焊接金属时则用熔点较低的铅锡合金。牙科工艺技术中焊接金属时用的是比被焊接金属熔点更低的材料。

（二）熔解热

由上述可知，晶体在熔解过程中虽然温度保持不变，但是必须继续加热，熔化过程才能完成，这表明晶体在熔化过程中仍然要继续吸收热量。可见，在由晶体熔成液体的过程中，物质的内能是增加了。晶体熔解时所增加的内能是由外界供给的。我们可以对晶体做功（例如把两块冰互相摩擦）来使它的内能增加，完成熔解；也可以从外界供给一定的热量来使晶体熔解。熔解所需要的热量决定于结晶物质的种类，并且跟它的质量成正比。为了表明物质的这一性质，物理学上引入熔解热的概念。**单位质量的某种晶体，在熔点时完全熔解成同温度的液体所吸收的热量，叫做这种物质的熔解热**。

如果用 λ 表示物质的熔解热，m 表示已熔晶体的质量，Q 表示熔解时所吸收的热量，那么

$$Q = \lambda m \tag{2－11}$$

在国际单位制中，熔解热的单位是焦耳/千克，代号为 J/kg。

反过来，液体在凝固成晶体时要放出热量，但温度不变。单位质量的液体在凝固时放出的热量等于它的熔解热。这个事实也是能量转化和守恒定律的一个表现。

非晶体在熔化或凝固过程中也要吸热或放热，但是温度在变化。

熔解热除与物质的性质有关外，还与外部压强有关。表 2 – 6 列出了几种物质在 1 个标准大气压下的熔解热。

表 2-6 1 个标准大气压下几种物质的熔点和熔解热

物质	熔点 $t°C$	熔解热 λ (kJ/kg)	物质	熔点 $t°C$	熔解热 λ (kJ/kg)
铝	659	398	铂	1773	101
铅	327	25	银	961	105
水（冰）	0	335	钨	3380	193
金	1063	63	锌	419	105
铁	1535	267	锡	232	59
铜	1083	172	萘	80.5	151
钢	1515		灰铸铁	1177	
碳	3550		固态氧	-218	
固态水银	-39		固态氢	-259	
固态酒精	-117				

〔例题 2-3〕如果已知铜制量热器小筒的质量是 150g，里面装着 100g 16℃的水。放入 9g 0℃的冰，冰完全熔解后水的温度是 9℃。求冰的熔解热？〔铜的比热容 $c_{铜}=3.9 \times 10^2 J/(kg \cdot ℃)$〕

解： 已知 $m_{筒} = 0.15kg$ $m_{水} = 0.1kg$ $t_1 = 16℃$

$m_{冰} = 0.009kg$ $t_2 = 0℃$ $t_3 = 9℃$

求：$\lambda_{冰}$

0.009kg 的冰熔解为 0℃的水，再升高到 9℃，总共吸收的热量为：

$$Q_{吸} = m_{冰} \lambda + m_{冰} c_{水} (9-0)$$

量热器中的水和量热器小筒从 16℃降到 9℃放出的热量为：

$$Q_{放} = m_{水} c_{水} (16-9) + m_{筒} c_{筒} (16-9)$$

因为 $Q_{吸} = Q_{放}$

所以 $m_{冰} \lambda + m_{冰} c_{水} (9-0) = (m_{水} c_{水} + m_{筒} c_{筒})(16-9)$

代入数值得 $\lambda_{冰} = 3.3 \times 10^5 J/kg$

答：冰的熔解热为 $3.3 \times 10^5 J/kg$。

三、汽化和液化 汽化热

（一）汽化和液化

物质由液态变成气态的过程叫做汽化，由气态变成液态的过程叫做液化。我们下面简单地学习一下有关汽化的知识。

汽化有表两种方式：蒸发和沸腾。

1. 蒸发 蒸发是在液体表面进行的汽化现象。液体里的各个分子都在不停地运动着，它们平均动能的大小是跟液体本身的温度相适应的。在液体分子中，总有一部分分子的动能要比平均动能大些。具有足够大的动能的分子，如果处在液体表面层的附近，就会克服分子间的引力，飞出液面。这些飞出了液面的分子就组成了这种液体的汽，这个过程叫**汽化**。**在任何温度下敞开的液面上发生的汽化现象叫做蒸发。**

由初中知识我们知道：温度越高，蒸发得越快。液体表面积越大，蒸发得越快。蒸发的快慢还跟液面上气体流动的快慢有关。飞出液面的分子如果停留在液面附近，由于分子的热运动，有的分子会撞到液面，被液体分子重新拉回到液体中去，这样蒸发就变慢了。如果设法把液面上形成的蒸气吹散，使汽分子不能回到液体中去，蒸发就可以加快。在同样的条件下，不同液体蒸发得快慢不同。水比食油容易蒸发，汽油比水容易蒸发。

蒸发会使液体的温度降低。在蒸发过程中，从液体中飞出的是动能较大的分子，这些分子飞出后，留在液体中的分子的平均动能必然减小，这时它就要从周围的物体吸收热量，因而液体蒸发有致冷作用。穿湿衣服比穿干衣服感到冷，夏天扇扇子感到凉快，出汗后会在通风处容易着凉，都是由于蒸发致冷的缘故。蒸发致冷作用在实际中有许多应用。用火车运送容易腐烂变质的食品时，常用液态氨或液态二氧化碳的蒸发来降低车厢内的温度。在医疗中，可用液态氮迅速蒸发时的冷却作用使病灶处的细胞冷冻坏死。导弹在大气中高速飞行时，由于跟空气摩擦，会达到极高的温度。为了保护弹壳，常在弹壳表面涂上防护层，防护层的物质受热熔解和蒸发时，要吸收大量的热量，从而降低了导弹表面的温度。

2. 沸腾　如图 2 - 46，让我们把水放在玻璃瓶里加热，观察水在受热过程中所发生的现象和温度的变化。

首先我们看到，玻璃瓶的底和壁上出现了许多小气泡，这是把玻璃瓶内壁所吸附的空气分离出来了。由于气泡周围的水向气泡里蒸发，所以气泡里除了空气还含有饱和的水汽。

水继续受热时，含有水汽的空气泡就越来越大；气泡到了一定大小以后，就会离开瓶底和瓶壁上升。同时在它的下方又会产生新的小气泡，这个小气泡也会逐渐变大而上升，但是这个过程比前一个小气泡的快些，因为这时候水已经变得更热，而且还在继续受热，它向气泡内的蒸发越来越快。

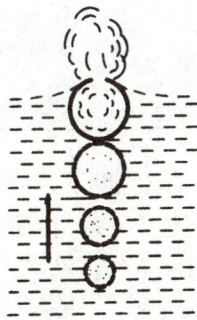

图 2 - 46　液体沸腾时气泡
上升的情形

小气泡升到比较冷的水的上层就逐渐变小，这时候气泡里所含的水汽逐渐凝结，气泡内部只剩下了空气和很少的水汽，到气泡升到水面时，这些空气和水汽就从液面跑出去。

在水达到足够高的温度的时候，气泡在上升过程中就不再变小，而是继续变大。它到了水面就破裂开来，把里面的蒸汽放走，这时我们就说水沸腾了。

沸腾和蒸发都是汽化现象，**蒸发是一种在液体表面进行的汽化现象，而沸腾是一种在液体的内部和表面同时进行的剧烈汽化现象。**

（二）汽化热

在一定的外部压强下，一种液体总是在一个不变的温度时沸腾，在沸腾过程中虽然对它继续加热，但液体只能不断地变成水蒸气，它的温度保持不变，我们把**液体沸腾时对应的温度称为沸点**。由此可见，在把液体变成气体的时候，要消耗热能。

单位质量的液体变成同温度气体所需的热量，叫做汽化热。

汽化热常用字母 τ 表示。在国际单位制中，汽化热的单位是焦耳/千克，代号为 J/kg。

用 m 表示液体汽化的质量，Q 表示汽化时所吸收的热量，那么

$$Q = \tau m \qquad\qquad (2-12)$$

反过来，气凝结成液体时就要放出热量。实验表明：单位质量的气凝结成液体时放出的热量，等于在同一温度下液体变为相同温度的气时所吸收的汽化热量。

不同物质的汽化热不同。表 2-7 列出了一些物质在 1 个标准大气压下沸点时的汽化热。

表 2-7　1 个标准大气压下几种物质沸点时的汽化热（τ）

物质	沸点（℃）	汽化热（J/kg）	物质	沸点（℃）	汽化热（J/kg）
液态氦	-269	3.96×10^4	乙醚	35	3.52×10^5
液态氢	-253	4.53×10^5	酒精	78	8.55×10^5
液态氧	-183	2.14×10^5	水	100	2.26×10^6
液态二氧化碳	-78.5	2.30×10^5	水银	357	2.89×10^5
液态氨	-33	1.37×10^6	液态铁	2750	6.30×10^6

在不同温度下，同一物质的汽化热不同。温度升高时，物质的汽化热变小。

〔例题 2-4〕在质量 200g 的铜制量热器小筒里装了 500g 8℃的水，然后通入 17g 100℃的水蒸气，结果水的温度升高到 28℃，求水的汽化热。〔铜的比热容是 3.9×10^2 J/（kg·℃）〕

解：已知　$m_筒 = 0.2kg$　$m_水 = 0.5kg$　$t_水 = 8℃$

$m_汽 = 0.017kg$　$t_汽 = 100℃$　$t_水 = 28℃$

求：τ

因为 100℃的蒸汽凝成 100℃的水，这个水再降到 28℃所放出的总热量为：

$$Q_放 = m_汽 \tau + m_汽 c_水 (100 - 28)$$

量热器小筒里原有的水和小筒本身温度升高时所吸收的总热量为：

$$Q_吸 = m_水 c_水 (28 - 8) + m_筒 c_筒 (28 - 8)$$

因为　$Q_吸 = Q_放$

所以　$m_水 c_水 (28 - 8) + m_筒 c_筒 (28 - 8) = m_汽 \tau + m_汽 c_水 (100 - 28)$

代入数值得　$\tau = 2.27 \times 10^6 J/kg$

答：冰的熔解热为 $2.27 \times 10^6 J/kg$。

（三）技工室中利用水蒸气冲蜡

我们已经知道，物质由液态变为气态时，体积会剧增。在正常大气压下，1L 100℃的水变为水汽时体积为1700L。在技工室中，通常用蒸汽清洗机来清洁模型上的蜡渍和工件抛光后的油脂性污物。此设备就是在锅炉上安装一个阀门，打开阀门高温高压蒸汽喷射出来，将喷出的气体对准要清洁的工件，高温高压水蒸气将工件上的污渍清理干净。这在以后的设备学课程中将会详细地讲解。

除此之外，技工室中也可以利用包埋材料中水蒸气的压力进行冲蜡，水蒸气将液态蜡从铸造器中冲走并形成一个铸造腔。

表2-8列出了利用包埋材料中的水蒸气将液态蜡从铸造器中冲洗出去所需的时间。

表2-8　包埋材料中水蒸气将液态蜡从铸造器中冲洗出去所需时间

铸造器规格	在大约加热到250℃的电炉中冲蜡
小	20分钟
中	25分钟
大	30分钟

调拌热凝固树脂时，考虑到蒸发因素的影响，要注意以下三点：

一是不同温度下对调拌时间长短的控制；

二是应该在密闭的容器中进行；

三是周围空气的干湿程度，干燥时挥发较快。

习题二

一、名词解释

1. 理想气体
2. 大气压
3. 表面张力
4. 毛细现象
5. 空间点阵
6. 合金
7. 晶格
8. 比热容
9. 熔解热
10. 固体的体胀系数

二、填空题

1. 影响义齿固位的因素主要有_____和_____。

2. 金属的晶体结构由 _____ 、_____ 和 _____ 组成。

3. 由于金属键结合力较强，使金属原子总趋于紧密排列的倾向，故大多数金属属于三种晶格类型：_____ 、_____ 和 _____ 。

4. 由于组元间相互作用不同，固态合金的相结构可分为 _____ 、_____ 及 _____ 三大类。

5. 根据晶体缺陷的几何形态特征，可将其分为三类：_____ 、_____ 和 _____ 。

三、判断题（正确的打√，错误的打×）

1. （　　）理想气体状态方程中的温度是指摄氏温度。

2. （　　）温度不变时，一定质量的气体的压强跟它的体积成反比。

3. （　　）$PV/T = C$（恒定），对质量不同的同种气体，C 值都相同。

4. （　　）对一定质量的气体来说，可以保持体积不变，同时增加压强并降低温度。

5. （　　）一切非晶体都具有各向异性。

6. （　　）水能浸润玻璃、纸、木块等，所以水总是浸润液体。

7. （　　）液体的表面张力存在于液面的分界线上。

8. （　　）各向同性的固体，它的线胀系数 α 与体胀系数 β 的关系是：$\beta = 3\alpha$。

9. （　　）高压锅的主要作用是：增大压强，提高液体的沸点。

10. （　　）冰熔解时需要吸热，水凝固时需放热。

11. （　　）要获得精确的铸件，技工室中利用包埋材料热膨胀的特性，在合金冷却过程中对其收缩进行了补偿。

四、选择题

1. 下列关于气体状态参量的说法错误的是（　　）

A. 气体的温度标志着气体分子的平均动能

B. 气体的体积决定于气体分子的大小

C. 气体的体积等于气体所在容器的容积

D. 气体的压强跟气体的密度和温度有关

E. 一定质量的气体，当任一参量发生变化时，会引起其他参量的变化

2. 物态变化时，下列说法正确的是（　　）

A. 在汽化过程中，吸热使液体的温度升高

B. 在熔解过程中，吸热使固体的温度升高

C. 在凝固过程中，放热使液体的温度下降

D. 在液化过程中，放热使气体的温度下降

E. 以上说法都是错误的

3. 物态变化时，下列说法正确的是（　　）

A. 熔解热大于凝固热

B. 汽化热大于液化热

C. 任何情况下，水的沸点是100℃

D. 蒸发只跟温度有关，温度越高蒸发越快

E. 以上说法都是错误的

4. 关于表面张力系数大小下列叙述正确的是（　　　）

    A. 决定于液体的种类

    B. 正比于表面张力，反比于分界线长度

    C. 随温度的升高而增大

    D. 掺入杂质液体表面张力系数增大

    E. 决定于液体的种类、温度和纯度

5. 将一根玻璃细管插入某种液体时，该液体对玻璃是浸润的，则下列叙述错误的是（　　　）

    A. 管内液柱高于管外，液面呈凹形

    B. 是凹形液面的表面张力使管内液面升高

    C. 液柱高度稳定时，附着力和内聚力相等

    D. 在液体中加入少量糖，管内液柱会上升

    E. 管内附着层里分子所受附着力大于内聚力

6. 下列现象，属于浸润现象的是（　　　）

    A. 鸭子从水中出来时，羽毛并不潮湿

    B. 草叶上的水珠呈球形

    C. 水银滴在玻璃板上呈椭球形

    D. 泉水能将轻质硬币托住

    E. 凝在衣料上的蜡迹可用吸墨纸放在衣料的上下面，然后用熨斗熨便可去掉

7. 下面关于熔化和凝固的说法中错误的是（　　　）

    A. 各种固体都有一定的熔点

    C. 只有晶体熔液凝固时保持温度不变

    B. 同种晶体熔化点与凝固点是相同的

    D. 各种液体凝固时都要放出热量

    E. 晶体熔化时温度保持不变，说明晶体熔解时不需要吸收热量

8. 关于汽化下列说法正确的是（　　　）

    A. 汽化现象只在液体表面发生

    B. 汽化现象只在沸点发生

    C. 汽化现象在沸点以上温度才能发生

    D. 任何温度下，液体都能发生汽化现象

    E. 汽化过程是要放热的

五、简答题

1. 把玻璃管的裂口放在火焰上烧熔，它的尖端就变圆，这是什么缘故？

2. 盛水试管的水面稍稍超过试管口时，会呈凸面状，为什么？

3. 透过布制的伞面能看得见纱线间的缝隙，但是通常雨天使用时伞面却不漏雨水，试解释这种现象。

4. 把打气筒的出口堵住，往下压打气筒的活塞，会感到越往下压越费劲，请解释这一现象。

5. 为什么铺砖的地面容易返潮？

6. 将毛巾的一角放入水盆中一段时间，整条毛巾都会变湿，观察并解释这种理象。

7. 为什么岩石在冬季的风化作用很强烈？

（提示：温度下降，不同成分收缩率不同，表面会出现裂纹，风、水沿着裂纹进去导致岩石风化）

8. 为什么包埋前要对蜡型表面进行表面张力消除（或减小）的处理？

9. 为什么石墨容易一层层地剥下（例如我们用的铅笔容易刮下）？

10. 加快蒸发的办法有哪些？

六、计算题

1. 一毛细管中的水面比大容器中的水面高 2cm，求此毛细管的直径。

2. 某个容器的容积是 5L，里面所装气体的压强是 10 个大气压，如果温度保持不变，把容器的开关打开以后，这些气体会有多大体积？

3. 钢筒可以承受 10 个大气压而不会破裂。若在时 0℃时内装 9 个大气压的氧气后，试问能否在 40℃的天气下运输？

4. 铁路桥梁（钢的）在 0℃时的长度是 600m，求温度上升到 20℃时桥梁的长度。

5. 将 0℃的冰 10kg，30℃的水 2kg，80℃的水 20kg 混合，求热平衡时的温度。

6. 铜量热器，质量为 90g，盛有 5℃的水 394g，如果使 100℃、20g 的水蒸气通入水中，水温升高到 35℃，求水的汽化热。

第三章　金属材料的力学性能

　　1. 金属的密度及对义齿的影响。

　　2. 金属的应力与应变；延性、展性和延伸率；弹性、塑性和弹性模量；拉伸试验曲线。

　　3. 金属的硬度测量及种类、强度概念及类型；剪切模量及晶格位错对金属材料性能的影响。

　　4. 常用的成型方法对金属力学性能的影响。

　　5. 金属的其他变形试验。

　　金属材料的力学性能是指材料在外力作用下表现出来的性能，主要有强度、塑性、硬度、冲击韧度和疲劳强度等。它又分为使用性能和工艺性能两种：使用性能是指材料在使用过程中所表现的性能，主要包括力学性能、物理性能和化学性能；工艺性能是指在制作金属义齿部件或制造机械零件的过程中，材料适应各种冷、热加工和热处理的性能，包括铸造性能、锻造性能、焊接性能、冲压性能、切削加工性能和热处理工艺性能等。本章就金属的密度、应力和应变、延性和展性、弹性和塑性、硬度和强度等方面来学习金属材料的力学性能。

　　本章内容概念多，比较抽象，是一个难点比较多的章节，且很多知识点会在材料学、固定义齿、可摘义齿制作工艺中反复应用，与义齿的制作工艺关系密切，学好学懂，可以加深了解制作工艺要求的内在机制，较快掌握并提升制作工艺。

第一节　金属的密度及对义齿的影响

一、金属的密度

密度是金属材料的重要特性。金属的密度指的是其质量与体积之比，即：

$$密度 = 质量/体积 \quad 或 \quad \rho = \frac{m}{V}$$

国际制单位是千克/立方米，代号为 kg/m^3。常用的还有 g/cm^3。

📖 知识回顾

在初中三年级的物理课中我们学习过密度的概念：一种物质的质量与体积的比值是固定的，物质不同其比值一般也不同。这个比值，是物质的重要属性之一，物理学上用密度来表示物质的这一特性。单位体积某种物质的质量称为该种物质的密度。

物质的密度取决于物质的本身（其原子的尺寸和原子之间的距离），是一个与其实际的质量和体积无关的量。

金属晶体材料，其内部原子密集地排列成晶格，因此金属的密度一般较高（$5 \sim 23 g/cm^3$），与此相反，有机物的密度一般都较低（小于 $1 g/cm^3$），而岩石等无机非金属材料的密度则介于两者之间，为 $2 \sim 3 \ g/cm^3$。

轻金属是一个例外，其密度小于 $5 g/cm^3$。这是因为虽然轻金属原子的质量小，但是其原子半径却相对比较大，两者的共同作用就使得轻金属的密度比较小。属于轻金属范畴的主要是元素周期表中第一和第二主族的一些元素以及铝和钛（见表 3 – 1）。

知识补漏

根据密度的不同，可把金属分为轻金属与重金属两类。

除了金属本身结构对其密度的影响外，金属的纯度、温度和加工方法同样会影响金属的密度。金属中的杂质可能使该金属的密度增大或减小，增减的程度取决于杂质的量和密度。相同质量的某种金属在不同的环境温度中，或因加工方法的不同，也会对该金属材料的体积影响，进而造成该金属密度的轻微扰动。

表 3 – 1　20℃温度下各种金属的密度（g/cm^3）

轻金属			
钾	0.86	铍	1.85
钠	0.97	铝	2.69
钙	1.54	钛	4.51
镁	1.74		

重金属							
锗	5.32	铁	7.86	银	10.5	金	19.32
镓	5.91	铌	8.55	钯	12.02	铼	20.5
铬	7.19	镉	8.64	钌	12.3	铂	21.45
锌	7.13	钴	8.83	铑	12.4	铱	22.4
锡	7.28	镍	8.85	汞	13.59	锇	22.5
铟	7.31	铜	8.91	钽	16.68		
锰	7.45	钼	10.28	钨	19.3		

随着温度的上升，金属的密度会下降，因为金属发生了膨胀。也就是说，金属的质量未变，但其体积却增大了。为了使各种物质的密度值可以互相比较，人们通常采用

20℃时的密度作为标准值。

二、金属的密度对义齿的影响

金属铸造之后的密度一般小于其冷却之后的密度。其原因是,在铸造过程中,无论是液态的还是刚刚凝固的铸造体,都是温度很高的炽热状态,体积增大,导致密度减小。而随着金属铸造体慢慢冷却,其体积减小,于是密度就增加了。

材料的密度决定了义齿的重量。对于可摘义齿来说,应让材料尽可能地轻些,因此可选用密度小、熔点适中的金属材料来制作义齿板部(基托)。如临床上用金属钛、镍来制作基托,具有轻巧、坚固、导热性能好、异物感小的好处。

思考与探究

为什么在制作可摘义齿时要考虑选用密度更小的金属材料?

在采用失蜡法铸造义齿时,人们可根据蜡模的质量计算出所需的金属量,此时只要知道蜡的密度和金属的密度就可以了,因为根据蜡型的体积可以算出所需金属材料的质量。

〔例题 3－1〕一蜡模的质量为 2.035×10^{-4} kg,失蜡后进行钛金属铸造,试根据蜡模的质量计算出所需钛金属的量。(已知蜡的密度是 0.9×10^3 kg/m^3)

解:已知 $m_{蜡} = 2.035 \times 10^{-4}$ kg, $\rho_{蜡} = 0.9 \times 10^3$ kg/m^3,从表中可以查出 $\rho_{钛} = 4.51 \times 10^3$ kg/m^3。

求:$m_{钛}$

由密度公式可得蜡的体积 $V_{蜡} = m_{蜡}/\rho_{蜡} \approx 2.262 \times 10^{-7}$ m^3

从而得钛金属的质量 $m_{钛} = \rho_{钛} \times V_{蜡} = 4.51 \times 10^3 \times 2.262 \times 10^{-7} \approx 1.02 \times 10^{-3}$ kg $= 1.02$g

答:所需钛金属的量是 1.02g。

知识链接

金属材料的密度和强度的关系:在日常生活中,一般从气体到液体、到固体物质,从有机物到无机非金属物质、到金属,随着密度的不断增大物质的强度也不断提高,那么是不是密度越大,材料的强度就越大,材料的密度与强度为紧密联系的相关属性呢?答案是否定的。虽然密度和强度都是物质的重要属性,但是两者之间并没有直接的联系。密度是指单位体积内该物质量的多少,强度是指该物质的材料受力后抵抗破坏的能力,它们分别反映物质不同方面的属性,所以两者之间没有直接联系。尤其是金属材料之间,其密度和强度之间没有联系。影响物质强度的内在因素有:结合键、组织结构、原子特性等。如将金属的强度与陶瓷、高分子材料比较可看出结合键的影响是根本性的。从组织结构的影响来看,可以有四种强化机制影响金属材料的强度,这就是:①固溶强化;②形变强化;③沉淀强化和弥散强化;④晶界和亚晶强化。这些对强度的影响因素中唯独没有密度!

第二节 金属在拉伸力作用下的力学性能

一、机械应力与应变

（一）机械应力

一个物体中的各质点是通过粒子间的内聚力联系在一起的。一般来说，同类质点间的内聚力在各方向均匀分布，因此作用于一个质点上的合力为零。如果作用在物体内部质点上的力不是均匀分布的，则其合力不为零，此时就会产生机械应力，简称应力。也就是说，**当外力作用于物体使其发生变形时，物体内部便产生抵抗外力的力**，这个力称为**应力。大小与外力相等，但方向相反。**所以应力表征了外力在物体内质点间引起的内力，质点间会出现与外力相反的力，以便保持平衡。

应力存在于固体、液体和气体中，在固体中，应力是一个与外力方向有关的量；但在液体和气体中应力方向与外力方向无关。

根据应力来源和作用地点，人们把应力分为三类：自应力、表面应力和负荷应力。

1. 自应力 **当一个物体中的质点处于不平衡状态时，所产生的应力叫做自应力（也叫内应力）**。当铸件冷却时受到包埋材料或铸圈的影响而形成不一致的冷却区时，就会出现自应力；此外，在金属上烤瓷而形成复合材料时，由于两者冷却时收缩率不同而互相限制，也会出现自应力。**金属在进行冷态变形加工时，总会产生自应力。**

自应力是因变形（如拉伸等）时受到阻碍而产生的，而且阻碍越严重，则产生的自应力越大。对工件加热可降低其中的自应力，但是往往会引起工件的形状发生畸形。用加热法降低工件自应力所需的热量因材料不同而不同。一般来说，材料的熔点越高所需的热量也越大。对工件进行冷加工产生的自应力，有时随着时间会自行消失，如进行了冷加工的蜡在室温下放置几小时之后，其中的自应力就会消失，但可能导致蜡模形状发生畸变。而义齿合金铸件中的自应力在室温下几乎不会释放，因此不会变形。仅在较高的温度下，例如进行模铸冠的氧化退火时，义齿件才可能发生形状畸变。

2. 表面应力 表面应力也称为表面张力，它力图使物体的表面积收缩到最小，如图 3 - 1 所示。在液体上可以很明显地看到表面张力现象。液体在理想情况下（完全失重）呈现球形（液滴），在没消除重力的影响时会变为椭球形。

为了产生或放大一个表面，就需要消耗一定的能量（机械能或热能）。这些能量转化为因表面张力而具有的势能（图 3 - 2）。

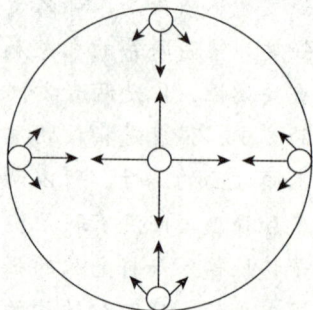

图 3 - 1 表面层质点受力不均衡（合力向内），因而形成了表面张力

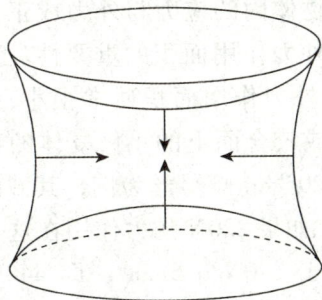

图 3 – 2 由于存在表面张力，因此液体的表面积趋向于最小

在进行金属的铸造或焊接时，首先要消耗一定能量使金属熔化。由于表面应力（表面张力）的作用，熔化的金属会形成球状。只有当外界输入的能量克服了表面张力作用时，熔液才能流动，完成铸造与焊接。在进行义齿件铸造时，一方面利用离心力或重力使熔液流动；另一方面热能也起作用，熔液被加热得温度越高，则表面张力越小，因此越容易对熔液进行浇注。在进行焊接时，主要依靠热能来克服表面张力。

溶于液体中的物质如果聚集到液体表面，则会大大地降低液体的表面张力（应力）（例如表面活性剂和浸润剂等）。这时，当两个物体接触时，其凝聚力和表面张力会小于作用于两个物体之间的吸附力，于是液体发生流动而把两个物体黏接起来。因此在焊接中会出现焊条熔化物"射入"焊口的现象以及液体包埋材料流入蜡模的现象。

知识链接

　　表面活性剂：表面活性剂是由两种截然不同的粒子形成的分子，一种粒子具有极强的亲油性，另一种则具有极强的亲水性。溶解于水中以后，亲水端与水结合，在水的表面聚集降低水的表面张力，另一端亲油端与不溶于水的油脂类物质结合，对油脂类物质起到了一定的乳化作用，也降低了脂类物质的表面张力，作为媒介，提高脂类有机化合物的可溶性，所以表面活性剂具有极强的去污能力。我们日常生活当中所用的个人洗涤用品，如洗衣粉、肥皂、香皂、洗面奶和洗发水等都以表面活性剂为主要成分。

3. 负荷应力　在材料力学中，人们要研究负荷应力问题。把物体中负荷应力定义为**单位面积承受的负荷力**，用希腊字母 σ 表示（如图 3 – 3）。负荷应力表征了负荷力在物质内质点间引起的内力。公式表示为：

$$\sigma = F/S \qquad\qquad (3-1)$$

因为我们学过的压强也用此式表示，所以在这一方面，应力与压强相似，从而应力的单位为帕（Pa），通常记录应力的单位是兆帕（MPa）。$1\,\mathrm{MPa} = 10^6\,\mathrm{Pa}$。

其中 F 为负荷力，单位为 N，S 为负荷面，单位为 mm^2，所以负荷应力的单位是 $\mathrm{N/mm}^2$。

从应力的公式可以看到，物体内的应力与外力成正比，与面积成反比，因此有必要认识外力作用面积的重要性。这一点在牙科修复上尤其重要，因为外力作用面积通常很小，例如，活动义齿上的卡环，正畸弓丝或咬合面上的小修复体的截面积可能只有 $0.16 \sim 0.016 cm^2$。以 20 号正畸弓丝为例，其截面直径为 0.8mm，截面积为 $0.5 mm^2$，如果 220N 的力作用在这一直径的弓丝上，所产生的应力等于 $220N/0.5mm^2$，即 $440N/mm^2$（440MPa）。因此，在许多牙科修复体上会产生几百兆帕的应力。所以口腔修复体要选用强度足够高的金属材料，才能对抗正常咀嚼产生的巨大应力，保持义齿结构与形态的稳定，发挥应有的生理机能并保持足够的使用寿命。

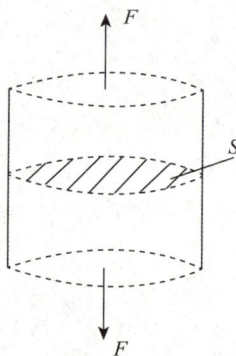

图 3-3 应力的产生

（二）应变

应变 在讨论力时，已指出物体受力时会产生变形。认识到每种应力能够使物体产生相应的变形是重要的。物体在拉力作用下所产生的变形是沿受力方向伸长，而物体在压力或推力作用下所产生的变形是沿受力方向压缩或缩短。金属材料在不同外力作用下可产生四种变形：拉伸或压缩变形、剪切变形、扭转变形和弯曲变形。**应变是描述材料在外力作用下形状相对变化的量**，比如在拉伸状态下试件相对增加了的长度。应变（ε）定义为当受到应力时，发生的长度变化（$l - l_0$）与其受应力前长度（l_0）之比。应变无测定单位，而是以下式计算出的纯数字：

$$应变（\varepsilon） = 变形/原长 = \frac{l - l_0}{l_0} \qquad (3-2)$$

因此，若一原长为 2mm 的试样被拉长到 2.02mm，其变形量为 0.02mm，应变为 $0.02/2 = 0.01$，即 1%。应变量因不同的材料受到不同的应力而不同。应注意，不管材料的组成或性质，不管应力的大小和类型，均会产生应变。应变在牙科学中很重要，诸如卡环或正畸弓丝在失效前能抵抗大应变的修复材料，能被其弯曲、变形而很少折断。

二、延性、展性和延伸率

延性和展性 因拉伸力作用而发生的变形称为**伸长**。伸长极为重要，因为它表明了金属或合金的可加工性。当物体受到拉力作用时，其长度会伸长。当拉力大于物体质点间的结合力时，物体就会因拉伸而断裂。物体在拉力作用下的延伸能力越大，则它越适合于进行冷态变形加工。金属和非金属的两个非常重要性能是延性和展性。**延性表示材料在拉力作用下被拉成丝而不断裂的性能。**是材料在拉力作用下，所能经受（维持不断裂）的最大拉应变。当超过最大拉力时，材料发生永久性变形。**展性是表示材料在外力作用（锤击或滚轧）下锻造成薄片而不破裂的性能。**物体的可变形性也被称为**延展性**（图 3-4）。

延伸率 表征物体延展性大小的量叫做**延伸率**，用符号 ε 表示。延伸率是物体延伸量与其初始长度之比。如果初始长度为 l_0，延伸后的长度为 l_1，则有如下关系：延伸率 = 延伸量/初始长度，即：

$$\varepsilon = \frac{l_1 - l_0}{l_0} = \frac{\Delta l}{l_0}$$

可见，延伸率和轴向应变是相似的。延伸率 ε 在此可认为是材料延展又不断裂的性质。延伸率经常用百分率表示，即：

$$\varepsilon = \frac{\Delta l}{l_0} \times 100\% = \frac{l_1 - l_0}{l_0} \times 100\%$$

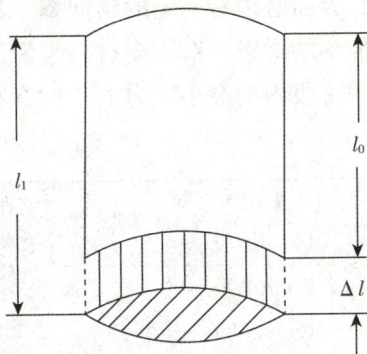

图 3 − 4　物体的延伸率

义齿合金的延伸率可达 50%，但钴铬合金的延伸率不到 15%，而且在多数情况下远低于此值。

金属进行热处理（如退火）之后，其延展性比进行了冷加工以后的要增强。冷加工程度越高，金属的延展性越低。反之，温度越高则金属的延展性越好。例如，锻铁仅在高温加热后才能进行机械式变形加工。

知识补漏

退火是将金属缓慢加热到一定温度，保持足够时间，然后以适宜速度冷却的一种工艺。

对于多数材料来说，其位于弹性范围的延伸率均低于 1%。但是，软橡胶在弹性范围的延伸率可达 800%。

我们利用人工冠成形钳在冷状态下按照解剖形态制做冠圈时，如果了解材料变形的延展特性，将对制作是很有帮助的。

如果要检测一块板材的冲压变形能力，可以采用如图 3 − 5 的冲压法。将一块四方形或圆形的板材用大约 10000N 的力拉紧，同时慢慢用一个球形杵来压板材。然后测出受力状态下的长度 l_1 和原来长度 l_0，计算出 $\varepsilon = \frac{\Delta l}{l_0} \times 100\%$，就可以知道单位面积受到的外力 σ，也就知道了冲压变形能力。

一些冠、桥及基托合金的延伸率如表 3 − 2 所示。总延伸率高的合金可永久性地延长而无断裂的危险。由高延伸率的合金制作的卡环可以调节，制作的正畸矫治器可以预成形。因此，当为特定临床目的选择合金时，有必要认识这一点，因为这些修复体在制作过程中或组装过程中可能会发生永久变

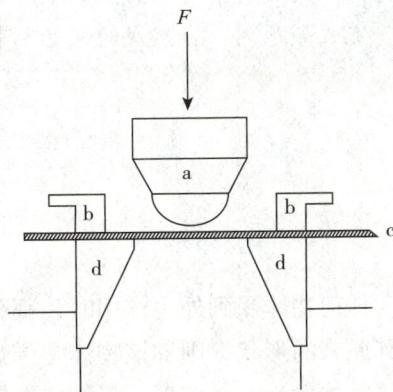

图 3 − 5　爱利克森冲压法
a. 杵　b. 固定阀　c. 被测板材　d. 基底

形，因而必须有一定的延伸率。其他不太可能发生永久变形的修复体可以使用具有较低延伸率的材料。对许多材料来说，包括牙科金合金，在延伸率与屈服强度（是指材料在屈服阶段内的最小应力值）间存在着关系，一般屈服强度越大，延伸率越小。

表3-2　一些冠、桥及基托合金的延伸率

合金 （冠和桥）	延伸率 （％）	合金 （部分活动义齿）	延伸率 （％）
金合金（Ⅲ型）	34.0	金合金（Ⅳ型）	6.5
Au－Ag－Cu	2.0	镍－铬	2.4
镍－铬	1.1	钴－铬	1.5
		铁－铬	9.0
		钴－镍－铬	8～10

在牙科广泛应用的金、银是最具延展性的金属，但其他金属的延性和展性顺序并不相同。金属的相对延性递减顺序是：金—银—铂—铁—镍—铜—铝—锌—铅。金属的相对展性递减顺序是：金—银—铝—铜—锡—铂—铅—锌—铁—镍。总体上金属韧性好，而陶瓷脆性大。一般认为延伸率低于5%的材料为脆性材料，如陶瓷；高于5%的材料为延展性材料，如金就是延伸性最好的金属。

知识链接

　　金属家族的变身大师：金是人类认识最早的金属之一，于是人们用金作为代表来命名具有相同属性的同类物质为金属。金，具有华贵的色泽，俗称黄金，因其稀缺并且性能优异，一直都是财富和身份的象征。作为生产生活中的金属材料，黄金具有极强的延展性，一两黄金可以拉出200km的长的细丝，不到人头发丝的1/30。一两黄金在现代工艺条件下可制成大约两个标准篮球场大小的金箔，厚度只有普通A4打印纸约1/300，是名副其实的变身大师。同时黄金还因为物理化学性能优良、机械加工的工艺性能良好、品性稳定性等原因，自然成为义齿材料的首选。

三、弹性、塑性和弹性模量

（一）弹性和塑性

　　任何物体受到外力作用时，都会发生变形，如果外力撤除后，变形的物体可完全恢复其原来的形状，则称该物体是**弹性的**，此时的变形叫**弹性变形**。如果外力撤除后，变形的物体发生永久变形，不能完全恢复其原始形状，则称该物体是**塑性的**，此时的变形叫**塑性变形**。例如，局部义齿的卡环在超过弹性极限进入塑性变形区域后，若除去外力，仅有弹性形变（弹性应变）是可恢复的。在通过弯曲调整正畸丝或义齿卡环时，塑性形变是永久的，但可发生一定量的弹性应变恢复。又如弹性印模材料凝固后从口内取出时，希望材料的变形能完全回复（弹性变形），而永久形变（塑性变形）尽量小，这样取制的印模才更精确。

英国学者胡克在 17 世纪研究了外力在材料上发生的作用。他发现，当外力小于某一极限值时，外力与形变成正比。也就是说：$F/\Delta x =$ 常数，其中的 F 是外力，Δx 为形变。

把相应的数值画于直观图上，则会得到一条直线，即所谓的"胡克直线"（图 3 - 6）。

金属、陶瓷和玻璃的弹性曲线都是直线。但橡胶和生物机体组织的弹性曲线就不是直线了，也就是说外力与形变不成正比了（图 3 - 7 和图 3 - 8）。

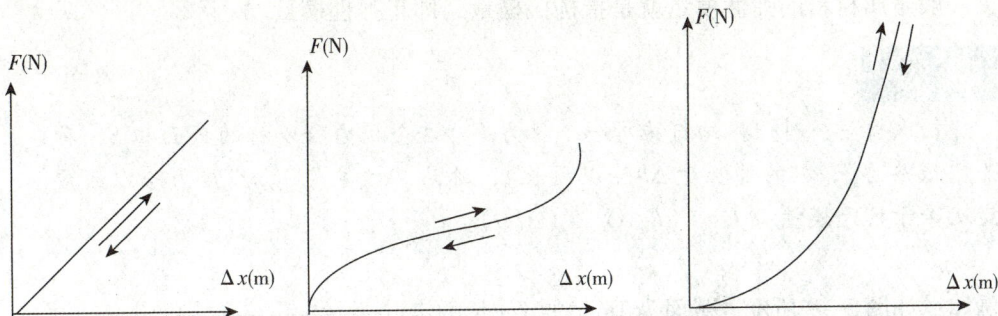

图 3 - 6 胡克直线　　图 3 - 7 橡胶的弹性曲线　　图 3 - 8 人体结缔组织的弹性曲线

为了使一个物体发生弹性变形，就必须施加外力。对于金属来说，在其弹性限度内，所加的外力与形变成正比。当撤销该外力时，金属又会依靠弹力恢复其原来的形状。此种**弹性形变力**也被称为回弹力。**回弹性**是材料抵抗永久变形的能力，它表征了在弹性极限内使材料变形所需的能量，**用单位体积内出现永久性形变所需能量来表示**，与弹性模量成反比关系。**韧性**是材料抵抗断裂的能力，也就是**使单位体积材料断裂所需要的能量**。

当把卡环固位式义齿戴入患者口腔时，卡环会因受力而变形产生弹力，卡抱在基牙上，与其他义齿构件一起共同保持义齿的稳定。义齿摘戴时，卡环会在弹性范围内变形，就可以将卡环从基牙的倒凹区取出或放入，顺利摘下或戴入义齿。在口腔正畸术中，可以用钢丝弓的弹力来纠正牙的位置偏差。

一个物体的弹力与这些因素有关：①构成该物体的材料种类；②物体的尺寸（长度和截面）；③物体的形状；④物体的弹性变形量（Δx）。

对于弹簧而言，第 1 至第 3 项可被统称为**弹簧常数**（K）。弹簧常数可用试验方法来确定。于是有如下计算弹力（F）的公式：$F = K \cdot \Delta x$（胡克定律）。也就是说，弹力与以下因素有关：材料的种类、金相组织和加工方式、工件的形状和尺寸、所发生的弹性变形值。

（二）弹性模量

弹性模量是描述物质弹性的一个物理量，所以材料的弹性的测定可用弹性模量 E 表示。从宏观角度来说，弹性模量是衡量物体抵抗弹性变形能力大小的尺度，是弹性变形阶段应力 - 应变曲线的斜率，它是衡量材料刚性的量。当一个物体在弹性限度内发生变形时，其伸长量与作用力和其截面有关。观察不同材料的胡克直线，则发现其斜度不同。因此，物体的形变量是与材料性质相关的，该材料常数被称为弹性模量（E）。**弹性模量是指材料在弹性变形阶段内，应力和对应的应变的比值。用 E 表示。弹性模量 = 应力/应变（延伸率），即**

$$E = \frac{\sigma}{\varepsilon} \qquad\qquad (3-3)$$

因为应变是没单位的，所以弹性模量与应力有着相同的单位，通常为牛每平方米（N/m^2）或 Pa、MPa（$1GPa = 1000MPa$）。弹性模量包括杨氏模量、剪切模量、体积模量等。一般金属材料的弹性模量就是指杨氏模量，即正弹性模量。

知识补漏

杨氏模量：对一根细杆施加一个拉力 F，这个拉力除以杆的截面积 S，称为"线应力"，杆的伸长量 Δl 除以原长 l，称为"线应变"。线应力除以线应变就等于杨氏模量 $E = (F/S) / (\Delta l/l)$。

例如：如图 3-9 所示，截面为 $1mm^2$ 的 1m 长的铬线，受到 1kg（10N）力的作用而伸长了 5.2μm。此延伸量是其初始长度的 1/190000（$\varepsilon = 5.2/10^6$）。因此，为了使该铬线发生 100% 的伸长，就需要施加 $190000N/mm^2$ 的力。由此种理论导出的计算值为 $E = 190000N/mm^2$，即 $E = 190000MPa$。以上计算的是杨氏模量。

材料的弹性模量是一个常数，它表明了材料的基本性能之一，与材料的组成有关，不受材料所受弹性或塑性应力的影响，也与材料的延展性无关。材料内部原子间或分子间力是产生弹性性能的原因。基本引力越强，弹性模量越大，材料刚性就越大。因为这个

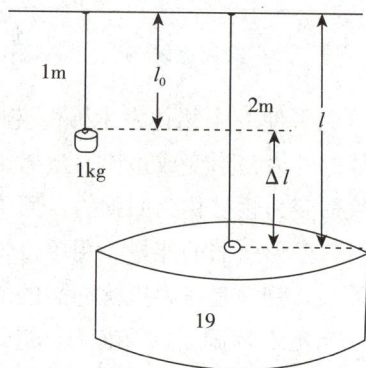

图 3-9 弹性模量示意图

性能与材料内引力有关，当材料承受拉伸或压缩时，弹性模量通常是相同的。弹性模量一般与金属或合金所接受的热处理或机械处理无关，但与材料的组成密切相关。可见，弹性模量是一个与材料相关的常数。但此种说法是不完全的，因为弹性模量不仅和材料的成分有关，而且也和材料的金相组织、材料中存在的空洞和异物以及加工方法有关。

弹性模量可作为衡量材料产生弹性变形难易程度的指标。弹性模量越大，抵抗弹性变形的能力越大，受外力作用时，发生形变的可能越小。换言之，弹性模量越大，则使材料发生弹性变形所需的力也越大，即材料刚度越大，其胡克直线越陡，也就是说该材料越难于变形。

像橡胶和塑料这样的材料具有较低的弹性模量，而许多金属和合金则具有较高的弹性模量（见表 3-3）。义齿黄金合金的弹性模量约为 100000MPa，钴铬钼合金的弹性模量约为 200000MPa。与此相比较：

对于橡胶 $E = 7\text{N}/\text{mm}^2 = 7\text{MPa}$

对于金刚石 $E = 1200000\text{N}/\text{mm}^2 = 1200000\text{MPa}$

表 3 – 3　牙体组织及部分牙科修复材料的弹性模量

材料	弹性模量 GPa
钴铬合金	218.0
镍铬合金	145
金合金（Ⅳ型）	99.3
牙釉质	84.1
长石质烤瓷	69.0
银汞合金	27.6
牙本质	18.3
复合树脂	16.6
丙烯酯基托树脂	2.63
硅橡胶	0.002

知识拓展

　　生活中我们如何区别固体物质的软和硬？生活中我们会接触到各种各样的生产生活用品，气体和液体物质没有固定形态，就谈不上软和硬的问题。但是固体物质就有软和硬的区分了，生活当中我们经常靠感觉来判断，那么物理上有没有描述固体物质软硬的指标体系呢？有，就是弹性模量，固体物质的弹性模量其实就是用来表示物体抵抗外力的能力，弹性模量低的物体，在很小的外力作用下就会变形，也就是常说的很软，比如橡胶；弹性模量高的物质，在很大的外力作用下变形很难也很小，也就是常说的很硬，比如金刚石。

四、拉伸试验曲线

　　研究材料机械性能常用的方法是测定应力 – 应变曲线。它是以应力为纵坐标，应变为横坐标绘制的曲线。对材料施加拉力、压力、剪切力或弯曲力均可得到相应的应力 – 应变曲线图。在此只介绍拉伸试验曲线。

　　应力 – 应变曲线　为了测试金属的强度，一般要对其进行拉伸试验。具体的作法是，用被试材料制成杆状试件，并在所谓的拉伸试验机上进行拉断试验。拉伸试验机对试件进行逐渐增加负荷，也就是说静态加载。相应的负荷可在拉伸试验机上读出来（如图 3 – 10）。

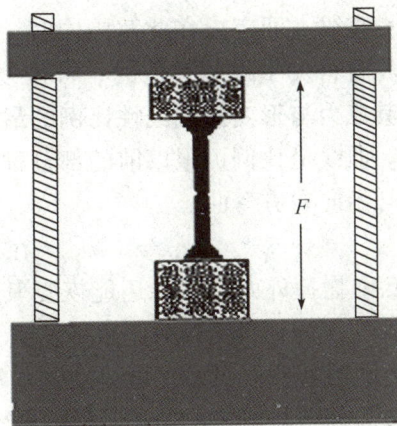

图 3 – 10　拉伸试验机

当把每个负荷值（应力值 σ）和相应的延伸量（应变值 ε）画于直角坐标系中时，即得到应力 – 应变曲线。在拉伸试验机上一般就可得到应力应变曲线。在坐标系中，纵坐标代表应力，横坐标代表应变。

拉伸试验曲线　应力 – 应变曲线可直观地表现出被试材料的冷态变形特性。不同的材料具有不同的应力 – 应变曲线。但在此类曲线上总是存在特定的点，在该点处发生特征变化。我们以钢的应力 – 应变曲线为例来加以说明（如图 3 – 11）。

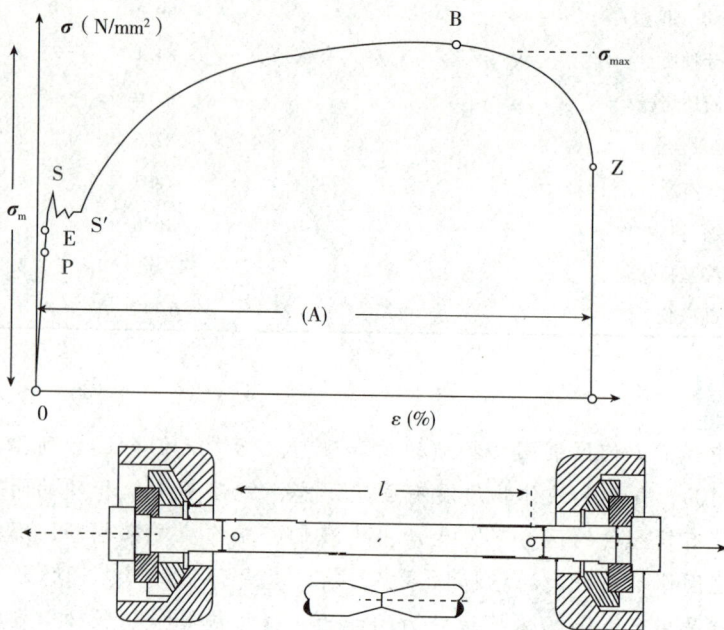

图 3 – 11　上图为韧性钢的应力 – 应变图，下图为试件的固定方式以及超过屈服限后试件上出现的变细部分图

应力——应变曲线上的五个特征点：

(1) **P 点代表"比例限"**　在到达该点之前，应力和应变成正比。也就是说，从坐标原点 O 到点 P 这段曲线 OP 是直线。应力 – 应变曲线的这一部分遵从胡克定律，为胡克直线。即应力在此范围内时，材料具有弹性，当材料承受比例极限以下的应力时，材料发生的是弹性的、可恢复的应变。所以"比例限"是指材料承受载荷过程中其应力与形变量成线性比例的最大应力值。曲线上 **P** 点所对应的应力值称正比例极限。曲线上比例极限以前的部分称为**弹性区域**。当负荷进一步增加而超过 P 点后，曲线开始向右方弯曲。

(2) **E 点代表"弹性限"**　在不超过此点时，应力和应变之间呈弹性关系。也就是说，撤掉外力后试件还能恢复其初始形状（故仍处于弹性形变阶段），所以"弹性限"定义为材料受外力作用不发生永久变形的最大应力值。曲线上 E 点所对应的应力称作**弹性极限**。意思是指超过应力 E 值时，则试件会发生一定程度的永久变形，应力与形变量间不再成正比关系。材料产生的形变不再是可以恢复的，即发生塑性形变。因此曲线上弹性限以后的部分称为**塑性区域**。

点 E 的位置一般比点 P 稍高一点。在许多情况下，点 E 和点 P 会重合在一起。

（3）S 点代表"屈服限"或"流动限"　当应力超过 E 点到达 S 点后试件可继续伸长而不必增加外力值，表明材料暂时失去抵抗变形的能力，所以又称为**屈服阶段**。S 点称为上屈服点，所对应的应力值是屈服阶段内的最高应力，称为上屈服应力。S'点称为下屈服点，**所对应的应力值是屈服阶段内的最低应力，称为屈服极限，常取下屈服极限为材料的屈服强度**。也就是说材料发生了屈服或"流动"现象，此时拉力甚至可能下降到 S'点。当应力超过 S'点后，材料表现出塑性，即卸载后形变不能完全恢复，产生了永久性形变。**屈服值表征了材料抵抗塑性变形的能力。**

（4）**点 B 代表材料的抗拉强度（σ_{max}）**　B 点是曲线的最高点，出现缩颈现象，即试件局部截面明显缩小试件承载能力降低，拉伸力达到最大值，试件即将断裂。即最高点 B 所对应的应力，是材料出现断裂过程中产生的最大应力，也就是**材料在破坏前所能承受的最大应力，叫做极限强度。**在到达此点之前，试件一直是整体均匀地变形；在到达此点后，试件上出现局部变形，也就是说试件上的局部变细。在此之后，试件会继续被拉长，但拉力却下降了。局部变细处的截面会变得越来越小。人们把**抗拉强度定义为最大拉力（F_{max}）与试件初始截面积（S_0）之比。**即：

抗拉强度 = 试验时的最大拉力/试件的初始截面积，$\sigma_{max} = F_{max}/S_0$。**工件的冷态变形加工必须处于其弹性限和抗拉强度限之间。**

（5）**Z 点代表断裂延伸率（A），即断裂限**　在该点处试件发生断裂。此时的应力称为断裂强度或失效应力。**断裂强度是指材料发生断裂时的应力**。注意材料在受到最大应力时并不一定折断。一些材料在受到最大应力时，它们开始过量伸长，由外力除以截面积所计算的应力可能在断裂前减小，在曲线末端的应力会比曲线中间某点的应力小。因此，在大多数情况下，极限强度和断裂强度是不同的。然而，对于许多承受拉伸的牙科合金特例来说，极限强度和断裂强度是相同的。

断裂延伸率是断裂时的延伸量（$l_u - l_0$）对初始长度 l_0 之比。断裂延伸率是以百分率表示的（如图 3 – 12）。即

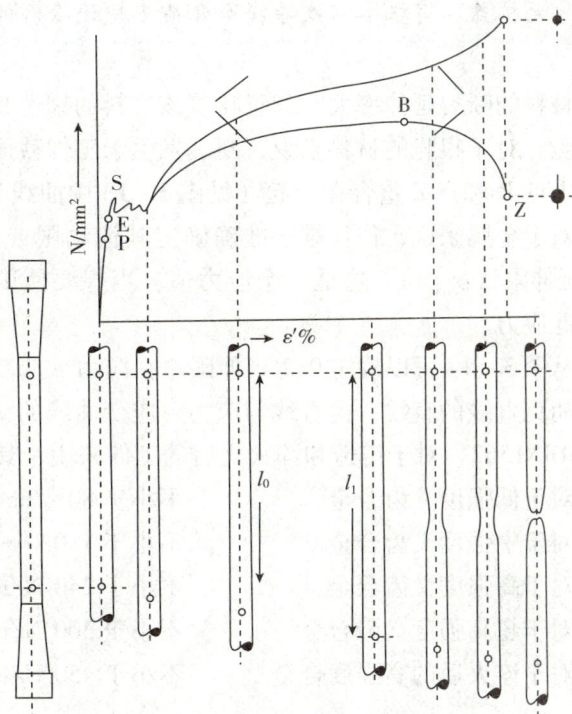

图 3 – 12　韧性钢的拉伸断裂过程和曲线

$$A = \frac{(l_u - l_0)}{l_0} \times 100\%$$

知识拓展

牙体组织及一些口腔材料的部分拉伸（极限）强度

材料	拉伸强度（MPa）	材料	拉伸强度（MPa）
牙本质	43 ~ 100	长石质烤瓷	24.8
釉质	10 ~ 40.3	磷酸锌水门汀	4.3 ~ 7.5
银汞合金	27.3 ~ 60	高强度人造石	5.7 ~ 7.7

对于义齿黄金铸造合金来说，在铸造和淬火后其断裂延伸率应为（根据 DIN13906）：

对于软质合金　　　　　　　　不小于 18%
对于中硬合金　　　　　　　　不小于 12%
对于硬质合金　　　　　　　　不小于 12%
对于超硬合金　　　　　　　　不小于 10%
对于淬火后的超硬合金　　　　不小于 2%

知识补漏

淬火是指将工件加热到临界温度以上，保温一定的时间，在水、油或其他无机盐、有机水溶液等淬冷介质中快速冷却的工艺。

材料的断裂延伸率大，就意味着该材料的韧性和可延伸性好；反之，则意味着该材料较脆。对于很脆的材料来说，断裂发生于工件截面毫无缩减时。因此，在应力－应变曲线上点 B 和点 Z 重合在一起（见图 3-13 中曲线 1）。

对于金属来说，往往难于准确确定其流动限或屈服限。因此，对金属多半确定其 0.2 延伸限（$\sigma_{p0.2}$）。这是一个应力值，当想要使试件上产生 0.2% 的残余变形时就须施加此应力。

从图 3-14 可以确定 0.2 延伸限。在应力－应变图上从 0.2% 延伸点出发作一条平行于胡克直线的直线，此直线与应力－应变曲线的交点就是 0.2 延伸限。

按照 DIN1562，对于铸造和淬火之后的工件来说，其 0.2 延伸限应达到以下值：

对于低强度义齿合金　　　　　不小于 80N/mm²
对于中强度义齿合金　　　　　不小于 180N/mm²
对于高强度义齿合金　　　　　不小于 240 N/mm²
对于超高强度义齿合金　　　　不小于 300 N/mm²
对于淬火后的高强度合金　　　不小于 450 N/mm²

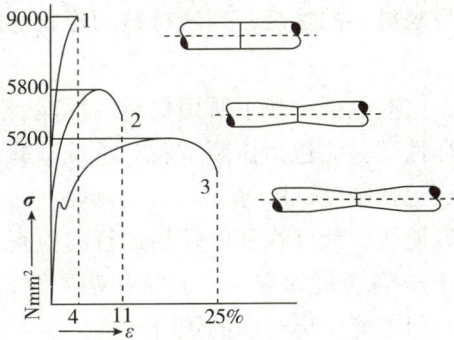

图 3 – 13　做过不同热处理的钢的应力 – 应变图及断口形状

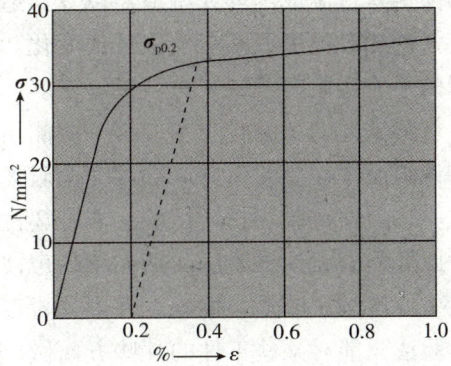

图 3 – 14　确定 0.2 延伸限的图解法

对于金属来说，点 P 和 E 很难确定，因为该处的区间过渡很不明显。因此，仅在个别情况下才能准确地确定这两个点。为此，人们用 0.01 变形限（$\sigma_{p\,0.01}$）来代替它们，此变形限被称为"技术弹性限"。技术弹性限（$\sigma_{p\,0.01}$）是一个应力，当想要使试件产生 0.01% 的永久变形时就须施加此应力。其图解法类似于"0.2 延伸限"的确定法。

表 3 – 4　各种金属的拉伸强度（N/ mm²）

金属	拉伸强度	金属	拉伸强度
铟	3	铜	220
锡	17	钴	263
铅	18	钌	378
锌	40	钽	393
铝	50	铑	410
锰	100	镍	420
金	131	钛	442
锇	131	铱	490
银	137	钒	490
铂	140	铬	520
钯	184	钼	1100
铁	210	钨	1800

第三节　金属在其他外力作用下的力学性能

一、材料试验法

牙科技师必须了解材料的性能，特别是该材料在加工时和戴入口腔后的特性。在这方面，材料的形状稳定性起特别重要的作用。在对材料进行加工时其形状会发生变化，例如把钢丝弯制成卡环或矫治器以及铸造人工冠桥时就是如此。义齿戴入口腔后，其形状应保持相对稳定，不能发生任何变化。**为了反映材料的性能，判断材料的形状稳定性采用的一些实验方法就叫材料试验法。**

材料试验的目的是为了取得一些测量数据，这些数据反映了所用材料的性能。采用这些试验法往往会使试件局部或完全破坏。破坏性试验法包括拉断试验、承压试验、弯曲试验、剪切试验和扭转试验。非破坏性试验法包括硬度试验等。

此外还有无损试验法，例如用超声波、伦琴射线、紫外线和电磁场进行的检查。采用这些方法的目的是，检查工件中是否存在加工缺陷（例如空洞、裂纹和杂质等）。这些试验法只能对某些工件的某些方面做出判断，但不能做出全面的预言。

二、硬度

(一) 硬度试验概要

硬度是指材料局部表面抵抗塑性变形和破坏的能力。换句话说，硬度就是**材料抵抗硬的异物进入的能力。**硬度表示了材料磨光的难易，以及在应用中抗划伤的能力。它是衡量材料软硬程度的指标，其物理含义与试验方法有关。此种抵抗能力越大，则意味着该材料的硬度越高。也就是说，一个物体的硬度，通常是由它对一个试图侵入它的更硬的物体产生的阻力来表示的。对于我们使用的材料而言，**硬度也可以说是指材料克服磨耗的能力。**

根据试验方法和适应范围的不同，硬度单位可分为布氏硬度、维氏硬度、洛氏硬度等多种，不同的单位有不同的测试方法，适用于不同特性的材料或场合。测试方法可以分为三种：一是刻划硬度检测。二是侵入硬度检测。侵入硬度检测又可按照所施加的检测力的种类及按照侵入物体的形状种类分类。按照侵入物体的形状种类又可按球形侵入体的硬度［布氏硬度（压球硬度）杨卡］、三角锥形侵入体的硬度（维氏硬度）、圆锥形侵入体的硬度（洛氏硬度法）分类。三是按力的大小检测。

为了测定材料的硬度，人们已研究出以上多种方法。但不同方法测定出来的硬度值具有不同的单位。对于义齿合金来说，生产厂提供的多半是维氏硬度值，个别情况下也采用布氏硬度值。对于国外制品（特别是硬质合金），有时也采用洛氏硬度值。

(二) 硬度的测试方法

1. 刻划硬度检测法——莫氏硬度法 第一个硬度测定法是由奥地利维也纳的莫斯教授（1773－1839 年）采用的矿物学刻划硬度研究出来的，也是最简单的方法，因此被称为**莫氏硬度法**（HM）。其原理是：较硬的材料可在较软的材料上划出痕迹。莫氏硬度等级是用十种矿物质标定的，它们是：①生石灰（滑石）；②石膏或岩盐；③方解石；④氟石（萤石）；⑤磷灰石；⑥长石；⑦石英；⑧黄玉；⑨刚玉（金刚砂）；⑩金刚石。

根据上述顺序，生石灰的莫氏硬度为 1HM，金刚石的莫氏硬度为 10HM。具有较高莫氏硬度值的矿物会在具有较低莫氏硬度值的矿物上划出痕迹。也就是说金刚石硬度最大，生石灰硬度最小，中间物质的硬度介于二者之间。

对于检测金属的硬度来说，莫氏硬度法就显得太粗糙了。在当今，莫氏硬度主要用于矿物质硬度的测试。在义齿技术行业，仅用莫氏硬度来给出磨料的硬度是完全不够的。

2. 侵入硬度检测法——布氏硬度法（布氏硬度计）

图3-15为硬度测试仪，侵入硬度检测法有布氏硬度法（HB）、维氏硬度法（HV）和洛氏硬度法（HR），三种方法都是将外形小且对称的压头压入被试材料的表面；不同点在于压头的材质、几何形状和载荷大小。压头可为钢制、碳化钨或金刚石，形状可以为球形、锥形、金字塔形或针形。载荷一般为1~3000kg。具体是分别将不同形状的物体侵入被检测物体中，根据在被试材料上所形成的压痕面积与所加的压力来确定硬度的方法。布

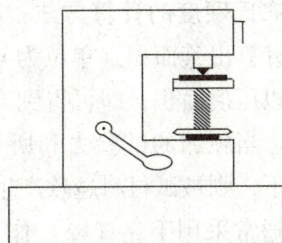

图3-15　硬度测试仪

氏硬度法用的是球体形状、维氏硬度法用的是棱锥体形状（如图3-17），洛氏硬度法用的是圆锥体形状（如图3-18）。这里只着重介绍布氏硬度法，其他两种就不一一介绍了。

但需要特别强调一下，洛氏硬度检测法，是用圆锥头在被试材料上的压痕深度来直接表示络氏硬度值的，而不是压痕面积。

布氏硬度法的原理： 如图3-16为布氏硬度测试的原理图。用直径为 D 的球体（淬火钢球或硬质合金球），施加规定的试验力 F，使压头压入待测材料的水平表面上，保持规定时间并达到稳定状态后，除去试验力，测量材料表面的压痕直径 d，计算出压痕面积，则**布氏硬度值**可以表示为：**球面压痕单位面积上所承受的平均压力。**

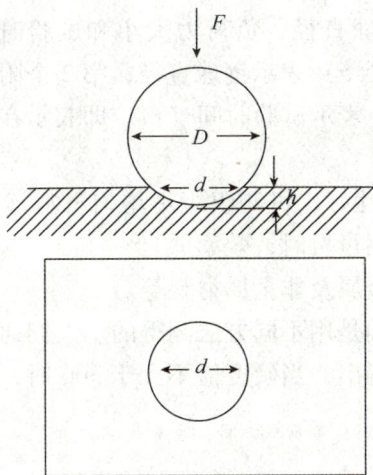

图3-16　布氏硬度测量法的原理

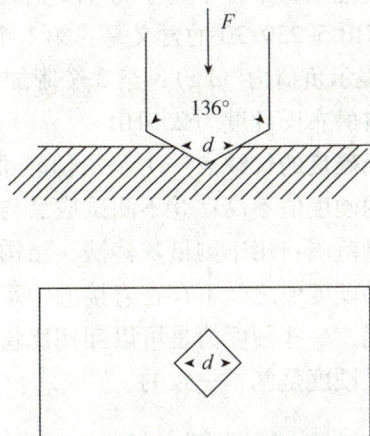

图3-17　维氏硬度测量法的原理

试验时，首先在材料表面上必须产生压痕。其次，负荷力和钢球直径应恰当匹配，使得压痕直径（d）处于钢球直径（D）的 1/5 ~ 1/2 范围内。钢球的直径有 2.5mm、5mm、10mm 三种，负荷有 15.6kg、62.5kg、182.5kg、250kg、750kg、1000kg、3000kg 七种。

布氏硬度的计算方法：准确测量压痕直径，并由此计算出其面积（单位为 mm²）。用所施加的试验力除以压痕面积，即可得到布氏硬度值，用符号 HB 表示。当施加的试验力和所用钢球直径保持不变的情况下，则被试材料越软产生的压痕面积越大。

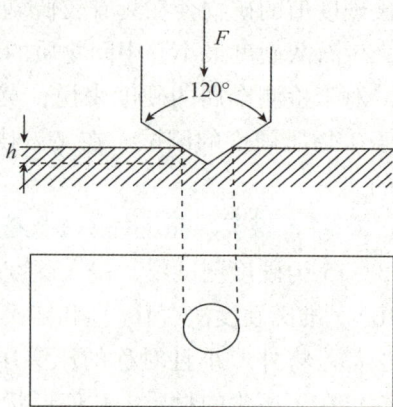

图 3 - 18　洛氏硬度检测法的原理

通常采用千克（kg）作为施加压力的单位，因此有如下公式：

布氏硬度值 = 负荷（kg）/ 压痕面积（mm²），即

$$布氏硬度值 = \frac{F}{S} （HB）\tag{3-4}$$

当负荷为 500kg 和压痕面积为 5mm² 时，该材料的布氏硬度即为 100HB。

牛顿（N）是力的国际单位，1N = 1/9.8kg = 0.102kg。用于计算材料布氏硬度的公式为：

布氏硬度 = ［负荷（N）× 0.102］/ 压痕面积（mm²）

如果把前例中的数据化为牛顿（500kg = 4905N），则代入上式后得到相同的硬度值：

布氏硬度 =（4905 × 0.102）/5 = 500/5 = 100HB

布氏硬度的表示法：用直径为 10mm 的钢球，在 3000kg（29420N）试验负荷下，试验时间为 10 ~ 15 秒。测得的布氏硬度值表示为字母 HB 加上所测得的硬度值，例如 250HB。

在其他试验条件下，字母 HB 后面要注明钢球直径、负荷力大小和试验时间。例如，250HB 5/250/30 的含义是：第 1 个附加数字（5）表示钢球直径；第 2 个附加数字（250）表示负荷力（kg）；第 3 个附加数字（30）表示试验时间（s）。即表示在以上条件下测得的布氏硬度为 250HB。

布氏硬度的优缺点：①测量值较准确，重复性好，可测组织不均匀材料（铸铁）；②可测的硬度值不高；③不测试成品与薄件；④测量费时，效率低。

测量范围：用于测量灰铸铁、结构钢、非铁金属及非金属材料等。

三种硬度值之间不存在直接的关系，因为它们是用不同方法测得的。人们通过大量实验发现，一些硬度值是可以互相比较的。可以得出，当硬度值不大于 300 时，布氏硬度和维氏硬度是基本一致的。

（三）金属的硬度

常用纯金属的布氏硬度在 1（铟）和 350（铬）之间。合金通常比其内容的各金属硬。

　　金属材料的硬度受其加工方法的影响。材料冷加工后的硬度高于其铸造或退火后的硬度。冷加工程度越高，则材料的硬度上升得越多。

　　固溶强化可以使金属材料的变形抗力增大，强度和硬度升高。当合金中出现金属化合物时，合金的强度、硬度和耐磨性均提高，而塑性和韧性降低。

表 3 – 5　纯金属的布氏硬度（HB）

金属	硬度	金属	硬度	金属	硬度	金属	硬度
铟	1	锌	35	锰	100	钌	220
铅	4	铂	50	铑	107	铼	250
锡	5	钯	52	铍	120	钒	260
铝	20	铁	60	钛	120	钨	350
镉	22	铌	80	钴	125	铬	350
金	25	钽	90	钼	150	锇	350
银	26	镍	100	铱	172	钒	400
铜	35						

　　如果材料的金相组织是细粒的，那么其硬度会大于具有粗粒金相组织的硬度。金相组织中的细微杂质（析出物）会提高材料硬度。例如，淬火处理过的合金就是此种情况。因此，贵金属件供应商提供的合金硬度有两个，一个是未淬火的硬度，另一个是淬火后的硬度。

　　随着温度的升高，金属的硬度会下降。材料的硬度对其可加工性和用途有重要影响。材料的硬度升高后，其强度也提高，但其可延伸性下降；这样一来，其冷变形加工变得更困难了。此外，金属越硬则越不容易磨损。

三、强度

　　固体的质点间具有很大的聚合力和表面能。人们把固体这种**具有抵抗变形的能力**称为**强度**。或者说**强度是指材料在外力作用下抵抗破坏**（如断裂等）**的能力**。

　　按外力作用的性质不同，强度主要有屈服强度、抗拉强度、抗压强度、抗弯强度、抗扭转强度和抗剪切强度等。当单独提到强度时，则指的是抗拉强度。如果需要把固体拉断，则至少须消耗两倍的表面能，因为断裂处至少须形成两个新的表面。

　　强度与韧性、延展性、硬度有关。材料抵抗外力不断裂的能力越高抗力就越大，如陶瓷。材料在外力作用下到断裂的过程中，先发生弹性变形后再发生塑性变形。如果是拉伸或受压，尺寸会增大或变小，整个塑性变形阶段变化的尺寸与原来尺寸的比值就是延展性，而塑性变形阶段消耗的能就是塑性，塑性好，延展性也好，二者都是表示材料塑性变形能力的，塑性好就能承受很大的变形而不断裂，如铜、橡皮泥，但强度不一定高。弹性好，就是弹性变形能力强，如橡胶、橡皮筋等，同样是表示材料变形能力的，强度也不一定高，即承受的外力不一定很大。材料从抵抗外力到断裂过程中消耗掉的能量就是韧性，韧性越好，从外力作用到断裂过程消耗的能量越多。可以说如果一个材料的塑性和强度都好，那么它的韧性肯定非常好。但从材料的结构来讲，同时提高材料的强度和韧性是材料业界始终面临的最大挑战。

硬度是材料局部抵抗硬的异物进入的能力，对金属材料而言是衡量其软硬程度的一项重要的性能指标。硬度不是一个简单的物理概念，而是材料弹性、塑性、强度和韧性等力学性能的综合指标。至于金属硬度与强度间存在的一定的对应关系及相关标准的换算比较复杂，在此就不讲了。

强度与晶格中的缺陷有关。人们发现，单晶体具有很高的强度值，因为其晶格中存在的缺陷点很少。与此相反，在多晶体工件中常存在很多缺陷点，因为金属材料几乎是各向同性的。由于这个原因，此类金属工件的强度值通常比单晶低 1000 至 10000 倍。

总之，影响强度内在的因素主要有结合键、组织、结构、原子本性等。从组织结构的影响来看，影响金属材料强化机制的因素有：固溶强化、形变强化、沉淀强化和弥散强化及晶界和亚晶界强化。在这几种强化机制中，前四种机制在提高材料强度的同时，也降低了塑性，只有细化晶粒和亚晶强化，既能提高强度又能增加塑性。影响强度的外在因素有：温度、应变速率、应力状态。随着温度的降低与应变速率的增高，材料的强度会升高。虽然强度是反映材料内在性能的一个本质指标，但应力状态不同，强度值也不同。我们通常所说的材料的强度一般是指在单向拉伸时的强度。

强度是机械零部件首先应满足的基本要求，机械零件的强度一般可分为静强度、疲劳强度（弯曲疲劳和接触疲劳等）、断裂强度、冲击强度、在腐蚀条件下的强度和蠕变等项目。

针对不同的用途，应进行不同的强度试验。常用的强度试验有：

静态强度试验——试件抵抗"平稳增长的负荷"的能力；

动态强度试验——试件抵抗"冲击式负荷"的能力；

交变强度试验——试件抵抗"持续交变负荷"的能力，也称疲劳强度试验。

1. 抗拉强度（σ_{max}）　　指材料在拉断前承受的最大应力值，也叫极限强度。单位用牛顿/毫米^2（N/mm^2）表示。其物理意义是在于它反映了最大均匀变形的抗力。

$$\sigma_{max} = F_{max} / S_0$$

F_{max} 表示试样屈服时所承受的最大拉伸力（N），S_0 表示试样原始横截面积（mm^2）。当材料的内应力 $\sigma > \sigma_{max}$ 时，材料将产生断裂。σ_{max} 常用作脆性材料选材和设计的依据。

2. 疲劳强度　　疲劳强度是指材料在反复载荷作用下而不破坏的最大应力值（发生失效时的应力值）。因此，在反复或循环载荷下的失效取决于载荷的大小及反复施加的次数。当应力足够大时，试样在循环载荷次数较少时就发生断裂。随着应力的减小，需要更多循环次数才能使试样破坏。因此，在确定疲劳强度时，循环次数也必须确定。对于某些材料，试样反复承受某一应力无数次而不失效是最终可以达到的，这一应力称为**疲劳极限**。

疲劳强度是材料抵抗无限次应力循环也不疲劳断裂的强度指标，交变负荷 $\sigma_{-1} < \sigma_s$ 为设计标准。承受交变应力的材料，在工作应力低于其屈服强度时发生断裂称为**疲劳断裂**。疲劳断裂常发生在应力高度集中或强度较低的部位，冲击荷载、循环热应力等都可产生材料的疲劳性破坏。要加工成型，对金属施加的外力必须超过它的弹性限度，但要

远远小于它的抗断强度。如果刚刚超过弹性限度，金属就发生断裂的话，其原因有二，一是加工过程金属局部有缺陷，二是金属发生了疲劳。

3. 剪切强度　剪切强度是指材料承受剪切负荷下，在失效前所承受的最大应力。在研究两种材料界面时，例如烤瓷熔附金属（金属烤瓷）或种植体界面，剪切强度特别重要。一种测定牙科材料剪切强度的方法是冲压法或推压法，即向其中一个材料施加轴向压力，以使其相对于另一个材料相向运动。剪切强度（τ）按下式计算：

$$剪切强度（\tau）= \frac{F}{\pi dh}$$

其中，F 是作用于试样上的压力，d 是直径，h 是试样厚度。

注意，此法所产生的应力分布不是纯剪切，而且由于试样尺寸、表面几何形状、组成、制样及测试过程的不同，结果也常常不同。此法操作简单，已被广泛应用。作为选择，可以使试样承受扭转负荷来确定剪切性能。一些牙科修复材料的剪切强度值如表 3-6。

表 3-6　一些牙科修复材料的剪切强度值

材　料	剪切强度（MPa）
银汞合金	188
牙本质	138
丙烯酸基托树脂	122
烤瓷	111
牙釉质	90
磷酸锌水门汀	13

知识链接

金属、陶瓷和塑料的性能比较。

1. 金属　抗压和抗拉伸强度高，有很大的弹性和可塑性，是义齿最常用的结构材料之一。但是与正常牙齿组织的色泽差异较大，且大多数金属化学性质活泼，容易被腐蚀，加之成型工艺复杂，这些特性又反过来制约了金属材料的适用范围。

2. 陶瓷　抗压强度大、硬度好、光洁度高、色泽美观自然、化学性能稳定，是义齿材料的新贵，尤其是新技术和新工艺最常选用的材料。但是陶瓷也有其致命的薄弱环节：抗剪切强度低、弹性小、质脆易破裂、烧结后硬度高不易磨损等。

3. 塑料　虽然塑料的强度、硬度、光洁度都远不如金属与陶瓷，但是因为塑料易于成型，色彩丰富，可以根据需要调制，能满足义齿的美学要求，易磨改，破损后容易修复等优点，所以在可摘义齿中一直都是不可替代的优质基托材料。

性能决定用途！金属、陶瓷和塑料的性能各有千秋，所以在义齿的结构材料中不可相互替代，呈三足鼎立之势！

四、剪切模量

当物体受到剪切力、扭转力或者滑移力作用时，就涉及剪切模量，**剪切模量是反映物体反抗剪切变形的能力，用符号 T 表示。**对一块弹性体施加一个侧向的力 F（通常是摩擦力），弹性体会由方形变成菱形（见图3-19），这个形变的角度 γ 称为"剪切应变"，相应的力 F 除以受力面积 S 称为"剪切应力"。即：剪切应力 ＝ 剪切力（F）/ 剪切截面积（S）

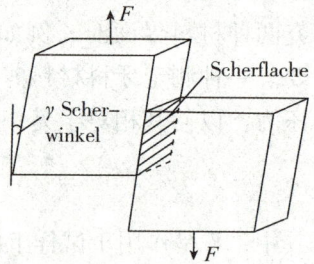

图 3-19　剪切力和角度的关系

剪切模量与作用力和剪切面间夹角（γ）有关，于是相应的公式为：

剪切应力除以剪切应变就等于剪切模量，即

$$T = (f/s) / \gamma$$

此时出现的剪切应力作用于剪切面方向。

对于金属来说，其剪切模量和弹性模量间有如下近似关系：$T \approx 0.4E$。这就意味着，当物体承受剪切力时，其回弹力比承受同样拉伸力时小得多。韧性材料承受过大负荷力时，会发生永久性变形；脆性材料承受过大负荷力时会迅速发生断裂。

五、晶格位错和晶粒

我们知道，金属的一个重要性质是其"可延展性"。金属可通过塑性变形来硬化（冷硬化）和变脆，然后再通过高温加热使金属重新达到韧性状态（退火）。这两个过程都是可以出现的，因为金属的晶格并不完全理想化，而是存在一些晶格缺陷和晶格位错。

在晶体学中，人们把一些结构缺陷称为**位错**，也就是说出现了一些偏离正常晶格结构的部位，在该处原子体呈非正常排列。

和点式缺陷相反，位错发生于平面上，也可能呈阶梯形或螺旋形。阶梯形位错发生于网状平面内，螺旋形位错以螺旋形式分布于晶体中（见图3-20、图3-21）。

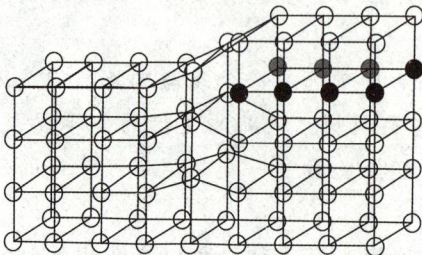

图 3-20　阶梯形

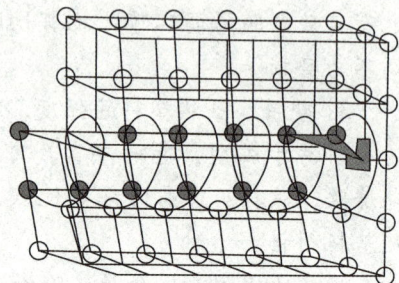

图 3-21　螺旋形

　　当外力作用于带有位错的晶体时，则错了位的离子会沿外力方向移动而达到平衡位置（正常位置）。此时有的晶格在滑移面上发生了移动。此种滑移在一处开始，之后逐步传播。此种传播式移位每次只使几个离子移位，而不是使大量离子同时移位，它只消耗很少的能量。因此，普通晶体（带有结构缺陷）的强度小于单晶。

　　晶格的移动会导致晶粒外形的变化（塑性变化）。在金属晶体中存在大量的位错，因此金属一般都适于进行冷态变形加工。

　　在液态金属冷却凝固过程中，金属原子会形成若干以晶核为核心按照一定的规则不断地排列起来形成晶粒。晶粒的形态和数量对金属的力学性能有很大的影响。一般来说，同一成分的金属，晶粒愈细数量愈多，其强度、硬度愈高，而且塑性和韧性愈好。而金属晶粒的形态和数量可以通过控制金属结晶时的冷却速度进行控制，降温的速度越快，所形成的晶粒越细，金属的机械性能就越好。

第四节　其他变形试验

　　在进行弯曲试验以及压缩、剪切和扭转试验时，也可得到与拉伸试验中类似的一些极限值。也就是说，材料在这些方面的特性也可以通过相应的动态试验加以确定。我们在此不打算深入介绍这些试验，因为齿科合金一般不给出这些值。

　　试件受到弯曲时，其一侧（拉力区）发生延伸，而其另一侧（压力区）则被压缩。这两个区的各层材料受到拉伸或压缩的程度正比于该层离开试件中线（中性纤维）的距离。由此可以推断，试件材料分布于离中线越远的地方则产生的抗弯阻力越大。因此，细的金属丝比粗的金属丝容易弯曲（图3-22）。拱形腭板比比较平的腭板难于发生弯曲变形。梁的抗弯能力与其截面高度的三次方成正比，而只与其截面宽度的一次方成正比。

图3-22　金属线被弯曲时出现的分区现象

对于烤瓷桥来说，这一点特别重要。桥体在咀嚼压力下会承受弯曲载荷，于是在桥的底面上会出现拉应力。这会使该处的烤瓷发生裂纹或崩裂。为了防止出现这一问题，就应使桥具有大的抗弯能力，也就是说应增加桥体的殆龈向高度。

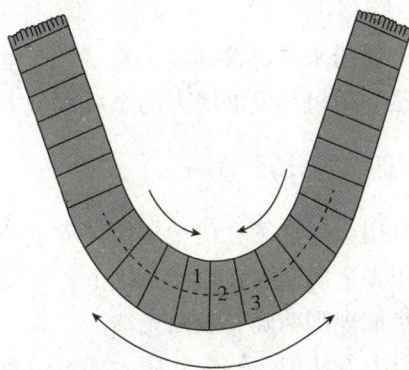

第五节　常用的成型方法对金属力学性能的影响

一、金属材料常用的成型方法

　　金属是生产与生活中人们常用的结构材料之一，根据金属的不同特性，人们发现并完善了金属的很多加工成型方法。如我国古代发达的青铜文化，就是用失蜡铸造法制成了华美的青铜鼎、编钟等礼乐器皿，造就了中国古老的礼乐文化。铁器的出现和普及，促进了锻造技术的产生与发展，铁制农具有力推动了我国两千多年高度发达的农业文明。工业革命以来，伴随着科学技术的进步，人们对金属材料的认识更加系统全面。在此基础上金属的加工成型方法更加丰富多样，总结起来有以下几种类型。

（一）铸造法

也是金属成型最古老的方法，将金属或合金加热熔化成液态，浇铸到预先准备好的具有所需形态的阴模腔，液态的金属冷却凝固后就形成了能满足我们要求的金属制品。经常用来制造体型比较大、厚重的金属制品或形态复杂结构精细的金属制品。

（二）压力加工法

也可以称之为锻制法，在金属或合金的再结晶温度（金属的再结晶温度约等于该金属熔点的 0.4 倍）以下通过压、挤、拉、伸、辗等外力作用使金属材料发生塑性变形得到所需形态的金属制品，工业上常用的钢板、型材，口腔临床上常用的锻制不锈钢丝、镍合金片等都是用此法制成。

（三）粉末冶金

金属粉末与黏接剂混合后成型，再利用专用设备进行烧结得到具有金属强度的制品，是一种极具发展潜力的金属成型方法。

（四）电铸成型

利用金属离子在代型表面还原沉淀后成型。

很多金属制品在成型基础上，还需要进行车铣刨磨等精细加工，目的使金属制品的形态更加规则精确，表面光洁。

以上方法中，铸造、压力加工法及精细加工工艺在义齿制作中最为常用。

在数码控制技术不断进步的今天，数控机床、CAD－CAM、3D 打印技术等必将强势进入，给金属的加工成型技术带来革命性的影响，也会带来义齿制作方式的大变革。

二、各种加工方法对金属材料力学性能的影响

（一）铸造法

浇入铸型的液态金属在降温凝固的过程中，如果液态金属的冷却收缩和凝固收缩得不到补充，铸件的表面或内部将产生缩孔或缩松缺陷。为防止这些缺陷对义齿质量的影响，在义齿的蜡型包埋时，必须将熔模放在铸圈儿的上 2/5 范围内，避开热源中心。合理安置铸道和储金属球的位置，使铸道及储金属球能更长时间保持液态，以补充义齿部分的凝固和冷却收缩，防止缩孔和缩松缺陷对义齿质量的影响；另外在铸件的凝固过程

中，由于熔模的厚度不匀使其冷却速度不同，从而导致因收缩的不一致而产生残存的内应力，这种内应力在使用过程中的释放会导致义齿变形；或多个收缩中心的存在而导致铸型变形，所以在义齿蜡型的制作过程中要特别注意薄厚的过渡，防止此类变形的发生。

思考与探究

为什么铸造时我们要给铸模加热？

（二）压力加工

金属在常温下经过外力引发的塑性变形后，其内部组织将发生很大变化，主要表现为：晶粒延最大受力方向伸长；晶粒与晶格均发生不同程度的扭曲，产生内应力；有的晶粒破碎产生碎晶，晶粒数量增多。这些组织变化的共同表现就是：随着塑性变形的发生，金属强度和硬度上升，而塑性与韧性下降，这种现象称之为冷变形强化，又称加工硬化。冷变形强化是一种不稳定状态，金属材料具有自发恢复到原有形态的趋势。我们可以通过给加工强化后的材料加热的方式，使其原子获得足够的能量恢复到平衡位置，使材料的塑性与韧性得到一定的恢复，以保持加工后形态的稳定，这正是我们给弯制好的卡环进行简单加热、室温冷却处理的理由。

三、热处理

1. 概念 加热后金属原子活动能力增大，使其在冷加工条件下发生的结构改变得以恢复，这种**对金属加热处理的工艺简称热处理**。

2. 方法和效果（以钢材料为例） 热处理工艺一般包括加热、保温、冷却三个过程，有时只有加热和冷却两个过程。这些过程互相衔接，不可间断。

钢铁整体热处理大致有退火、正火、淬火和回火四种基本工艺。

（1）**退火** 是将工件加热到临界温度以上，保温一定的时间，然后随炉温缓慢冷却到室温。目的是使金属内部组织达到或接近平衡状态（使钢的组织和成分均匀，降低硬度，提高塑性，消除冷加工形成的残存应力），获得良好的工艺性能和使用性能，或者为进一步淬火作组织准备。

（2）**正火** 是将工件加热到临界温度以上，保温一定的时间，然后在空气中缓慢冷却到室温。正火的效果同退火相似，只是得到的组织更细，常用于改善材料的切削性能，也有时用于对一些要求不高的零件进行最终热处理。

（3）**淬火** 是将工件加热到临界温度以上，保温一定的时间，在水、油或其他无机盐、有机水溶液等淬冷介质中快速冷却。淬火后钢件变硬，但同时变脆，不能使用。

（4）**回火** 为了降低淬火后钢件的脆性，将淬火后的钢件再加热到一定（通常在710℃以下）温度，保温一定的时间，再冷却到室温，这种工艺称为回火，回火可减少或消除应力，提高钢的韧性，调整钢的强度和硬度，稳定钢的组织结构。

退火、正火、淬火、回火是整体热处理中的"四把火"，其中的淬火与回火关系密切，常常配合使用，缺一不可。

3. 表面热处理　最常用的表面热处理方法为表面淬火。表面淬火是只加热工件表层到淬火温度，然后迅速冷却。为了只加热工件表层而不使过多的热量传入工件内部，使用的热源须具有高的能量密度，即在单位面积的工件上给予较大的热能，使工件表层或局部能短时或瞬时达到高温。表面热处理的主要方法有激光热处理、火焰淬火和感应加热热处理。

经过表面淬火的金属工件在表面形成一个高硬度、高耐磨性的表层，而内部仍保持其材料原有的良好韧性，提高了金属材料的综合强度。

习题三

一、名词解释

1. 负荷应力
2. 应变
3. 延伸率
4. 弹性模量
5. 塑性形变
6. 韧性
7. 弹性极限
8. 极限强度
9. 硬度
10. 强度

二、填空题

1. 金属的密度取决于其_____、_____和_____。
2. 根据力的来源和作用地点，人们把应力分为三类：_____、_____和_____。
3. 应变的计算公式为：_____。应变_____单位。（填有或没有）
4. 延性表示_____能力；展性表示_____能力。延伸率表示_____性质。
5. _____是表示材料在弹性范围内的钢性。
6. 硬度的测试法有_____、_____、_____和_____。
7. 强度是指_____的能力。强度试验有_____、_____和_____三种。
8. 剪切模量和弹性模量的关系是_____。
9. 锌、银、镍、铝、铂、铅、铁、金、铜九种金属的相对延性递减顺序是：_____；相对展性递减顺序是：_____。
10. 物理天平是称量_____的仪器，它是根据_____原理制成的，其构造主要由_____、支柱和_____三部分组成。

三、简答题

1. 一个物体的弹力与哪些因素有关?
2. 什么叫应力? 它分为几类?
3. 布氏硬度测量方法的优缺点各是什么?
4. 表征物体延展性的量——延伸率如何计算?
5. 试用弹性模量与胡克直线的关系来说明变形的难易程度。
6. 请说出 250HB 5/250/30 的含义。
7. 试说明材料的硬度升高后,对其冷变形加工的影响。
8. 结合应力 – 应变曲线,试简述你对屈服强度概念的理解。

四、计算题

1. 计算当负荷为 1000kg 和压痕面积为 5mm^2 时,该材料的布氏硬度值为多少 HB?
2. 在采用失蜡法铸造义齿时,如何根据蜡模的质量计算出所需铸造的金属量? 并用公式写出。

第四章　金属材料的热学性质

知识要点

  1. 金属的热膨胀及影响金－瓷结合强度的关键因素；金属的凝固与收缩及铸件体积减小的补偿办法。
  2. 金属的熔解热及熔解点对铸型的影响。
  3. 金属的热导率和比热容与牙科金属选择的关系。
  4. 热传递的三种方式；茂福炉中热能利用原理及温度的控制和测量。

  物理学知识告诉我们：一切物体中的质点都在不停地运动（振动），不同温度其运动的剧烈程度不同。

  在室温下，金属均呈固态（但水银是一个例外）。当温度升高后，金属中的质点会运动地更剧烈。于是金属就发生膨胀。当金属吸入的热能达到一定程度时，金属就会熔化成液体。当进一步加热时，金属就会汽化。因此，金属在不同的条件下会呈现三种不同的状态——固态、液态和气态（如图 4－1）。

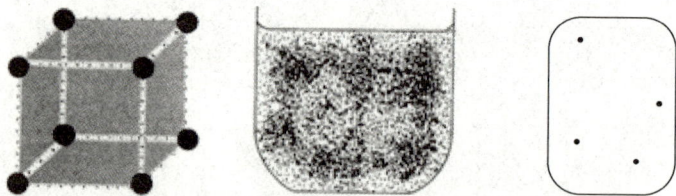

图 4－1　金属的三种状态：固态、液态和气态

第一节　金属的热膨胀

一、金属的热膨胀系数

  热膨胀是物体的体积或长度随温度的升高而增大的现象，其本质是原子的非简谐振动。由于温度是物体分子运动平均动能的标志，所以，固态物质中的原子随温度不同而进行着不同程度的热运动，它们是一种局部化（不是整体）的振动。在金属的晶格中，离子的上述振动相当于发生在一个球形空间内，离子位于球心上。当对金属加热时，离

子的振幅（A）会随着温度的升高而增大，因此上述球形空间也变大。于是整个金属件的体积也变大了。根据材料的形状特点，它有线膨胀和体膨胀。

对于细长的金属丝来说，其线膨胀特别明显，其值等于各段金属丝膨胀量的总和（图4－2）。线膨胀的程度用线膨胀系数 α 来表示，其值可以定义为温度每升高1度（绝对温标K）时金属丝的长度增加率。

K是绝对温度的单位。绝对温标的零点是 $-273.15℃$，在此温度下任何分子运动都停止了。在技术行业中，有时也用到绝对温度，特别是只涉及温度差时，绝对温度与摄氏温度没有区别，因为绝对温标与摄氏温标的每一个单位值是相同的。

例如：一根1m长的铂棒从25℃加热到125℃时伸长了0.0009m。这意味着温度升高100K（因为125℃－25℃＝100K）时铂棒伸长了900μm，也就是说温度升高1℃和1K时铂棒都会伸长9μm。于是可算出铂的线膨胀系数为：

$$\alpha_{铂} = 900\mu m/(1m \cdot 100K) = 9\mu m/(m \cdot K) = 9 \times 10^{-6} \cdot K^{-1}$$

当考虑体膨胀时，须涉及物体在三维空间上的膨胀量总和（如图4－3）。体膨胀的程度用体胀系数 β 来表示。

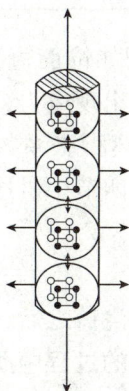

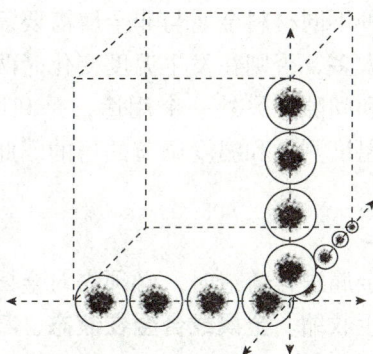

图4－2　金属丝的线膨胀示意图　　　　图4－3　金属体膨胀示意图

体膨胀系数 β 约为线膨胀系数 α 的三倍，即：$\beta = 3\alpha$。

金属或合金的热膨胀系数是表征原子间结合力大小的物理量，热膨胀系数小，表征原子间结合力大；反之，热膨胀系数大，表征原子间结合力小。通常所说的线性热膨胀系数都是指平均线性热膨胀系数，是指定范围内的平均值，应用时需注意适用的温度范围。影响合金热膨胀系数的主要因素有合金的熔点、硬度、成分、晶体结构、相变、晶体缺陷、铁磁性及加工因素等。金属的温度越高，则其膨胀得越快。实际的膨胀曲线是弯的而不是直的，在较高温度区向上翘。上述的膨胀率 α 只是一个平均值。为了求得 α，人们把实际热膨胀曲线的起点和终点用直线连接起来。当取的温度范围较大时，求得的 α 值偏大。

口腔技工室中做的烤瓷冠，因具有美观、耐用、生物相容性好等优点而得到广泛应用，烤瓷冠系采用烤瓷材料在真空条件下熔黏到金属基底冠上的方法制作而成，因而会遇到金瓷如何结合更好的问题，其中一个重要的因素就是金瓷结合强度，而影响金瓷结合强度的关键因素之一就是金瓷间热膨胀系数是否匹配。

表 4 - 1　各种金属在0℃~100℃之间的线性热胀率（10^{-6}/K）

金属	线性热胀率	金属	线性热胀率
钨	4.4	钯	11.86
钼	5.1	铁	11.9
铬	6.2	钴	12.2
锇	6.57	镍	13.5
钽	6.58	金	14.3
铼	6.6	铜	16.4
铱	6.8	汞	18.1
铌	7.8	银	19.17
铑	8.1	锡	21.4
钒	8.3	锰	22.8
铂	8.99	铝	23.86
钌	9.1	锌	29.1
钛	9.6	铟	56.0

当两种不同材料金属与非金属需要复合在一起时（例如饰面冠），则其热膨胀系数不可偏差太多，否则在发生温度变化时两种材料之间就会出现应力，该应力会在界面处引起裂纹和间隙。另外一个用途，是利用"双金属片"热膨胀系数的差异，制成测温仪，实现温度测量和温度调节的目的。此方面内容将在第四节中讲述。

二、金属的凝固与收缩

当对金属进行铸造时，必须先对金属加热使其熔化。浇铸之后，金属熔液逐渐凝固冷却并发生收缩。**金属或合金在液态、凝固态和固态冷却的过程中所发生的体积减小的现象，称为收缩。**收缩是铸造合金本身的物理性质。收缩是多种铸造缺陷的根源，如铸件产生缩孔、缩松、热裂、应力、变形和冷裂等。金属从液态到常温的体积改变量，称为**体收缩**。金属在固态时由高温到常温的线尺寸改变量，称为**线收缩**。

（一）凝固

凝固是指金属从液态向固态转变的相变过程，广泛地存在于自然界和工程技术领域，如牙科工艺技术的铸造过程。从微观上看，凝固可以定义为物质分子或原子，从较为激烈运动状态到转变为规则排列的状态的过程。熔化后的液态金属中的原子和固态时一样，均不能自由运动，围绕着平衡结点位置进行振动，但振动的能量和频率要比固态原子高几百万倍。液态金属宏观上呈正电性，具有良好的导电、导热和流动性。固体可以是非晶体，也可以是晶体，而液态金属则几乎总是非晶体。

1. 铸件凝固的三种方式　铸件在凝固的过程中，其断面上一般分为三个区：固相区、凝固区和液相区，对凝固区影响较大的是凝固区的宽窄，依次来划分凝固方式。

（1）逐层凝固方式　纯金属或合金在凝固过程中不存在液、固并存现象（没有凝固区），其断面上固相和液相由一条界线清楚地分开，随温度的下降，固相层不断增加，液相层不断减少，直达中心，这种凝固方式称为**逐层凝固**。常见合金如灰铸铁、工业纯铜和纯铝、铝硅合金及某些黄铜都属于逐层凝固的合金。

（2）**糊状凝固方式**　合金在凝固过程中先呈糊状而后凝固，这种凝固方式称为**糊状凝固**。高碳钢、锡青铜和某些黄铜等都是糊状凝固的合金。

（3）**中间凝固方式**　大多数合金的凝固介于逐层凝固和糊状凝固之间，称为**中间凝固方式**。中碳钢、高锰钢、白口铸铁等具有中间凝固方式。

2. 影响凝固方式的因素

（1）**合金的凝固温度范围**　凝固的程度（区域大小）受温度变化范围（Δt 大小）的影响。合金的液相线和固相线交叉在一起，或距离很小，则金属趋于逐层凝固；如两条相线之间的距离很大，则趋于糊状凝固；如两条相线之间的距离较小，则趋于中间凝固方式。

（2）**铸件的温度梯度**　合金的凝固温度范围一定时，凝固区宽度取决于铸件内外层的温度梯度。增大温度梯度，可以使合金的凝固方式向逐层凝固转化，即内外温差大，冷却快，凝固区变窄；反之，温度梯度愈小，凝固区愈宽，铸件的凝固方式向糊状凝固转化。

（二）收缩

1. 铸件的收缩　分三个阶段（如图 4 - 4）。

（1）**液态收缩**　液体收缩是指金属在液态时由于温度降低而发生的体积收缩。即满铸型（液态合金充满铸型型腔）瞬间，液态金属由所具有的温度冷却到开始凝固的液相线温度时的体收缩称为**液态收缩**。合金的浇铸温度、过热度及合金本身性质等对液态收缩有较大影响。金属的此种收缩大于其固态收缩。对于铸造过程来说，液态收缩没有重要意义。

（2）**凝固收缩**　**凝固收缩**是指熔融金属在凝固阶段的体积收缩。即从液相线温度到固相线温度时金属所发生的体收缩。对于在一定温度下结晶的纯金属和共晶成分的合金，凝固收缩只是由于合金状态的改变，而与温度无关。具有结晶温度间隔的合金，凝固收缩不仅与状态改变有关，且随结晶温度间隔的增大而增大。当金属从液态变为固态时，其体积会明显减小。对于黄金合金来说，其凝固收缩率约为 5%（表 4 - 2）。凝固收缩率是由铸造收缩量来给出的。铸造收缩量等于铸腔容积减去铸好的铸件体积。以铸件体积为基数（100%）来计算出凝固收缩率。

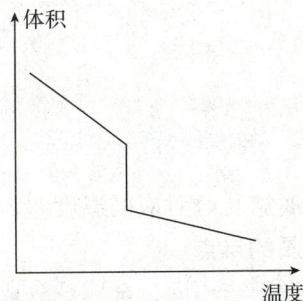

图 4 - 4　一种金属熔液在冷却过程中的三个收缩阶段

表4-2　某些金属的凝固收缩率（%）

金属	凝固收缩率	金属	凝固收缩率
铂	6.5	镉	4.72
铝	6.26	锌	4.7
钯	5.9	铜	4.25
金	5.5	铅	3.38
银	5		

（3）**固态收缩**　固态收缩是金属在固态时由于温度降低到常温时而发生的体积收缩。即从固相线温度冷却到常温时的收缩。铸件各个方向上都表现为线尺寸的缩小，对铸件的形状和尺寸精度影响最大。也是铸件产生应力（铸件在凝固之后的继续冷却过程中，其固态收缩若受到阻碍，铸件内部将产生的内应力）、变形和开裂（都由于内应力的存在所致）的基本原因。对于不同金属和合金来说，其固态阶段的收缩率也是各不相同的。对于纯金属来说，其固态阶段的线性收缩率为1%～2.5%，其体积收缩率为3%～7.5%。对于义齿黄金合金和银钯合金来说，其固态线性收缩率（不低于室温时）约为1.5%，钴铬合金的相应收缩率比较大，可达3%。

金属熔液的凝固收缩可导致铸件中形成空洞。铸件凝固后的收缩会使铸件的体积小于铸腔的体积。为了补偿此种收缩，人们在义齿铸造工艺中采用膨胀型包埋材料来完成。

2. 影响合金收缩的主要因素

（1）合金的化学成分（C含量）　不同成分的合金其收缩率一般也不相同。

（2）浇铸温度　合金浇铸温度越高，过热度越大，液体收缩越大。

（3）铸型条件和铸件结构　铸件冷却收缩时，因其形状、尺寸的不同，各部分的冷却速度不同导致收缩不一致，且互相阻碍，又加之铸型和型芯对铸件收缩的阻力，使铸件的实际收缩率总是小于其自由收缩率。这种阻力越大，铸件的实际收缩率就越小。

第二节　金属的熔解热

一、金属的熔点和沸点

金属熔化时对应的温度叫做**金属的熔点**。金属熔液继续加热达到沸腾时对应的温度叫做**金属的沸点**。

根据熔点不同，金属被分成以下几类：

1. 低熔点金属（熔点低于1000℃）。

2. 高熔点金属（熔点在1000℃～2000℃）。

3. 特高熔点金属（熔点高于2000℃）。

硬而坚固的金属熔点一般比软的金属高。

当金属熔液被进一步加热到一定温度时，就会发生沸腾现象，也就是说金属逐渐变成气体，发生汽化。当停止加热后，该气体又逐渐冷却为液体和固体（图 4 - 5）。

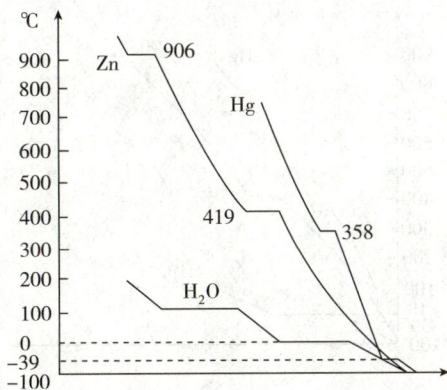

图 4 - 5　水、锌和汞的冷却曲线

二、金属的熔解热与汽化热

金属的熔化　固体金属的原子总是处于不停息的无规则热运动之中，原子间相互碰撞并传递能量，结果使各原子处于能量不均衡状态。原子受热时，若其获得的动能大于激活能时，原子就能超过原来的势垒（指一个特定的空间区域，该空间区域的势能比附近的势能都高），进入另一个势垒。这样，原子处于新的平衡位置，即从一个晶格常数变成另一个晶格常数。晶体比原先尺寸增大，即晶体受热而膨胀。对晶体进一步加热，则在晶界处的原子跨越势垒而处于激活状态，能脱离晶粒的表面使金属处于熔化状态。

> **思考与探究**
>
> 　　金属的熔化从什么地方开始的？（提示：从晶界开始的。因为那里原子排列得相对不规则，具有较高的势能）

在熔点处， 金属被进一步加热，其温度不会进一步升高，而是晶粒表面原子跳跃更频繁。晶粒进一步瓦解为小的原子集团和游离原子，形成时而集中和时而分散的原子集团、游离原子和空穴；此时，金属从固态转变为液态，其体积膨胀约 3% ~ 5%。同时，金属的其他性质如电阻、黏性也会发生突变。在熔点温度的固态变为同温度的液态时，金属要吸收大量的热量，称为熔化潜热。

金属的熔解热　当金属被加热时，其温度会升高。金属吸收的热量等于金属件的质量、升高的温度和金属比热容的乘积，即：$Q = cm\Delta T$

式中 Q 为热量，m 为质量，c 为比热容，ΔT 为温度升高量。

如图 4 - 6 所示，金属锌被加热到一定温度 419℃时，就会熔化。从熔化过程的开始到结束，金属的温度保持不变。仅当整个金属都熔化之后，其温度才会进一步上升。金属在熔化过程中所吸收的热量被称为熔解热，它被用于状态变化过程中所需要的热量。在金属熔化过程中，其质点（金属原子）的动能被极大地增加，大到了使其离开了它固有的平衡位置程度。也就是说金属的固态金相组织完全破坏而形成杂乱无章的状态，也就是熔化态。

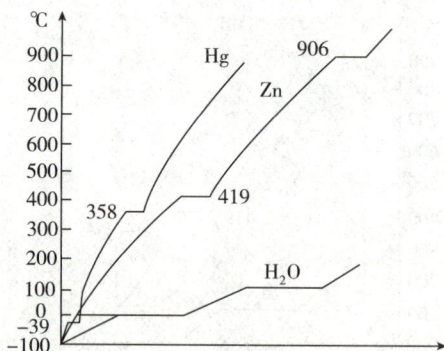

图 4 - 6 水、锌和汞的温升曲线

单位质量的固态金属在熔点时变成同温度的液态金属所需的热量被称为熔解热（**λ**），即：

$$\lambda = Q / m \qquad (4-1)$$

熔解热的单位是焦耳/千克（J/kg）或（J/g）。

表 4 - 3 某些金属的熔解热 **λ**（单位为 **J/g**）

金属	熔解热	金属	熔解热	金属	熔解热	金属	熔解热
铝	398.05	钨	192.74	锌	104.75	锡	58.66
铬	335.20	铜	175.98	银	100.56	镉	50.28
镍	272.35	锰	155.03	铂	100.56	铅	25.14
铁	209.50	钯	150.84	金	62.85	汞	12.57

当金属熔液凝固时，它又放出一些热量，该热量恰好等于当初熔解时吸收的热量。此热量被称为"凝固热"，熔解热和凝固热在数值上相等。

在所有固态金属中，铅的熔解热最小。因此铅受热时很容易熔化，而在停止供热后又会很快凝固。

■ 知识回顾

金属熔液凝固时，放出的热量跟金属熔化时吸收的热量相等，即：
$Q = cm (t_2 - t_1)$。

金属熔液继续加热，达到此金属沸点时会沸腾，此时会发生汽化现象。单位质量的金属熔液变成同温度气体时所需要的热量称为**汽化热**（**τ**），即：

$$\tau = Q / m \qquad (4-2)$$

汽化热的单位也是焦耳/千克（J/kg）或焦耳/克（J/g）。

三、熔解点对铸型的影响

所有物质都有不同的存在状态，即分子的聚集状态——固态、液态和气态。从前面知识我们知道，某种物质的熔解和凝固在达到它的特定温度时才开始进行，这个温度叫做**熔解温度**或**熔解点、凝固温度**或**凝固点**。物质的凝固点和熔解点是重叠的。比如，焊锡加热达到特定温度时，开始熔化变为液态。

加热固体，它的温度会持续上升，直到熔点。达到这个温度时，尽管继续对它加热，温度却不再上升，而是到了一个停止点。开始熔解的物质需要继续获得热量来改变它的存在状态，分子的运动幅度加大了，由原来的振动状态变为无规则运动状态。固体因此失去了它的固定结构。固体熔化时吸收的热量即熔解热 λ。测量熔点较高的物体的熔解热是比较困难的，但是对于熔点较低的物体，就可以用量热器来测定。

绝大多数物质在熔解点熔化后体积会增大，其中还保持固态的物质会下沉。但有些物质熔化时体积会减小，如冰块还未熔化的则漂浮在液面上。冰山因此会漂在水中，并根据它的形状有些部分会凸出水面。因为液态金属凝固和冷却时体积缩小，可能会形成缩孔或缩松，因此铸型必须大于收缩的尺度。

一种物质溶于另一种物质时，溶液的凝固点要低于溶剂的凝固点，合金的熔点因此要比组成它的金属的熔点低。

第三节　金属的热导率与比热容

一、金属的热导率

物体的导热能力是用其热导率来表征的。热导率指：**当一个厚 1cm，表面积为 1cm^2 的金属板的两个表面之间的温差为 1℃时，在 1 秒钟内流过该板的热量（焦耳），这个热量值即为该板材的热导率。**物体的热导率跟材料本身的大小、形状、厚度都是没有关系的，只是跟材料本身的成分有关系。所以同类材料的热导率都是一样的，并不会因为厚度不一样而变化。材料的热导率随温度升高而下降。当金属熔化后，其热导率仅为金属在室温下热导率的三分之一左右。

金属的热导率都较大，也就是说金属是热的良导体。银和铜的热导率最高，其次是黄金。

金属镊子很容易把焊件上的热导走，于是可以用镊子夹住焊点处使其得到冷却。与夹点有相同距离的各点的温度下降大体相等。焊口的两个侧棱应距被镊子夹住的点有相等的距离，以便焊条熔液能充分地浸润焊口的两个侧棱。采用很尖的金属镊子，或用导热不好的石英来制做镊尖，会使热量导走得更少。

当需使金属熔液具有良好的流动性时，则在熔液达到铸造温度后还应进一步加热，以便使熔液的各部分都充分液化，也就是达到稀薄而易流动的状态。

对于牙科贵质合金来说，其基本金属（金、钯和银）的热导率均明显大于非贵烤瓷合金中的基本金属（镍、钼、钴、铝和锰）的热导率。因此，用非贵合金制做的牙冠不像用贵质合金那么容易地把口腔中的热刺激传到冠基牙的牙髓上。

表4-4　某些金属在18℃时的热导率

金属	热导率	金属	热导率
银	4.19	钯	0.763
铜	3.939	铂	0.767
金	3.118	钴	0.699
铝	2.011	铁	0.67
铍	1.793	锡	0.67
钨	1.634	铬	0.67
铑	1.50	镍	0.587
铱	1.483	钽	0.545
钼	1.383	锰	0.503
锌	1.131	铅	0.348
钌	1.052	钛	0.168
锇	0.88		

二、金属的比热容

金属的比热容（c）是表征不同金属容纳热量的能力。其数值等于使 **1kg** 的金属材料温度升高 **1℃**时所需的热量（焦耳值）。即：

$$c = \frac{Q}{m\Delta t} \tag{4-3}$$

知识拓展

> 物体的比热容是由物体本身的属性和状态决定的，不同物质的比热容一般是不同的。比热容表示了不同物质吸热或放热的本领不同。

c 的国际制单位为 J／（kg·℃），常用的还有 J／（g·℃）。

焦耳是热量单位，同时也是功的单位。当用1N的力使物体运动1m时（或者用5N的力使物体运动0.2m时），所做的功就是1J。因此，1J=1N·m。

金属储存热量的能力比较差，也就是说它们吸热快但放热也快。水的比热容为4.19J／（g·℃），氧化铝（Al_2O_3）的比热容为1.27 J／（g·℃）。

金属的比热容越小，则它越容易被加热，但它冷却得也快。

表 4 – 5　某些金属的比热容［单位为 J／（g·℃）］

金属	比热容	金属	比热容
铝	0.883	铑	0.247
钛	0.523	钯	0.243
铬	0.506	银	0.235
锰	0.486	钌	0.230
铁	0.465	金	0.138
镍	0.455	铱	0.134
锌	0.396	铂	0.130
铜	0.389	锇	0.130

如果知道某种金属的比热容，那么再知道它的质量和温度升高的度数，就能计算出它吸收或放出的热量。

三、热值

一个物体变热，意味着它的分子不规则运动的能量增大。为了使能量升高（熔化、汽化等），在不是很麻烦的情况下，可以利用太阳能，因为地球表面垂直阳光方向上，每平方米的面积上每分钟获得的太阳能大约为 48kJ。另外还可使用燃料来烧水、焊接、熔化、使蜡变软、取暖、进行热聚合反应等等，使蕴藏在燃料中的化学能转化为热能。燃料有各种形态（固态、液态和气态），而且它们的热值也各不相同。

表 4 – 6　一些物质的热值

固态物质	kJ/kg	液态物质	kJ/kg
木头	10475	甲醇	19525
褐煤	12570	乙醇	26774
褐煤砖	20112	重油	40224
焦炭	28492	瓦斯油	41900
木头	10475	甲醇	19525
烟煤	31425	煤油	43995
木炭	33520	汽油	43995
无烟煤	35615		

气态物质	kJ/m³
民用煤气	15500 ~ 17200
远程供应煤气	17500 ~ 18800
天然气	30100 ~ 43000
甲烷（沼气）	35800
乙炔	53000
丙烷	91600
丁烷	120600

热值是指1kg固态或液态燃料或1m³气态燃料完全燃烧后释放的热量，以J/kg或J/m³来表示。

如果用Q表示热量（J），q表示热值（J/kg），m表示固体燃料的质量（kg），V表示气体燃料的体积（m³），则固体燃料完全燃烧释放的热量的计算公式为$Q_{放} = mq$，气体燃料完全燃烧释放的热量的计算公式：$Q_{放} = Vq$。

热值反映了燃料燃烧特性，即不同燃料在燃烧过程中化学能转化为内能的本领大小。可惜我们永远不能完全利用燃料中的能量，燃料很难完全燃烧，放出的热量往往比按热值计算出的要小，而且有效利用的热量又比放出的热量要小。例如用煤烧水，有效利用的热量只是被水吸收的热量，其余的热量都散失了。由于废气、散热等原因总是会造成能量损失，因此我们引入了使用效率这个概念，用来表示可用热能所占的比例。使用效率告诉我们，在一个燃烧点所发出的热中有百分之多少被利用。

第四节　热传递现象

将蜡刀尖放在煤气灯上烧，整个刀在短时间内都会发热；给装满水的电热水器通电，几分钟后指针显示整个热水器里的水都变热了；用手触摸一个点亮的真空灯泡可以发现，尽管没有和灯丝接触，玻璃灯罩还是很热。从这三个例子中我们看到了热传递的三种不同方式——对流、传导和辐射。在本节中我们将对它们进行学习。

一、热传递

热从温度高的物体传到温度低的物体，或者从物体的高温部分传到低温部分，这种现象叫做热传递。热传递是自然界普遍存在的一种自然现象。只要物体之间或同一物体的不同部分之间存在温度差，就会有热传递现象发生，并且将一直继续直到相同温度时为止。

> **思考与探究**
>
> 物体间或同一物体不同部分之间发生热传递的条件是什么？（提示：温度差）

发生热传递的唯一条件是存在温度差，与物体的状态、物体间是否接触都无关。热传递的结果是温差消失，即发生热传递的物体间或物体的不同部分达到相同的温度。

在热传递过程中，物质并未发生迁移，只是高温物体放出热量，温度降低，内能减少（确切地说是物体里的分子做无规则运动的平均动能减小），低温物体吸收热量，温度升高，内能增加。因此，热传递的实质就是内能从高温物体向低温物体转移的过程，这是能量转移的一种方式。**传递的内能叫做热量。**物体吸收热量，内能增加；放出热量，内能减少。吸收或放出热量越多，它的内能改变越大。

热传递有三种方式：传导、对流和辐射。

热传导 热从物体温度较高的部分沿着物体传到温度较低的部分，叫做热传导。热传导是固体中热传递的主要方式。在气体或液体中，热传导过程往往和对流同时发生。各种物质都能够传导热，但是不同物质的传热本领不同。善于传热的物质叫做热的良导体，不善于传热的物质叫做热的不良导体。各种金属都是热的良导体，其中最善于传热的是银，其次是铜和铝。由于金属是热的良导体，因此金属用作基托时，可以使病人在口腔温度变化时有所感觉，以便减少损伤。瓷、纸、木头、玻璃、皮革都是热的不良导体。最不善于传热的是羊毛、羽毛、毛皮、棉花、石棉、软木和其他松软的物质。这就是为什么羊毛大衣和羽绒服保暖的原因。液体中，除了水银以外，都不善于传热，气体比液体更不善于传热。

知识拓展

热传递改变物体内能的实质：热传递传递的是内能（热量）而不是温度。热传递的实质是内能的转移。热传递过程中，低温物体吸收热量，温度升高，内能增加；高温物体放出热量，温度降低，内能减少。热量：热传递过程中，传递的能量的多少。

热的对流 只有液态和气态物质能够随着流动传导热量。**靠液体或气体的流动来传热的方式叫做对流**。因为热量随着液体或气体的流动传递，所以也称之为**热流**，更精确的表述则是热的对流。

对流是液体和气体中热传递的主要方式，气体的对流现象比液体更明显。利用对流加热或降温时，必须同时满足两个条件：一是物质可以流动，二是加热方式必须能促使物质流动。

对流的一个重要应用是我们的取暖装置（如图 4 - 7）。对水暖暖气而言，锅炉中的水受热后密度变小而从上水管中上升，冷却的水由于密度较大则重新流回锅炉中。这样随着水的循环流动，热被带到所有房间。大型的热流我们可以在海湾洋流和大气环流中看到。

热辐射 热由物体沿直线向外射出，叫做热辐射。用辐射方式传递热，不需要任何介质，因此，辐射可以在真空中进行。地球上得到太阳的热，就是太阳通过辐射的方式传来的。

一般情况下，热传递的三种方式往往是同时进行的。

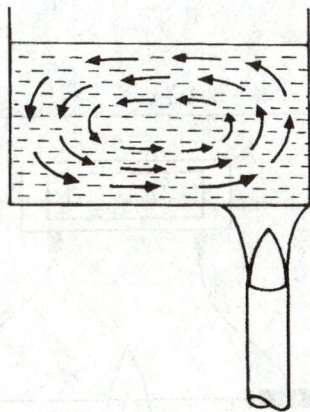

图 4 - 7 液体中的对流

在技工室制作义齿的流程中，失蜡用的失蜡炉，铸造前焙烧用的茂福炉，它们所需要的热能是由电能转换来的，都是以辐射和传导两种方式对包埋体进行加热的。

二、茂福炉中温度的控制和测量

茂福炉中温度的控制　包埋材料是热的不良导体，在加温过程中，包埋材料各部分升温速度并不完全一致，既要保证包埋所形成的阴模腔不受破坏，又要让包埋材料的膨胀率达到最大，以抵消金属铸造后体积的收缩。所以关键要控制升温的速度与温度在某一阶段的保持时间，准确，控制和测量茂福炉中的温度就显得非常重要了。那么茂福炉中的温度如何测量呢？

茂福炉中温度的测量　茂福炉中的温度，我们可以用基于热电效应上的温差电偶来测量。它的原理是什么呢？一般来说，电子在金属中处于游离状态，因为按照金属键模型，价电子没有被固定在原子上，而是属于所有原子核，它们在某种程度上是自由的。不同金属自由电子的数目是不同的，一些金属在室温时所有电子都是自由的，另外一些金属中的电子则是被束缚的。绝缘体和半导体只有温度升高时，电子才会自由。所以，半导体或绝缘体电子的自由程度取决于温度。

如图4-8，将一段铁丝和一段镍铜合金丝焊在一起，并将两端和毫伏表连在一起，当加热焊点时，毫伏表显示金属丝中有电流流过。通过加热，电子活跃起来，热能推动电荷运动，这时热能转化为电能。只要持续加热，在铁（正极）和镍铜（负极）间就有电位差。将它和灵敏电压表相连，形成一个回路，这时就有所谓的**热电电流**。将这种测试按摄氏度校准，则可用来测量预热炉中的温度。温差电偶可以用来测量极低的温度（-260℃）和极高的温度（2000℃）。

表4-7　不同温差电偶两极间电压为1mV时测得的温度

温差电偶	两极间电压（mV）	温度（≈℃）
铜-镍铜合金	1	20
铁-镍铜合金	1	18
镍-铬镍合金	1	30
铂-铂铑合金	1	100

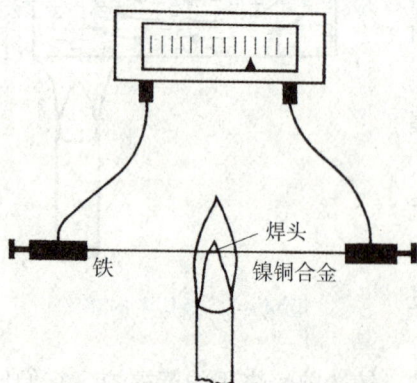

图4-8　温差电偶工作原理

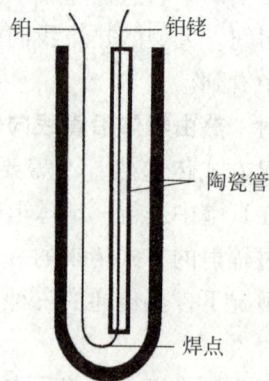

图4-9　铂铑合金热电偶装置下部剖面图
（PtPr—正极，Pt—负极）

图4–9为铂铑合金热电偶装置下部剖面图。其工作原理：由铂和铂铑合金两端接合成回路，当两接触点温度不同时，就会在回路内产生热电流。如果热电偶的工作端与参比端存在有温差时，显示仪表将会指示出热电偶产生的热电势所对应的温度。

还有一种用来测量高温的双金属片温度计，它是利用两种金属材料的膨胀系数的不同，在相同温度时形变量的不同，造成弯曲不同的原理设计的。双金属片与一个指针相连，该指针的运动可在一个刻度盘上读出，实现温度测量。当温度变化时，金属片向膨胀系数小的一方弯曲并带动指针偏转，如图4–10。双金属片也可以和一个电气接触式开关相连，以实现调控功能。

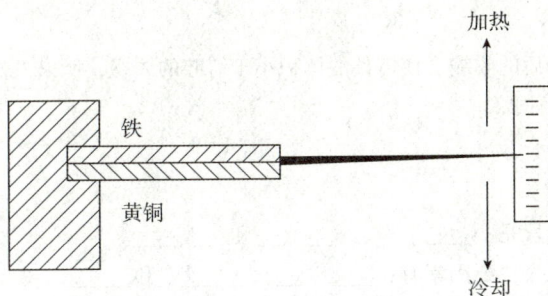

图4–10　双金属片显示温度变化

对于很高的温度（超过800℃），我们利用高温温度计来测定物体热辐射的强度或光谱，从而确定其温度。

测定陶瓷材料的烧结结果时，可以使用测温锥。**测温锥**是由不同熔点的硅酸盐混合物制成的6cm高的锐角三角形锥。当烧结要求达到所需温度时，相应的三角锥下落，并以尖部与支撑接触，烧结完成。测温锥不能准确测量温度，只能近似估计。

知识拓展

测温锥是用来校对和监测高温窑炉真实烧制过程的三角锥状温度指示器。因为测温锥（测温三角锥）可以确定什么时候烧制已经完成，或者炉中是否提供了足够的热量保证陶瓷的熟化，或者炉中是否存在温度的差异，或者在烧制过程中是否有问题。

习题四

一、名词解释

1. 金属的收缩
2. 导热率
3. 热值

4. 热传递

5. 热辐射

二、判断题（正确的打√，错误的打×）

1. （　　）硬而坚固的金属的熔点一般比软的金属高。

2. （　　）物体的导热能力是用其吸收的热量来表征的。

3. （　　）对牙科贵质合金来说，其基本金属（金、钯和银）的热导率均明显大于非贵烤瓷合金中的基本金属（镍、钼、钴、铝和锰）的热导率。

4. （　　）当用1N的力使物体运动1m时（或者用5N的力使物体运动0.2m时），所做的功就是1J。

5. （　　）铸件凝固后的收缩会使铸件的体积小于铸腔的体积，所以人们在义齿铸造工艺中采用膨胀型包埋材料来补偿此种收缩。

三、填空题

1. 铸件收缩的三个阶段是：_____、_____和_____。

2. 影响合金收缩的三个主要因素有：_____、_____和_____。

3. 根据熔点不同，金属被分成三类：_____、_____和_____。

4. 热传递的方式有_____、_____和_____。当你感到热时，在下列各种情况中，热主要是以什么方式传给你的?

（1）阳光照射到你身上。_____。

（2）使用热水保暖装置的散热器。_____。

（3）在火炉旁烤手。_____。

（4）使用热水袋暖手。_____。

5. 过去热量的常用单位有_____和_____。现在采用热量的国际单位制单位是_____。卡与焦耳的换算关系是：1卡 = _____焦耳。

四、选择题

1. 把50g 0℃的冰投入1000g 0℃的水中，若不与外界发生热传递，则会有（　　）

　　A. 少量的水结成冰

　　B. 水全部结成冰

　　C. 冰会熔化成水

　　D. 冰不会熔化成水，水也不会结冰

　　E. 以上说法都不正确

2. 铸造时用的茂福炉进行热传递的方式是（　　）

　　A. 对流　　　　　B. 热传导　　　　　C. 热辐射

　　D. 对流与热传导　　E. 对流、热传导和热辐射

3. 收缩是铸造合金本身的物理性质，有可能造成铸件哪些缺陷（　　）

　　A. 缩孔与缩松　　B. 热裂　　　　　C. 应力与变形

　　D. 冷裂　　　　　E. 以上都有可能

4. 三种不同的金属，其质量之比为1:2:3，其比热容之比3:4:5，当它们吸收了相同的热量后，

所升高的温度之比为（　　）

    A. 3∶8∶15　　　B. 15∶8∶3　　　　C. 40∶15∶8

    D. 24∶15∶120　　E. 以上都不正确

五、计算题

1. 质量为 200g 的铝块，温度由 100℃ 降到 40℃，放出的热量是多少焦耳？

2. 取 100g 温度为 100℃ 的铁块投入到初温是 20℃ 的 200g 的水中，混合后达到热平衡时，水温升高了多少？

第五章　技工室中的有关电磁学问题

知识要点

1. 静电场及静电感应。
2. 欧姆定律、电功和电功率、焦耳定律。
3. 电解剖光及电镀原理。
4. 电在技工室中的用途与安全用电。
5. 振荡器的工作原理。
6. 交流电及变压器。

第一节　静电学常识

一、电荷

我们从初中的物理学中知道，自然界中电荷只有两种，即正电荷和负电荷；同种电荷相互排斥，异种电荷相互吸引。物体所带电荷的多少叫做电荷量，简称电量，通常用 Q（或 q）表示，单位是库仑，简称库，用字母 C 表示。

物理学家经过长期的实践发现：电荷既不能创造，也不能消灭，它们只能从一个物体转移到另一个物体，或从物体的一部分转移到另一部分，但电荷的总数是不变的。这一结论叫做电荷守恒定律。

二、真空中的库仑定律

1785 年，法国物理学家库仑首先从实验中发现了点电荷之间的相互作用规律：在真空中，两个点电荷之间的作用力方向沿着它们的连线，作用力的大小与它们的电量乘积成正比，与它们之间的距离平方成反比。这就是真空中的库仑定律。用公式可表示为

$$F = k\frac{q_1 q_2}{r^2} \tag{5-1}$$

式中 q 的单位是 C，r 的单位是 m，F 的单位是 N，比例系数 k 叫静电力恒量，实验测得 $k = 9.0 \times 10^9 \text{N} \cdot \text{m}^2/\text{C}^2$。电荷之间的作用力叫静电力，又称库仑力。

三、电场

相隔一定的距离的电荷之间的相互作用是怎样发生的呢？物理学家经过长期的实践探索开始认识到：只要有电荷存在，电荷周围就存在一种特殊形式的物质，叫做**电场**。电场的基本性质就是对放入其中的电荷有力的作用，这种力叫做**电场力**。

当然人们经过长期观察实验发现：电场力的大小和电荷的带电量、电场强度等因素有关。

四、静电感应

静电的产生和在实际中的应用都离不开导体。金属是常见的导体，其特点是内部含有大量的自由电子。金属导体不受外电场影响时，自由电子在金属内部做无规则的热运动，导体处于电中和状态，对外不显电性。

当导体受到带电体的感应时，表面就会显示电性。这种把电荷移近不带电的导体，可以使导体带电的现象，叫做静电感应。规律是：靠近导体的一端感应异种电荷，远离导体的一端感应同种电荷（如图 5 - 1）。电荷只分布在导体表面，导体内部没有电荷。在导体表面上，越尖锐的位置，电荷的密度越大。所以，一般情况下，凸起或尖端的地方电场强，凹陷或低洼的地方电场弱。

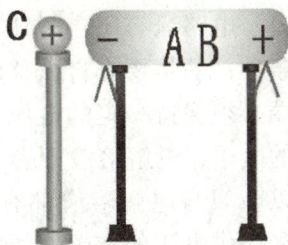

图 5 - 1 静电感应现象

知识拓展

导体受到静电感应后，尖锐的地方电场强，容易形成尖端放电，如夏天下雷阵雨的闪电打雷，所以人们为了避免雷击，发明了避雷针。口腔技工室的电解抛光也是应用了这个原理，让被抛光体表面变得光滑平整。

第二节 技工室中的有关电学问题

我们看到，在技工室的很多地方都有电源插口，为什么呢？主要原因是需要进行电能转化，电能可以转化为热能、光能、机械能、声能、磁能以及化学能。只需将机器的电源插头和电源连接起来，就可以获得相应的能量（如图 5 - 2）。

一、闭合电路的欧姆定律

电路 电源、用电器、开关和电表等，用导线连接起来，就组成了一个电路。如图 5 - 3 就是一个简单电路的电路图，由电源、电阻、安培表、伏特表等构成。

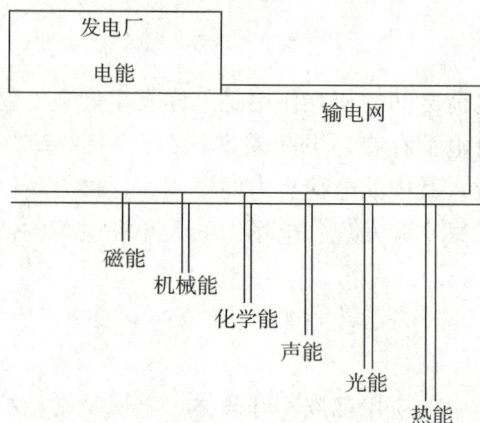

图 5 – 2　电能的转化

电流　电路只有闭合时才有电流通过。**产生电流的条件**：一是要有自由移动的电荷；二是在电路两端必须保持一定的电压。金属导体中有自由移动的电子，电解溶液中有自由移动的正负离子，所以金属与电解溶液都有自由移动的电荷。而电源是提供电压的装置，如电池、发电机等都是电源，可以给电路提供一定电压。只要满足这两个条件，电路中会有电流。

当我们把电动机、灯泡等（用电器）接入电网时，它们就会开始运转。虽然我们看不到线路

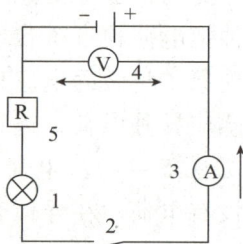

图 5 – 3　一个简单电路的电路图

1. 白炽灯，2. 开关，3. 安培表，
4. 伏特表，5. 电阻。

内部发生了什么，但是转动的电机、发光的灯泡等都显示，有电流在流动。经过研究发现，电是建立在物质最小组成成分基础之上的。在一个不带电的物体上，原子核的正电荷和电子的负电荷一样多，它们相互抵消，宏观上看物体呈电中性。如果失去或得到电子，平衡就会被破坏，前者正电荷占多数（失去电子），物体表现出正电性；后者负电荷占多数（得到电子），物体表现出负电性。

在物体的某个位置输入电子，这些被挤压在一起的电子会形成一种压力，其结果是电子会从密集的地方向稀薄的地方流动，直至达到平衡。我们称这种电子流为"电流"，它总是从电子密集的地方流向电子稀疏的地方，即电荷发生了定向移动。如图 5 – 4。

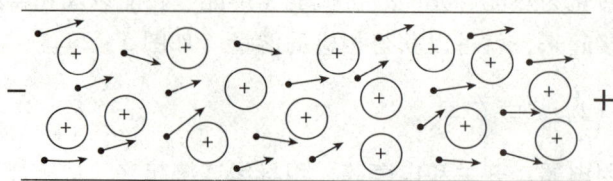

图 5 – 4　电子通过流动平衡压力

通常把**电荷定向移动形成的电荷流称为电流**，电流强弱用电流强度来表示。我们规定：正电荷定向移动的方向为电流的方向，负电荷定向移动的方向与电流方向相反。**一秒钟内通过导体横截面的电量，称为电流强度**。通常用 I 表示。

知识补漏

电量是指物体所带电荷的多少，用 q 表示，国际制单位是库仑（C）。安培秒（As）是库仑的等值单位。电量的自然单位是基本电量 e，$1e = 1.6 \times 10^{-19} C$。

电流强度：$I = \dfrac{q}{t}$

电流强度的国际制单位是**安培**，简称**安**，符号是 A。

1 安培（A）= 1 库仑（C）/秒（s）。

表 5 – 1　一些电器设备的电流强度

电器	电流强度
无线电管	1 ~ 100mA
白炽灯	0.1 ~ 1A
电炉	5 ~ 10A
地铁马达	100 ~ 200A
弧光焊接机	100 ~ 500A
弧光熔化设备	1000 ~ 1000000A

电压　电压是使电子由负极流向正极（运动方向）的动力。电路中有电流，电路两端一定有电压，电源的作用就是给用电器提供**电压**。通常用字母 U 代表电压，单位是**伏特**，简称**伏**，符号是 V。电压还有千伏（kV）和毫伏（mV）等单位。电压可用伏特表测量。

电阻　要在某段时间内通过电流来做功，那么就必须保证在这个期间内有电流流动。在一个带电的物体内存储的能量称为**电能**，它在电子的运动过程中转化为运动的动能。和所有其他流动过程一样，电荷运动也会受到阻力。电子必须挤过原子核的引力场，克服原子核的吸引力（阻力）做功才能运动。**导体对电流的阻碍作用叫做电阻**，是导体发热的原因。电阻的单位是**欧姆**，符号是 Ω。

电阻公式：

$$R = \rho \frac{L}{s} \text{（电阻定律）}$$

ρ 为电阻率（反应材料的导电特性），单位是欧姆·米^2/米（$\Omega \cdot m^2$）/m。

> 欧姆这个单位是后人为了纪念德国物理学家欧姆而命名的，规定一段导体两端电压是1V，通过它的电流是1A，则这段导体的电阻就是1Ω。

欧姆定律 电阻（R）、电流强度（I）和电压（U），它们之间有怎样的关系呢？1826年，德国物理学家欧姆得出了一个定律，知道其中两个值时，就可以计算出第三个的值。以他的名字命名的**欧姆定律**告诉我们，**导体中的电流强度与加在导体两端的电压成正比，与电阻成反比**。

用公式表示为：$I = \dfrac{U}{R}$

R是由导体本身决定的，当导体上不加电压时，R上虽然没有电流，但电阻是不变的。即电阻与所加电压与否、有无电流流过无关。由于以上研究的是部分电路，所以又叫**部分电路的欧姆定律**。

闭合电路欧姆定律 闭合电路如图5-5所示，它由两部分组成，一部分是电源外部的电路，叫做**外电路**，包括用电器和导线；另一部分是电源内部的电路，叫做**内电路**。外电路的电阻叫**外电阻**。内电路也有电阻，通常叫做**内电阻**，简称内阻。理论分析表明，**在闭合电路中，电源电动势E等于外电路电压和内电路电压之和**，即

$$E = U_外 + U_内$$

图 5-5　闭合电路

在图5-4所示的闭合电路中，外电阻为R，内电阻为r，E为电源，由部分电路的欧姆定律可知，$U_外 = IR$，$U_内 = Ir$，代入$E = U_外 + U_内$得

$$E = IR + Ir$$

可以变形为

$$I = \frac{E}{R + r} \qquad\qquad (5-2)$$

式（5-2）表明：**闭合电路中的电流强度跟电源的电动势成正比，跟内外电阻之和成反比**。这个结论叫做闭合电路的欧姆定律。

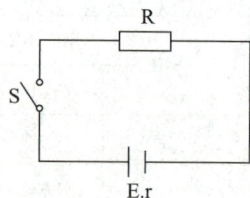

> 电源的电动势E是表示电源把其他形式的能转化成电能本领大小的物理量，也表示电源在电路中的做功本领。例如，干电池的电动势为1.5V，表明在电池的电路中流过1C电荷时，电源能做1.5J的功。
>
> 电源的电动势E在数值上等于电源没有接入电路时两极间的电压，单位同电压，也是伏特。

二、电功　电功率　焦耳定律

我们已经知道，电流能够产生光和热。此外，它还可以做功，例如口腔技工室中抛光机的电动马达。

电功　电流所做的功称为电功。电功等于用电器两端所加电压、通过用电器的电流和所用时间的乘积。即

$$W = UIt \qquad\qquad (5-3)$$

电功率　它是一个描述电流做工快慢的物理量，**等于单位时间内电流所做的功**。即

$$\text{电功率 } (P) = \text{电功 } (W) / \text{时间 } (t)$$

将公式 $W = UIt$ 代入上式得　　　$P = I \cdot U$ 　　　　　(5-4)

功率的单位是**瓦特**（W）（来自蒸汽机的发明人，詹姆特·瓦特），用电器两端的电压为1V，流过用电器的电流强度为1A，它的电功率为1W。人们通常习惯于用大一些的单位**千瓦**（kw）。

$$1W = 1V \cdot 1A$$
$$1kW = 10^3 W = 1000W$$
$$1MW = 10^3 kW = 10^6 W$$

功率越大，工作时间越长，机器做的功就越多。将电功率和做功时间相乘，就可以得到电功。即

$$W = P \cdot t \qquad\qquad (5-5)$$

电功的单位为瓦特秒（W·s）或焦耳（J），电压为1V，电流强度为1A的电流流动1秒钟，产生的电功为1W·s。即

$$1W \cdot s = 1N \cdot m = 1J$$

因为1W·s这个单位在实际技术应用中太少，人们通常使用一个比较大的单位，KW·h（千瓦·时）。之间的换算关系有：

1 千瓦·时 = 1KW·1h = 1000W × 3600s = 3600000Ws = 3600000J = 3.6×10^6J = 1 度电

在能量的转化过程中会有一部分能量损失掉，电动机器有自耗电能（电动机内有线圈，电流流过时会发热）。一部分功率要用来克服轴承的摩擦，还有一些使用金属部件发热，绕组上的能量损耗等。例如损耗为5%时，那么有用功率为95%，或为输入功率的0.95倍，功率的利用系数被定义为使用效率 η，它是指有用功率在输入功率中所占的比例。即

$$\text{使用效率} = \frac{\text{有用功率}}{\text{输入功率}}$$

使用效率总是小于1或100%。技术的进步使得机器的使用效率越来越接近理想值1。

表 5-2 一些电器设备的电功率

电器	电功率	电器	电功率
手电筒	0.2~1W	直流电机	100~300W
电动剃须刀	10W	熔化炉	600~1200W
电热座垫	15~60W	电动马达	0.1~30kW
白炽灯	15~200W		

牙科技工室中的电器设备上标有额定功率与额定电压，在使用时应该注意设备上的参数，以便安全运行。

焦耳定律 电流通过导体时，就要产生热量，这是电流的热效应。英国的物理家焦耳（1818—1889 年）通过实验指出：**电流通过导体产生的热量等于电流的平方跟导体的电阻和通电时间三者乘积，这就是焦耳定律。**即

$$Q = I^2Rt \qquad (5-6)$$

在纯电阻电路中，欧姆定律成立，有 $U = IR$，所以

$$Q = I^2Rt = IUt = \frac{U^2}{R}t$$

这时，电流所做的功 IUt 跟电流所产生的热量 I^2Rt 相等，即等于热功，表示输入的电能全部转变成热能。

在非纯电阻的电路中（如有电机的电路中），欧姆定律不成立，二者不能相等，电功 IUt 大于电热 I^2Rt，上式不成立。

〔例题 5-1〕加在内阻 $r = 2.00\Omega$ 电动机上的电压为 110V，通过电动机的电流为 5.00A，求：（1）电动机消耗的电功率 P；（2）电动机消耗的电热功率 P_0；（3）电动机的效率 η。

分析与解答

（1）负载是非纯电阻电路，电功率为

$$P = UI = 110 \times 5.00\text{W} = 550\text{W}$$

（2）电动机消耗的热功率

$$P_Q = I^2r = 5.00^2 \times 2.00\text{W} = 50.0\text{W}$$

（3）电动机的效率 将电能转化为机械能的功率为

$$P_J = P - P_Q = (550 - 50)\text{W} = 500\text{W}$$

效率为 $\eta = \dfrac{P_J}{P} \times 100\% = \dfrac{500}{550} \times 100\% \approx 91\%$

知识回顾

1. 功是指物体在力的方向上发生的位移，习惯上用 W 表示。
2. 功率是指单位时间内做功的多少，习惯上用 P 表示。

三、电解电镀原理

（一）不同物质的导电性能

不同物质的导电性能是不同的，物质的导电性能是由材料本身的性质决定的，电阻率是反映材料导电性能好坏的物理量，电阻率越大导电性能越差。能够导电的物体叫做**导体**，导体又分为**电子导体和离子导体**。表5-3为导体一览表（在20℃时）。

表5-3　导体一览表

导体	电阻率ρ [$\times 10^{-6}$ （$\Omega \cdot m^2$）/m]	导体	电阻率ρ [$\times 10^{-6}$ （$\Omega \cdot m^2$）/m]
铝	0.0288	镍/钴/铁合金	1.0
铅	0.22	银	0.016
铁	0.10~0.15	5%硫酸	51800
碳丝	30	10%硫酸	27400
康铜	0.49	食盐溶液	82000
铜	0.0175	玻璃	大约5×10^7
锌白铜	0.3		

从表中可以看出，在固体中金属具有最好的导电性。这是因为金属中的一部分电子受到原子核的束缚力很小而成为自由电子，能在整个金属晶格中自由运动。因此，金属属于电子导体。

对液体而言，所有的电解液和熔化的盐都是离子导体。电流能够引起化学反应，使离子导体分解。不能导电的物质我们称为**绝缘体**。绝缘体的电子被束缚在原子核周围而无法运动形成电流，它们因此适合于作屏蔽物体，经常用于防止因触摸带电导体而带来的危险。陶瓷、玻璃、大理石、橡胶、石棉、油脂、纤维板等都是绝缘体。世界上不存在绝对不导电的物质，绝缘体只是电阻非常大，导电能力极差，这样只要它足够厚，就能避免触电的危险。

（二）电流的化学性质

大部分化学物质（盐、酸、碱）都是有极性的，也就是说，它们是由带正电荷和带负电荷的离子构成的。在固态时，离子被固定在晶格的相应位置上，当物质熔化或溶解在水中后，离子变得可以自由运动。

在这种离子可以自由运动的熔化物或溶液中通入直流电，阳离子（也就是失去一个或几个电子的带正电的离子）会向电源负极移动，并在该处得到失去的电子；阴离子（也就是得到一个或几个电子的带负电的离子）会向电源正极移动，并在该处放出多余的电子。这样在正极被释放的电子不断流向电源，相应地有电流流向负极。

如图5-6，我们电解硫酸铜溶液时，阴极表面会附着一层铜，而在阳极会发生一些次级反应。当把电流方向改变时，铜离子向阴极附着的现象立即消失了。**这说明化学反应与电流方向有关**。在电解过程中，物质被分离出来，物质分离出来的多少与通过电解液的电流强度和时间有关。

（三）伏特电池

伏特电池 1792 年，Galvani 医生第一次制造了电解电池，虽然他并不知道其中的道理。他在青蛙肌肉上放置了由两种不同金属制成的夹子，青蛙的肌肉发生抽搐。他的同伴，因电压单位而闻名的伏特，对此继续进行了研究并设计了伏特电堆，这是电解电池的原型。如图［5 - 7（a）］所示为铜锌原电池（伏特电池）。将一个铜棒和一个锌棒浸入稀硫酸，在两个金属棒间连接一个白炽灯泡。这时灯泡会发亮，说明有电流流过。图［5 - 7（b）］干电池与伏特电池的原理相同。

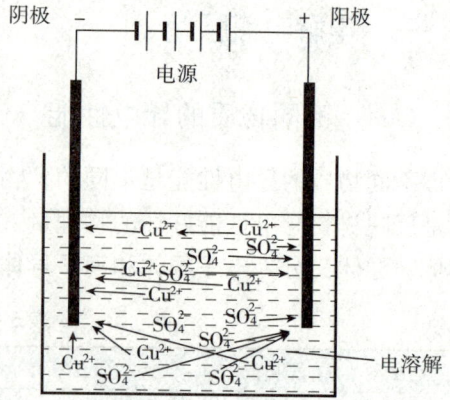

图 5 - 6　硫酸铜溶液的电解

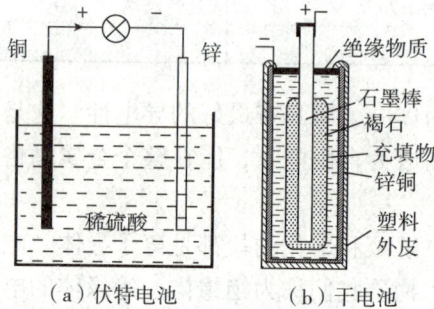

（a）伏特电池　　（b）干电池

图 5 - 7　伏特电池与干电池

此装置是将化学能转变成电能的装置，由于锌比铜活泼，所以，锌作为负极是电子流出的一极；铜作为正极是电子流入的一极。在电池中，负极上发生氧化反应，锌被溶解并释放金属离子到稀硫酸中，并显示阴性；正极上发生还原反应，铜向稀硫酸中释放电子而显阳性。所形成的电位差试图恢复均衡。把两个电极连接起来后，电压会产生电流并使小灯发亮。

这里还给出了电压的单位——**伏特的定义**：如果把 1 库仑电荷从电场中的一点移到另一点时，电场力做的功为 1J，那么这两点之间的电压就是 1V，即：$1V = 1J/C$。用符号表示为：$1V = 1J/1C = 1N \cdot m/1As$。

口腔中微电流的产生 两种不同的金属留存于口腔中，如金属全冠、金属充填物和金属嵌体等任何两种金属在靠近或接触时，在唾液的作用下就会有明显的微电流产生，对牙髓和口腔黏膜都会造成损伤。这种微电流可能是造成牙髓疼痛或者口腔黏膜病变的原因。因此，口腔内不允许有相互靠近或接触的不同金属存在。

（三）电解抛光与电镀

1. 电解及电解池

电解 使电流流过电解质溶液而在阴、阳两极引起氧化还原反应的过程称为电解。

通电前电解质溶液中阴、阳离子在溶液中无规则自由地移动；通电后在电场的作用下，这些自由移动的离子改作定向移动，带负电荷的阴离子由于静电作用向阳极移动，带正电荷的阳离子则向阴极移动，并在两极上发生氧化还原反应。

电解池 我们把借助于电流引起氧化还原反应的装置，也就是把电能转化为化学能的装置叫电解池。电解池中与直流电源负极相连的电极叫阴极，与直流电源正极相连的电极叫阳极。

在化学工业中，利用电解可以获取氯气、氢气、氧气等等，电解也可用于优化金属或者用金、铬、镍等来保护金属表面。

2. 电解抛光

电解抛光是利用电解原理来增加贵金属和铬－钴－钼等合金铸件的光洁度。图5－8为电解抛光原理图，是以被抛工件为阳极，金属铜为阴极，两极相距一定距离同时浸入电解液（一般以硫酸、磷酸为基本成分）中，通以直流电工件表面上的微小凸起部分首先溶解，从而达到逐渐变成平滑光亮的表面。

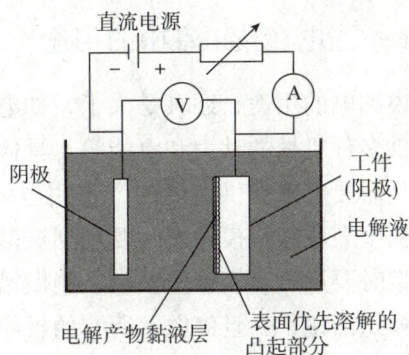

图5－8 电解抛光原理

这里要提醒的是电解时间（一般为几十秒到几分）要进行控制，否则铸件会溶解。

3. 电镀

电镀 电镀就是利用电解原理在某些金属表面上镀上一薄层其他金属或合金的过程。它是利用电解原理使金属或其他材料制件的表面附着一层金属膜的工艺从而起到防止腐蚀，提高耐磨性、导电性、反光性及增进美观等作用。

电镀原理 用含镀层金属离子的电解质溶液为电镀液，把待镀金属制品浸入电镀液中与直流电源的负极相连，作为阴极；用镀层金属为阳极，阳极金属溶解在溶液中成为阳离子，移向阴极，并在阴极上被还原成金属析出。**电镀规律一般概括为：阳极溶解，阴极沉积，电解液不变。**

所有电解、电镀、沉积原理有两个共同点：一是在电解质溶液中进行，二是有一个外接电源形成的电路存在。通过电流的作用，在阴阳两极上分别产生氧化还原反应。利用这些原理可以镀铜，镀镍或者进行金沉积。

如图5－9的镀金池，就是应用电解原理在某些金属或非金属表面镀上一层金的装置。镀金在1840年时已很著名，在今天更得到了广泛的应用。此类设备的制造商会在产品使用手册中仔细注明有关说明和技术数据，如池内温度、电流强度、金属含量等。技工室中的金沉积就是利用了电镀原理在代型表面形成一个贵金属内冠。

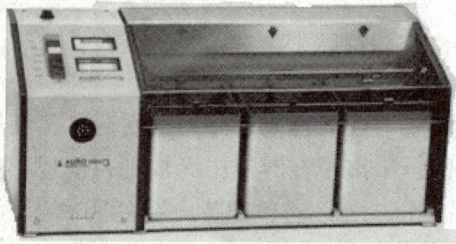

图 5 - 9　镀金池

四、电在技工室中的用途与安全用电

(一) 电在技工室中的用途

说到电的用途，还真是大了，如电可以用来照明，可以用来加热、供热或制冷，可以提供多种机械的动力和电能等。具体到牙科技工室制作各种义齿的工艺流程中，绝大多数是需要电来提供电能的，不用电的工序几乎没有。如搅拌石膏与水要用真空搅拌机，模型灌注和蜡模包埋时要用到振荡器，对模型进行切割要用到石膏模型切割锯，修整模型时要用石膏模型修整机，制做蜡型时要用电蜡刀，铸造时要用高频离心铸造机等等，换句话说，一旦停电，所有的工序就会全部停止。而且所有牙科设备上都标有电器参数，如铸造用的真空中频离心铸造机，上面所标数据为电源电压 220V/50Hz 或 110V/60Hz，电源功率 2500W，电机功率 370W。就是表示该设备用的是 220V、50W 或者 110V60Hz 交流电，电源的额定功率为 2500W，电机最大承受的功率是 370W。因此，每位技工人员不但要有一定的电学知识，而且要认真阅读设备使用说明书，详细了解所用设备的电学性能，熟练掌握用电常识。

(二) 安全用电

1. 电器设备的使用安全——我们使用的焊接机需要缓熔保险装置　电器设备过热（超过允许的温度，可能引起火灾）或过高的接触电压（接触电压是指人体接触带电体时所承受的电压）都是很危险的。如果接触电压超过 36V 时，人就会有生命危险，因为它能使人体通过心脏肌肉不能承受的电流。下面以点焊机为例来说明设备的使用安全。

点焊机　点焊机是在很小的范围内，形成大电阻，产生很高的电压与温度，从而使金属熔化而达到焊接的目的的仪器（见图 5 - 10）。

焊接时产生的高压是危险的，防止高压触电的措施有：绝缘保护、接地保护、接中性线和切断电源。防护措施应该防止产生危险的接触电压，或者出现危险接触电压时将关闭那些受保护的部件。

为了防止过热，导线和机器必须用保险装置或自动设备加以保护。

我们使用的点焊机的使用说明中提到，导线要保证有 15A 的电流，此外要使用缓熔保险装置。这是什么意思呢？

首先我们先看一下图 5 – 11 所示的焊头的结构。

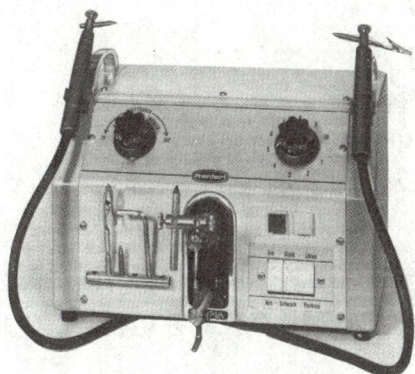

图 5 – 10　点焊机

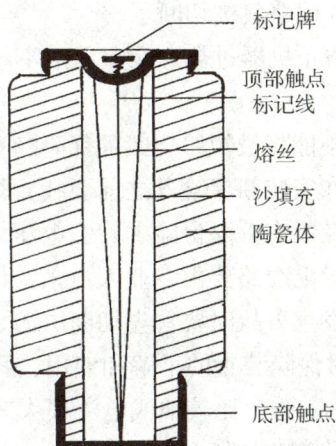

标记牌
顶部触点
标记线
熔丝
沙填充
陶瓷体
底部触点

图 5 – 11　焊头

在焊头陶瓷体的内部装有沙子作为灭火材料，其内部有一根或两根拉紧的细丝（熔丝）。熔丝的一端连着一个彩色的标识牌，另一端焊在底部触点上。在超负荷或短路时，熔丝过热并熔化断裂。

我们将保险装置按照它们在遇到大电流时的表现分为两种类型，一种是快速保险装置，也就是一般的保险装置。另一种是缓熔保险装置（上面印有蜗牛作为反应缓慢的标志）。当超过极限电流强度，也就是超过额定电流50%时，快速保险装置就会自动立即切断电源，没有延迟（0.1 秒）。缓熔保险却能让大电流通过，就像在点焊机上出现大电流时，保险装置 1 秒以后才切断电源。

表 5 – 4　保险丝和固位环的颜色以及它们保险插座的配置

插座	保险丝的额定电流（A）	颜色	绝缘铜导线允许的截面积（mm^2）
25A	6	绿	1
	10	红	1.5
	15	灰	2.5
	20	蓝	4
	25	黄	6
60A	35	黑	10
	50	白	14
	60	铜色	16
100A	80	银色	25
	100	红	35

自动保险装置在切断电源后，能够任意次重新接通，它有一个通过杠杆建立连接的弹簧和一个线圈。短路时线圈中会产生一个强磁场。磁场使挂钩脱开，弹簧拉紧使连接断开，这样回路就被切断了。

为了防止机器过热，在室温下不超过25℃时，线路可用表中的保险丝来保护。

注意：

（1）不能将被短路烧毁的保险丝重新修复使用。

（2）在安装新保险丝之前要找到短路原因并排除故障。

（3）在没有拆除保险、除去电压之前不要处理供电装置。

（4）导电线路要由专业人员来铺设，并作相应的安全处理。

（5）发生事故时要首先切断电源。

通过对保险装置的了解和使用，我们认识了电流的第二个重要作用：有电流流过的铁丝会发热。铁丝比较细或电流很大时会产生大量的热，使铁丝发红并熔化。一些非常重要的应用就建立在这个基础之上。

在电热水器中、在聚合反应仪水池的加热槽中、在预热炉中、在离心铸造机的熔化头中都利用了电流的热效应。

在白炽灯中，我们利用了电流的光效应。在一个圆玻璃罩中的两个金属支架间连有灯丝。灯丝通过内部导体与底部触点和灯座侧面相连。通电时，螺旋灯丝由于电阻很大而变得红热，并发光。40W以上的白炽灯泡内加有惰性气体（氩气，氪气），以减少灯丝的蒸发。

2. 电器设备的安全保护　不同的牙科用电设备要求不同，保护措施也各异，但原则上应注意以下几点：

一是电器不能暴晒，不能放在温度较高的地方，要避免灰尘进入仪器内部。

二是使用仪器时，要严格按照说明书要求操作。要检查电源电压是否与仪器额定电压相符，相符方可通电。

三是检修更换保险丝时，切不可换上比原来所用规格大的保险丝（不能超过设备允许通过的最大电流），否则将失去保险作用。更不能用导线代替保险丝，因为其电流的承受能力远大于保险丝，达不到保险的目的。保险丝熔断，很可能是仪器出了故障，要排除后方可通电。

四是拨动或旋转开关或旋钮时，必须缓缓用力，当转不动时，说明已经到了极限，切不可再用力猛旋，否则会损坏开关、电位器，损坏电器内部其他元件。

五是在使用仪器过程中，若出现有冒烟、怪味、元件变黑等现象，必须立即断电进行修理。

3. 工作人员的安全　电带给我们的不仅仅是工作上的便利，帮助我们完成工作，而且也会给我们带来危险。当人们不按规定操作电器设备时，它对人体是相当危险的，造成人体损伤的主要形式就是电击。人体各处电阻不同，皮肤有电阻，内部组织和细胞的电阻较小。电击造成人体损伤程度与电压大小（或电流大小）、频率、流经人体的途径和持续时间等因素有关。

人员的急救　电流流过时，人体会产生 1000Ω 的电阻，这意味着，电压为 220V 时，流过人体的电流强度为 220mA（$I = U/R$），这样大的电流只需 0.3s 就会造成心室颤动，血液循环中断，如果不在几分钟之内采取急救措施（与触电电源分开，胸部压迫式按摩，人工呼吸），就会造成死亡。

采取的措施　在牙科技术中，为了减小技工室工作人员触电的可能性，可以在绝缘隔离的基础上，再增加附加的保护措施。

一是接地保护法。这种方法是将已进行绝缘隔离的仪器金属外壳与大地相接。这样能防止因机壳漏电原因电击伤人。

二是双重绝缘隔离法。一次绝缘是在带电导体和机壳之间的绝缘隔离，二次绝缘是在机壳外加绝缘层。这样即使发生机壳漏电故障，也能防止人接触到机壳而触电。

三是低压供电法。很多电器（特别是电子诊断仪）采用低压电池、低压绝缘变压器供电。如果电压低到安全程度，不加绝缘也不会产生强电击，但若电流直接加到心脏仍然会产生微电击。

注意遵守一些安全规章：

①只有专业人员才允许修理电器设备。

②杜绝采用暂时性措施。

③防止电器设备和导线的损坏。

④任何情况下不许除去地线保护（要有接地线）。

⑤在操作电器设备时要保持干燥、绝缘的状态。

第三节　振荡器的工作原理

一、振荡器的工作原理

电流的磁效应　丹麦物理学家奥斯特于 1820 年发现，在一个小磁针正上方的通电导体会使南北指向的磁针按某个特定方向转动。俯视小磁针会发现磁针向逆时针偏转了，说明通电直导线周围产生了磁场。直线电流周围的磁场方向可以用**安培定则 1 来判断：用右手握住直导线，大拇指指向电流的方向，四指环绕的方向就是直线电流周围磁场的方向。**如图 5-12，在导线下方的磁场方向是指向纸里，所以小磁针的 N 极转向纸面里边。我们把**任何通有电流的导线，都可以在其周围产生磁场**的现象，称为**电流的磁效应。**

电流会在它的周围产生磁场，而且电流强度越大，磁场就越强。将绝缘导线绕成圆柱形线圈，因为每一圈都产生相同的磁力线数，所以磁场强弱不仅随着电流强度的增加而增加，而且也随着线圈的匝数增加而增加。

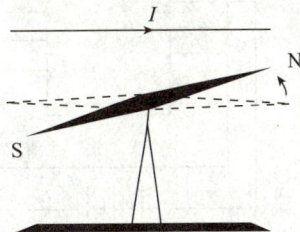

图 5-12　安培定则

　　磁场强弱在物理学中用磁感应强度这个物理量来表示。在磁场中某处，垂直于磁场方向的通导直导线，受到的磁场力 F 跟电流强度 I 和导线长度 L 的乘积的比值，叫做磁场中该处的磁感应强度，用 B 表示，则磁感应强度

$$B = F/IL$$

　　（1）在国际单位制中，B 的单位是特斯拉，简称特，用 T 表示。普通永久性磁体附近磁场的磁感应强度约是 $0.4 \sim 0.8$T，地面附近的磁场的磁感应强度约是 5×10^{-5}T。

　　（2）B 越大，该处的磁场越强，磁感线条数越密集；B 越小，该处的磁场越弱，磁感线条数越稀疏。

　　（3）磁感应强度 B 是矢量。磁场中某点的磁感应强度的方向就是该点的磁场方向，也是磁感应线上该点的切线方向。

　　（4）在磁场中某一区域，如果各点的磁感应强度的大小相等且方向相同，这一区域的磁场就叫匀强磁场。

　　电磁铁　一个有电流流过的线圈加上一个软铁芯制成的轴，就得到一个电磁铁如图 5-13。电磁铁的极性可按**安培定则 2（通电螺旋管周围磁场判断方法）**来确定：**用右手握住线圈或呈握住的姿势，并让弯曲的四指方向与电流方向相同，这时张开大拇指的方向为 N（北）极。**电磁铁的磁性比线圈的磁性要强，因为铁芯的磁场也在起作用。

　　在技术领域中，电磁铁原理可以用在电磁起重机、电动制动器中。在很多设备和测量仪器，特别是电动机和发电机中，它们也有广泛的应用。

　　振荡器工作原理　振荡器的主要组成部分是一个振动盘和一个带有两个独立工作的、可无级调速的振动圈的电磁铁，如图 5-14。其原理是利用振荡强度调节按钮来调节振动强度，等级开关来确定每分钟的振动次数，每分钟 6000 次，以及每分钟 9000 次。振荡器之所以能振动是因为振动盘下面的一个铁片受到电磁铁的作用，电磁铁会随着交流电的频率，对铁片施加吸引或排斥的作用而振动起来。牙科工艺中把装有石膏的模型放在振荡器上进行振荡，会得到比较均匀的密度，就是利用了振荡器的工作原理。

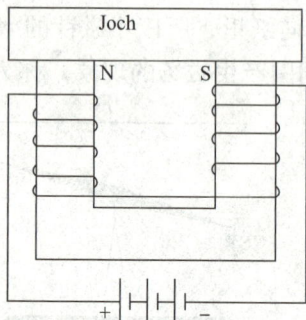

图 5-13　电磁铁原理图　　　　　图 5-14　振荡器

二、电磁感应现象　楞次定律

1820 年，丹麦的物理学家奥斯特发现电流产生磁场的现象后，科学家们就进一步研究能否利用磁场产生电流。1831 年，英国物理学家法拉第发现：当磁铁和闭合线圈作相对运动时，闭合线圈中就会产生电流。让我们先看两个典型的电磁感应现象的实验：当导体 AB 在磁铁两极间向左或向右做切割磁感线运动时（见图 5 - 15），灵敏电流计指针都会发生偏转；当磁铁插入线圈或从线圈中抽出时（见图 5 - 16），灵敏电流计指针也会发生偏转，说明在它们的闭合回路都有电流通过。

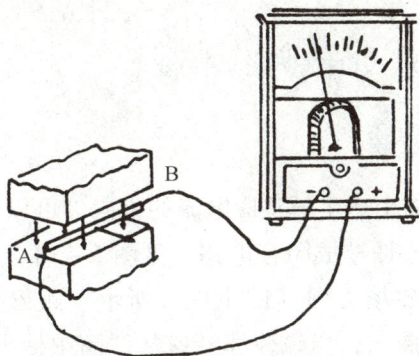

图 5 - 15　闭合线圈切割磁感线　　　　图 5 - 16　磁铁和线圈间的相对运动

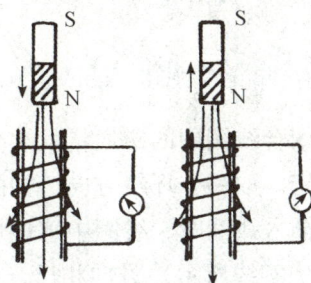

可见，两个实验都表明了闭合电路的一部分导线做切割磁力线运动，电路中就有电流产生（初中结论）。综合两个实验事实可以概括为：**只要穿过闭合电路的磁通量发生变化，闭合电路中就会产生电流**，这种现象叫做**电磁感应现象**，产生的电流叫做**感应电流**。感应电流的方向如何确定，我们下面分二种情况讨论。

（一）切割磁感线产生感应电流　右手定则

我们在初中学过，只要闭合电路的一部分导体做切割磁感线运动时，导体中产生的感应电流的方向，可以用右手定则来判定：**伸开右手，使大拇指跟其余四指垂直，并且跟手掌都在一个平面内，让磁感线垂直穿入掌心，大拇指指向导体运动方向，这时其余四指所指的方向就是导体中感应电流的方向**。见图 5 - 17。

知识补漏

　　磁通量：磁场中穿过某一面积的磁感线条数，叫做穿过该面积的磁通量，简称磁通。若用字母 Φ 表示，则有：$\Phi = B \cdot S$。
　　磁通量的国际单位是韦伯，简称韦，符号 Wb。

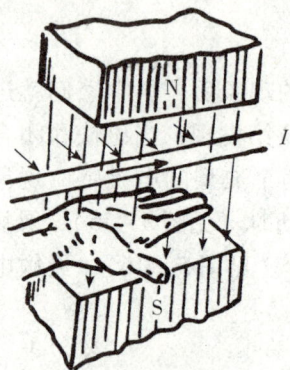

图 5 – 17　右手定则

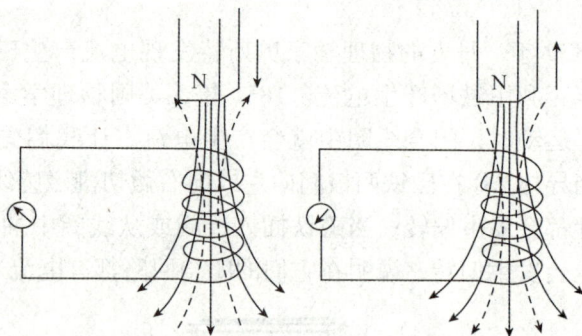

图 5 – 18　穿过线圈磁通量的变化

（二）磁通量变化产生感应电流　楞次定律

当穿过闭合线圈中的磁通量发生变化时，线圈中产生的感应电流的方向，可以用下列实验来判定。取一个环绕方向已知的线圈和电流计连成闭合电路，见图 5 – 18。当磁铁棒移近或插入线圈时，线圈中感应电流产生的磁场方向（图中虚线所示）跟磁铁棒的磁场（图中实线所示）方向相反，即阻碍磁棒插入；当磁棒移开或从线圈中抽出时，线圈中产生的感应电流磁场方向跟磁棒方向相同，即阻碍磁棒移开。

上述实验事实可概括为：**感应电流的磁场总是阻碍引起感应电流的原磁场的磁通量的变化，这一规律叫楞次定律。**

楞次定律是一个具有普遍意义的定律，它可以用来判断各种电磁感应现象中的感应电流的方向。

用楞次定律确定感应电流方向的步骤如下：

（1）确定回路中原来的磁场方向；

（2）确定穿过线圈的原磁通量是增加还是减少；

（3）根据楞次定律（"增反减同"）确定感应电流磁场的方向；

（4）利用安培定则确定感应电流的方向。

第四节　交流电

交流电在工农业生产和日常生活中有着重要和广泛的用途。那么，交流电是如何产生的呢？它与直流电有什么区别呢？

一、交流电的产生与图像

最简单的交流发电机模型如图 5 – 19 所示。在匀强磁场中有一矩形线圈 abcd，线圈两端部分分别通过滑环 K、L，电刷 P、Q 压紧环并与灵敏电流计相连。当线圈以 OO′ 为轴缓慢匀速旋转时，可以观察到灵敏电流计指针的偏转角度时大时小，偏转的方向时左时右，线圈转动一周，指针就左右摆动一次。这表明线圈中产生的感应电流的大小和方向都在发生周期性变化，**这种大小和方向都随时间作周期性变化的电流叫做交流电**，常用符号"～"表示。

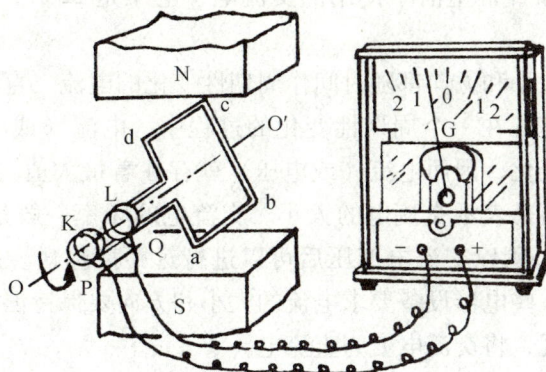

图 5-19　交流电的产生原理

在磁场中作匀速转动的线圈为什么会产生周期性变化的电流呢？我们取线圈旋转一周的四个特殊位置来进行分析。当线圈平面跟磁感线垂直时，由于 ab 边和 cd 边的运动方向和磁感线平行，不切割磁感线，所以线圈中不产生感应电动势，也没有感应电流。线圈所在的这个平面叫**中性平面**。当线圈从中性面按逆时针方向旋转 90°，ab 和 cd 两边切割磁感线，由右手定则可知，线圈中的感应电流 i 是沿 dcbad 的方向流动的。再旋转 90°，线圈又抵达中性面，瞬时感应电流为零。当线圈再旋转 90° 时，ab 和 cd 两边又切割磁感线产生感应电流，但这时感应电流是沿 abcda 方向流动的。这是因为 ab 和 cd 两边运动方向恰好和前半周期相反。接着线圈又旋转到中性面时，瞬间感应电流又为零。接着以后的旋转中，将又是重复上述过程，线圈在转动过程中产生的感应电流的方向就发生周期性的改变。交流电的图像是一条正弦曲线，见图 5-20。

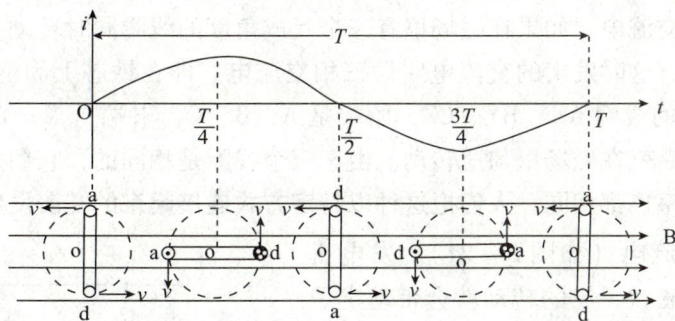

图 5-20　交流电的图像

交流电完成一次周期变化所需要的时间，叫做交流电的周期，用 T 表示，单位是秒，代号为 s。**交流电在 1 秒内完成周期性变化的次数，叫做交流电的频率**，用 f 表示，单位是赫兹，代号为 Hz。周期和频率都是表示交流电变化快慢的物理量，根据周期和

频率的定义可知:

$$T = \frac{1}{f} \quad 或 \quad f = \frac{1}{T}$$

我国工农业生产和日常生活中使用的交流电,电压是 220V,周期是 0.02s,频率是 50Hz。

可见,交流电是大小和方向都随时间作周期性变化的电流,直流电是方向不变的电流。对正弦交流电而言,在一个周期性变化的过程中,电流(或电压)的大小会随着时间按正弦规律进行变化,因而电流(或电压)就存在着最大值(幅值)、瞬时值和最小值,但通常用有效值来表示交流电的大小。交流电的频率一般是 50Hz,即每秒变化 50 次。交流电能变压,所以交流电变压后可以进行远距离输送。总之,直流电用途不如交流电广泛,但有一些电器设备要求电流的大小和方向要保持恒定,这就必须通过整流、滤波等原理来实现,将交流电变为直流电。

知识补漏

感应电动势:由电磁感应产生的电动势叫感应电动势。

交流电的有效值是说明交流电产生的平均效果。它定义为在相同的电阻上分别通以直流电流和交流电流,经过一个交流周期的时间,如果它们在电阻上所损失的电能相等的话,则把该直流电流(电压)的大小作为交流电流(电压)的有效值。正弦电流(电压)的有效值等于其最大值(幅值)的 $1/\sqrt{2}$,约 0.707 倍。

二、三相交流电简介

三相交流电　三相交流电不是直流电和交流电之外的又一种形式的电,它只是一种特殊的交流电。使一个线圈在磁场里转动,电路里只产生一个交变电动势,这时产生的交流电叫做**单相交流电**。如果在磁场里有三个互成角度的线圈同时转动,电路里就产生三个交变电动势,这时发出的交流电叫做**三相交流电**。即在铁芯上固定着三个相同的、平面互成 120° 角的线圈 AX、BY、CZ,始端是 A、B、C,末端是 X、Y、Z。匀速地转动铁芯,三个线圈就在磁场里匀速转动。由于三个线圈是相同的,它们发出的三个电动势、最大值和频率也都相同,人们把这种以**特定方式连接起来的交流发电机产生的交流电,称为三相交流电**(如图 5 – 21)。发电机的转子即转动的磁铁,它的转动就会带动定子线圈转动。在三相交流电机中,这三个相位相差 120° 的交流电可以共同做功。三相交流电有很多优越性,比如使用三相交流电的电动机和发电机,节能节材,维护方便,噪声小等。三相交流电动机和磁悬浮列车都用的是三相交

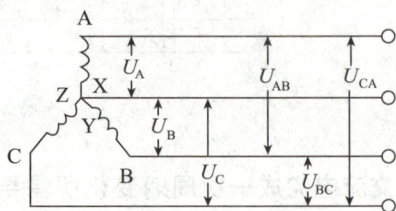

图 5 – 21　三相四线制中的电压

流电。

在三相交流电路中，三相交流电压出现正幅值的顺序称为**相序**。三相电动势的相序是 U—V—W 为正序。如将任意两相对调即成负序。交流电动机首次通电若发生反转，说明相序反了，只要将任意两根电源对调就使电动机正转。在发电厂和变电所、配电室中，对相序要求十分严格，必须保持一致，U、V、W 三相母线分别涂以黄（U）、绿（V）、红（W）色，以示区别。

三相四线制式供电　工业上用的三相交流电，有的直接来自三相交流发电机，但大多数还是来自三相变压器，对于负载来说，它们都是三相交流电源，在低电压供电时，多采用三相四线制（如图 5-21）。

在三相四线制供电时，三相交流电源的三个线圈采用星形（Y 形）接法，即把三个线圈的末端 X、Y、Z 连接在一起，成为三个线圈的公用点，通常称它为中点或零点，并用字母 O 表示。供电时，引出四根线：从中点 O 引出的导线称为**中线或零线**；从三个线圈的首端引出的三根导线 A 线、B 线、C 线，统称为**相线或火线**。在星形接线中，如果中点与大地相连，中线也称为**地线**。我们常见的三相四线制供电设备中引出的四根线，就是三根火线一根地线。

三相四线制中的电压　每根火线与地线间的电压叫**相电压**，其有效值用 U_A、U_B、U_C 表示；火线间的电压叫**线电压**，其有效值用 U_{AB}、U_{BC}、U_{CA} 表示，如图 5-21，三相交流电源的三个线圈产生的交流电压位相相差 $120°$，三个线圈作星形连接时，线电压等于相电压的根号 3 倍（$U_线 = \sqrt{3} U_相$）。我们通常讲的电压是 220V 和 380V，就是三相四线制供电时的相电压和线电压。

在日常生活中，我们接触的负载，如电灯、电视机、电冰箱、电风扇等家用电器及单相电动机，它们工作时都是采用三相中引出一相的供电方式，都属于单相负载。为了保证各个单相负载电压稳定，各单相负载均以并联形式接入电路。在单相负载较大时（如大型居民楼内的供电），可将所有单相负载平分为三组，分别接入 A、B、C 三相电路，如图 5-22 所示，以保证三相负载尽可能平衡，提高安全供电质量及供电效率。

如果三相电路中的每一根所接的负载的阻抗和性质都相同，就说三根电路中负载是对称的。在负载对称的条件下，因为各相电流间的位相彼此相差 $120°$，所以，在每一时刻流过中线的电流之和为零，把中线去掉，用三相三线制供电也是可以的。

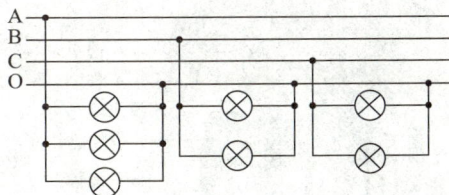

图 5-22　单机负载的连接

但实际上多个单相负载接到三相电路中构成的三相负载不可能完全对称。在这种情况下中线显得特别重要，而不是可有可无。有了中线每一相负载两端的电压总等于电源的相电压，不会因负载的不对称和负载的变化而变化，就如同电源的每一相单独对每一相的负载供电一样，各负载都能正常工作。若是在负载不对称的情况下又没有中线，就形成不对称负载的三相三线制供电。由于负载阻抗的不对称，相电流也不对称，负载相电压也自然不能对称。有的相电压可能超过负载的额定电压，负载可能被损坏（灯泡过亮烧毁）；有的相电压可能低些，负载不能正常工作（灯泡暗淡无光）。这样会随着开灯、关灯等原因引起各相负载阻抗的变化。相电流和相电压都随之而变化，灯光忽暗忽亮，其他用电器也不能正常工作，甚至被损坏。可见，在三相四线制供电的线路中，中线起到保证负载相电压对称不变的作用，对于不对称的三相负载，中线不能去掉，不能在中线上安装保险丝或开关，而且要用机械强度较好的钢线作中线。

三、磁力产生的机械运动——电动机

处于磁场中的导体有电流通过时，会受到磁场的作用力。这个简单实验说明了电动机的工作原理。

由于导体的前后运动非常不方便，人们便在位于磁铁间，可旋转放置的转子上加上铁丝。铁丝总是变换着从北极和南极通过并且每次都切割整个磁场。为了增加效率，可以添加多根铁丝，也就是增加铁丝绕成线圈的匝数。为了减少空气阻力，可给磁极加装磁极罩，这样电枢（线圈）就被一个空气带紧紧包围起来，通电后，转子或电枢在定子磁铁（磁场）和转子线圈之间的电磁感应作用下开始作旋转运动。

直流电动机　直流电动机的机壳内部有一个偶数强磁铁（场磁铁），如图 5 - 23。它可以产生所需的稳定的磁场。电流由位于转子轴上的换向器输入。换向器是由许多通过薄绝缘层分开的薄铜片构成的圆柱形滚筒，直流电机的标志性部件就是换向器，它的作用是，在转子转动达半圈后，电流向相反的方向流动。这样驱动力的方向和转子转动的方向总保持一致。转子的绕组和场磁铁可以按不同的方式组成。我们将它们分为串联电机和并联电机。直流电机属于并联电机（如图 5 - 24）。在并联电机中，两个绕组（场绕组和转子绕组）是平行放置的，由此可以获得一个恒定的转数或小的启动扭矩。转子在该电磁力矩作用下开始旋转向外输出机械功率。在电动机转数需要大的调节时，可以使用直流电动机。

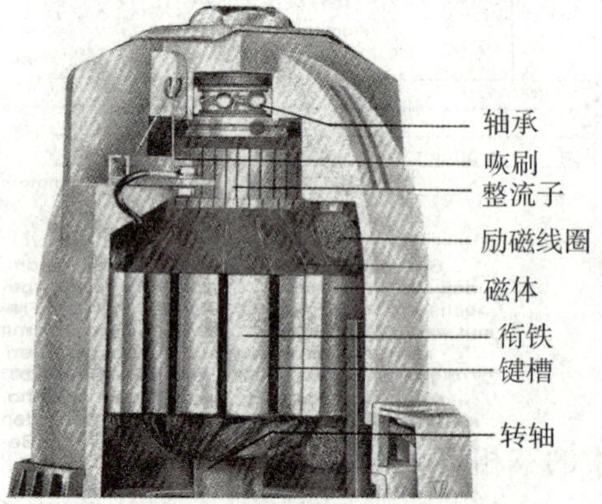

图 5 - 23　直流电机剖面图

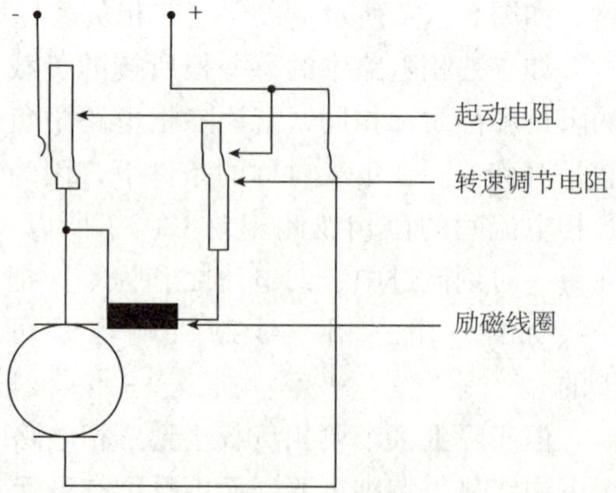

（图中标注：轴承、咴刷、整流子、励磁线圈、磁体、衔铁、键槽、转轴）

图 5 - 24　并联电机电路图

（图中标注：起动电阻、转速调节电阻、励磁线圈）

第五节 变压器

变压器是一种改变交流电电压和电流的电气设备，它广泛应用在电力工程、电子仪器、通讯广播和医疗仪器等方面。

一、变压器的工作原理

图 5 – 25 是变压器示意图，它由一个闭合的铁芯和套在铁芯上两个用绝缘导线绕制的线圈构成。与交流电源连接的线圈叫**原线圈**（又叫初级线圈），原线圈的两端叫做变压器的输入端；与负载（用电器）连接的线圈叫做**副线圈**（又叫次级线圈），副线圈的两端，叫做变压器的输出端。变压器的铁芯由彼此绝缘的薄硅钢片叠合而成的。

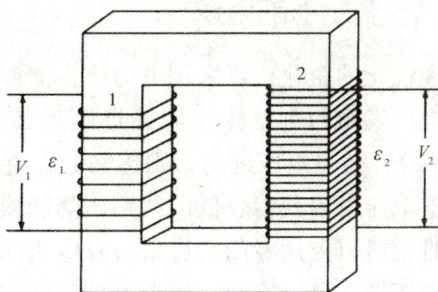

图 5 – 25 变压器原理图

在原线圈两端加上交流电压 U_1 后，原线圈中有交流电通过，铁芯中就产生交变的磁通，这个交变的磁通不仅穿过原线圈，也穿过副线圈。根据电磁感应原理，在原、副线圈中都要引起感应电动势。若副线电路是闭合的，在副线圈中产生交流电。副线圈的交流电也在铁芯中产生交变的磁通，这个磁通不仅通过副线圈本身，也穿过原线圈，在原、副线圈中同样要引起感应电动势。**在原、副线圈中由于有交流电而相互感应，这种现象叫做互感现象。**互感现象是变压器工作的物理原理。

当用电器连接在副线圈两端时，副线圈电路中会有电流通过，这时加在用电器上的电压即是副线圈两端的电压 U_2。由实验可知，**变压器原线圈两端的电压 U_1 和副线圈两端的电压 U_2 之比，等于原、副线圈的匝数 n_1 和 n_2 之比。**即：

$$\frac{U_1}{U_2} = \frac{n_1}{n_2} \tag{5-7}$$

如果 $n_2 > n_1$，U_2 就大于 U_1，变压器使电压升高，这种变压器叫做升压变压器；如果 $n_2 < n_1$，U_2 就小于 U_1，变压器使电压降低，这种变压器叫做降压变压器。

如果变压器中的损耗可以略去不计，根据能量守恒定律，变压器的输出功率 P_2 等于输入功率 P_1，即 $P_2 = P_1$

因为：$P_2 = U_2 \cdot I_2$ $\qquad$ $P_1 = U_1 \cdot I_1$

所以：$U_2 \cdot I_2 = U_1 \cdot I_1$

又因为：$\qquad \frac{U_1}{U_2} = \frac{n_1}{n_2}$ $\qquad$ 所以 $\qquad \frac{I_1}{I_2} = \frac{n_2}{n_1}$ $\tag{5-8}$

变压工作时，原、副线圈中的电流跟它们的匝数成反比。

将一个圈数为 600 匝的线圈与照明电路（220V）相连，次级线圈用一个装有可熔金属的熔解槽来代替。将线路连接好后通电，过一会儿后，金属开始熔化，因为熔解槽相当于一个圈数为 1 匝的线圈，其横截面很大，电阻很小，由电热定律可知，产生的电热很大，所以熔化了金属。这就是感应式熔化炉的基本原理和结构。感应式熔化炉相当于一个变压器，待熔化的物质是它的次级线圈，它所产生的旋涡电流会使整个熔化槽均匀加热，这样会得到特别均衡的熔化物。采用感应方式的高频电炉的频率在 10000～20000Hz 之间。

二、变压器的用途

现代化的企业广泛采用电力作为能源，而发电厂往往建在煤、水资源比较丰富的地方，电厂发出的电力往往需经远距离传输才能到达用电地区。在传输的功率恒定时（$P = IU$），传输电压越高，则传输的电流越小。因线损正比于电流的平方，所以用较高的输电电压可以获得较低的线路压降和线路损耗。要制造电压很高的发电机，目前技术很困难，所以要用专门的设备将发电机端的电压升高以后再输送出去，这种专门的设备就是变压器。另一方面，在用电端又必须用降压变压器将高压降低到配电系统的电压，故要经过一系列配电变压器将高压降低到合适的电压以供使用。

由以上可知，变压器是一种通过改变电压而传输交流电能的静止感应电器。

在电力系统中，变压器的地位十分重要，不仅所需数量多，而且要求性能好，运行安全可靠。

变压器除了应用在电力系统中，还应用在需要特种电源的工矿企业和牙科技工室中。例如：冶炼用的电炉变压器，电解或化工用的整流变压器，焊接用的电焊变压器，试验用的试验变压器，交通用的牵引变压器，以及补偿用的电抗器，保护用的消弧线圈，测量用的互感器等。

三、变压器的分类

（1）**按用途分类** 有电力变压器、特种变压器（电炉变压器、整流变压器、工频试验变压器、冲击变压器、电抗器、互感器等）。

（2）**按结构型式分类** 有单相变压器、三相变压器及多相变压器。

（3）**按线圈数量分类** 有自耦变压器、双绕组及三绕组变压器等。

（4）**按导电材质分类** 有铜线变压器、铝线变压器及半铜半铝、超导等变压器。

（5）**按铁心型式分类** 有心式变压器、壳式变压器及辐射式变压器等。

在电力网中，把水力、火力及其他形式电厂中发电机组产生的交流电压升高后向电力网输出电能的变压器称为**升压变压器**，火力发电厂还要安装厂用电变压器，供启动机组之用，用于降低电压的变压器称为**降压变压器**，用于联络两种不同电压网络的变压器称为**联络变压器**。将电压降低到电气设备工作电压的变压器称为**配电变压器**。配电前用的各级变压器称为**输电变压器**。

习题五

一、名词解释

1. 电流强度
2. 电源
3. 闭合电路的欧姆定律
4. 焦耳定律
5. 电解
6. 电镀原理
7. 安培定则 1
8. 电磁感应现象
9. 相电压
10. 变压器

二、判断题（正确的打√，错误的打×）

1. （　　）建筑物上装饰串灯的连接方式都是串联。
2. （　　）保险丝可以用铁丝或铜丝代替。
3. （　　）技工室中用的牙科电器设备只要并联接入电路，就能正常工作。
4. （　　）人不接触低压带电体，不靠近高压带电体，就不会发生触电事故。
5. （　　）短路就是电流没有经过用电器而直接和电源构成通路。
6. （　　）选用保险丝时，应使它的额定电流等于或稍小于电路中的最大正常工作电流。
7. （　　）电荷和电场同时存在，且不可分割。磁场和电流同时存在，也不可分割。
8. （　　）变压器工作时，原、副线圈中的电流跟它们的匝数成正比。
9. （　　）电磁感应现象实现了磁产生电的设想，使大规模电的生产与利用成为现实。
10. （　　）互感现象是变压器工作的物理原理。

三、填空题

1. 一个电路由_____、_____、_____、_____组成。
2. 通过人体的电流由_____和_____决定。
3. 安全用电的原则是_____和_____。
4. 经验证明：只有_____的电压对人体是安全的。家庭电路的电压是_____ V，动力电路的电压是_____ V，这些电压作用于人体会发生触电伤亡事故。
5. 保险丝是用电阻率较_____，熔点较_____的合金线制成的。当电路中有过大的_____时，能产生足够的热量，而迅速_____，才能起到_____电路的作用。
6. 电击造成人体损伤程度与_____（或电流大小）、_____、流经人体的_____和_____等因素有关。
7. 我国用于照明电路的交流电频率是_____，周期是_____，电压有效值是_____。
8. 振荡器是由一个_____和一个带有两个独立工作的、可无级调速的振动圈的_____两部分组成。

9. _____和_____都随时间作周期性变化的电流叫做交流电。

10. 三相四线制中的电压，每根火线与地线间的电压叫_____；火线间的电压叫_____。

11. 在变压器中，与交流电源连接的线圈叫_____（又叫初级线圈），原线圈的两端叫做变压器的_____；与负载（用电器）连接的线圈叫做_____（又叫次级线圈），副线圈的两端，叫做变压器的_____。

四、选择题

1. 一段电路欧姆定律的表达式是（　　　）

　　A. $I = UR$　　　　　　　B. $I = U/R$　　　　　　　C. $I = R/U$

　　D. $U = I/R$　　　　　　E. 以上均不正确

2. 某直流电路的电压为 220V，电阻为 40Ω，其电流为（　　　）

　　A. 5.5A　　　　　　　　B. 4.4A　　　　　　　　C. 1.8A

　　D. 3.6A　　　　　　　　E. 8.8A

3. 以下叙述中正确的是（　　　）

　　A. 因为人是导体，因此不论人触到家庭电路的哪条线上都会触电身亡

　　B. 电流对人体的危险跟电流的大小有关，但与触电时间的长短关系不大

　　C. 任何大小的电压加在人体都会造成触电

　　D. 家庭电路、动力电路一旦触电就可能有危险

　　E. 任何大小的电流经过人体都会造成危险

4. 家庭电路中的用电器正常工作，把台灯插头插入插座时，电灯突然全部熄灭，说明电路中（　　　）

　　A. 电路原来是断路　　　B. 插头处短路　　　　　C. 插头处断路

　　D. 台灯接线处短路　　　E. 台灯灯丝断了

5. 由于使用大功率用电器，家中保险丝断了。可以代替原保险丝的是（　　　）

　　A. 将比原来保险丝粗一倍的保险丝并在一起使用

　　B. 将比原来保险丝细二分之一的保险丝并在一起使用

　　C. 将铁丝接入断保险丝上

　　D. 用铜丝接入断保险丝上

　　E. 以上都不正确

6. 闭合电路发生断路时，电路中电流强度 I 与路端电压 U 的大小为（　　　）

　　A. $I = 0$，$U = 0$　　　　B. $I = 0$，$U = E$　　　　C. $I = \dfrac{E}{r}$，$U = 0$

　　D. $I = \dfrac{E}{r}$，$U = E$　　　E. $I = 0$，$U = \infty$

7. 关于闭合电路的性质，下面说法中正确的是（　　　）

　　A. 电源被短路时，电流为无限大　　　　B. 电源被短路时，路端电压最大

　　C. 外电路电阻增大时，外电路电压减小　　D. 外电路电阻增大时，外电路电压增大

　　E. 外电路短路时，路端电压等于电源的电动势

8. 在图 5–26 的电路中，当电键 K 闭合后，电流表和电压表的示数分别为 I_1 和 U_1，当可变电阻 R 的滑动片向右移动，电流表和电压表的示数分别为 I_2 和 U_2。则有（　　　）

　　A. $I_1 < I_2$　$U_1 < U_2$　　B. $I_1 < I_2$　$U_1 > U_2$　　C. $I_1 > I_2$　$U_1 > U_2$

　　D. $I_1 > I_2$　$U_1 < U_2$　　E. $I_1 = I_2$　$U_1 = U_2$

D. A 小　V 小；　　　　　E. A 大　V 不变

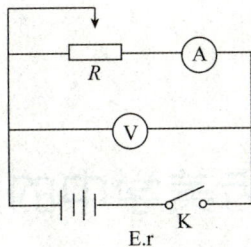

图 5－26

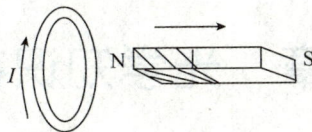

图 5－27

9. 关于磁感应线，下列说法中正确的是（　　）

A. 两条磁感应线可能相交

B. 可以用磁感应线表示磁场的强弱和方向

C. 通电螺线管内部和外部的磁感应线都是从 N 极指向 S 极

D. 磁感应线越密的地方，磁场越弱

E. 磁感应线的方向，就是 S 极受力的方向

10. 如图 5－27 所示，有一固定的导体圆环，在其右侧放着一根条形磁铁。此时圆环中没有电流，当把磁铁向右方移走时，由于电磁感应，在导体圆环中产生电流，那么下列说法中正确的是（　　）

A. 电流方向与图中箭头方向相同

B. 电流的方向与图中箭头方向时而相同，时而相反

C. 电流的方向与图中箭头方向相反

D. 以上说法都正确

E. 以上说法都不正确

11. 线圈 abcd、垂直于磁感应线（图 5－28），其 ab 边已在磁场外，且磁场是均匀的，今将线框向右拉出磁场，那么（　　）

A. 线框中有感应电流，方向顺时针

B. 线框中有感应电流，方向逆时针

C. 线框中有感应电动势，但无感应电流

D. 线框中有感应电流，但无感应电动势

E. 线框中既无感应电动势，也无感应电流

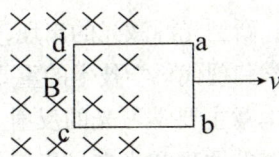

图 5－28

五、计算题

1. 已知电源的电动势是 1.5V，内阻是 0.2Ω，如果把它与电阻为 2.8Ω 的外电路连接起来，求：

（1）电路中的电流强度和路端电压各是多少？

（2）电源输出的功率是多少？

2. 在图 5－29 的电路中，电阻 $R_1 = 3Ω$，$R_2 = 3.5Ω$，电压表的示数为 9V，电池的内阻为 1.5Ω，求电源的电动势？

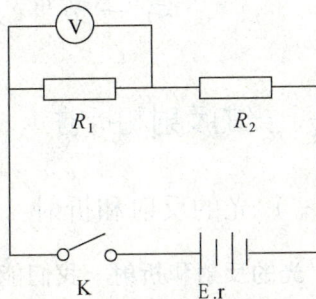

图 5－29

第六章　光学知识在义齿美学中的应用

📖 **知识要点**

　　1. 光的反射、折射及全反射的概念；反射在坩埚离心铸造机上的小镜子的作用。

　　2. 光的波动性及人的眼睛的光学结构；照度及不同工作情况下的标准照度值。

　　3. 颜色的基本知识介绍：色光三原色和色光加色法；色料三原色和色料减色法；非彩色与彩色。

　　4. 影响义齿颜色形成的因素和义齿表面磨光及着色。

　　5. 荧光放大镜和显微镜的构造及工作原理。

　　6. 激光的种类、特点及应用。

　　人类感知周围环境，大部分是通过视觉获得的，光给予人类最大信息量，正因为这样，人类很早就开始对光进行研究。早在 2400 多年前，我国最早的科学经典著作《墨经》就对几何光学有了较多的记载。随着人们对光学认识的逐步深入，特别是上世纪 60 年代，新型光源激光的出现，对光学的研究和应用又有了新的飞速发展，使光学成为现代物理学和现代科学技术的重要前沿之一。光学知识在义齿美学中有着非常重要的应用。

　　本章主要学习光的反射、折射、全反射、光的波动性的基础知识以及简单常见的光学仪器的原理和光在义齿美学中的应用。

第一节　光的反射和折射　全反射

一、光的反射和折射

（一）光的反射和折射

1. 光的反射和折射　我们能够看到物体及各种颜色，都是由于光传到人的眼睛的缘故。光在同种均匀介质中是沿直线传播的。当光传播（斜射）到两种介质的分界面时，将有一部分光改变原来的传播方向，返回到原介质中继续传播，这种现象叫做**光的**

反射。同时，还有另外一部分光会改变传播方向，进入另一种介质中继续传播，这种现象叫做光的折射。

知识回顾

光在同种均匀介质中沿直线传播，通常简称光的直线传播。它是几何光学的重要基础，利用它可以简明地解决成像问题。人眼就是根据光的直线传播来确定物体或像的位置的。

2. 光的反射和折射定律　人们经过研究认识了光线反射的规律：**反射光线和入射光线、法线同在一个平面内；反射光线和入射光线分居法线两侧；反射角等于入射角。——反射定律。**

在装有清水的碗内，斜放入一根木筷子，大家会看到一根直筷子不直了，这就是由于光线从水射入空气时，在分界面发生了折射的原因。因此光线入射到两种介质的界面时，除了发生反射，同时还会发生折射，见图 6 – 1。

当光线从介质 1 进入介质 2 时，实验和理论证明，折射光线的方向遵循以下规律：**折射光线和入射光线、**

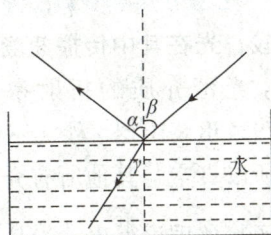

图 6 – 1　光的反射和折射

法线在同一平面内；折射光线、入射光线分居在法线的两侧；入射角的正弦和折射角的正弦之比，对于任意给定的两种介质来说，是一个常数——光的折射定律。即

$$\frac{\sin\alpha}{\sin\gamma} = 常数$$

式中常数的大小与两种介质的光学性质有关，且随光的颜色改变而改变。

3. 折射率　光从真空斜射入某种介质发生折射时，入射角 α 正弦跟折射角 γ 的正弦之比，叫做这种介质的**绝对折射率**，简称这种介质的折射率，用 n 表示。即：

$$n = \frac{\sin\alpha}{\sin\gamma} \tag{6 – 1}$$

折射率与介质的种类有关，如光从真空射入水中时 $n = 1.33$（即水的折射率为 1.33），光从真空射入水蒸气时 $n = 1.026$（即水蒸气的折射率为 1.026）等。折射率是反映材料导光性能的物理量，与入射角和折射角无关。表 6 – 1 列出了一些介质的折射率。

表 6 – 1　一些介质的折射率

介质	折射率	介质	折射率	介质	折射率
水	1.33	冰	1.31	酒精	1.36
水蒸气	1.026	石英	1.46	乙醚	1.35
晶状体	1.424	玻璃	1.5 ~ 2.0	萤石	1.43
水状液	1.336	金刚石	2.4	真空	1.0
水晶	1.54	角膜	1.376	空气	1.0003
甘油	1.47	玻璃体	1.336		

空气的光学性质和真空的光学性质很接近，空气的折射率可以近似取为 1。介质的折射率越大，光线从空气进入该介质后偏离原来方向的程度越大，越靠近法线。

知识补漏

当光线从第一种介质进入第二种介质时，入射角的正弦跟折射角的正弦之比，叫做第二种介质对于第一种介质的相对折射率，用 n_{21} 表示。即

$$n_{21} = \frac{\sin\alpha}{\sin\gamma}$$

4. 光密介质和光疏介质　光在各种介质中传播的速度是不相同的。**任意两种介质相比较，光在其中传播速度小的介质叫光密介质，光在其中传播速度较大的介质叫光疏介质。**光密介质的折射率大，光疏介质的折射率小。由于光在真空里的速度 $c = 2.99792458 \times 10^8$ 米/秒（一般取 3×10^8 米/秒），比光在其他各种介质里的传播速度都大，所以真空与其他所有介质比较，真空永远是光疏介质。

实验和理论得出：光从真空进入某种介质时 $\frac{\sin\alpha}{\sin\gamma} = \frac{c}{V}$，$V$ 表示光在介质中的传播速度。所以介质的折射率又可以表示为

$$n = \frac{c}{V} \tag{6-2}$$

综合式（6-1）和式（6-2）有

$$\frac{\sin\alpha}{\sin\gamma} = n = \frac{c}{V} \tag{6-3}$$

从式（6-3）容易看出：**当光从光疏介质进入光密介质时，入射角大于折射角，折射线偏向法线；当光从光密介质进入光疏介质时，折射角大于入射角，折射线远离法线。因为 c 总大于 V，所以任何介质的折射率都大于 1。**

〔**例题 6-1**〕光线从真空射入某介质时，入射角是 45°，折射角是 30°，求该介质的折射率？

解：已知 $\alpha = 45°$　$\gamma = 30°$

求：n

由公式 $\frac{\sin\alpha}{\sin\gamma} = n$

$$n = \frac{\sin 45°}{\sin 30°} = \frac{\frac{\sqrt{2}}{2}}{\frac{1}{2}} = \sqrt{2}$$

答：折射率是 $\sqrt{2}$。

5. 光的反射定律的应用——坩埚离心铸造机上小镜子的作用　在离心铸造机熔化

装置的固定架上，连有一个位置可调的
金属反射镜，如图6-2。

　　观察反射镜面，我们发现，只有将
反射镜调在某一特定角度时，才能看到
熔融金属的状态。反光镜将熔融金属发
出的光射到它上面的光线，按光的反射
定律反射到了我们的眼睛里，如图6-
3。所以，在牙科技工室中，人们利用
这个小镜子对光的反射，来观察坩埚中
熔融金属的状态。

图6-2　离心铸造机上小镜子的作用

　　平行入射到反光镜平面上的光线会
被平行反射出来（规则反射）。如果反光镜是粗糙的表面，上面会有许多方位稍加不同
的小镜元，传到同一镜元的光虽然遵守反射定律，但不同镜元的光反射后的传播方向则
会不同，这样，就相当于将入射光向四处扩散（散射），人们在各个方向都可以看到它
（称为漫反射）。

　　金属反光镜的平面反射面会将熔融金属等大的、没有任何变形地反映出来。只不过
影像是左右颠倒的，且距离镜面和实物距离镜面相同。炽热金属发出的光被镜面反射，
看上去光好像是从镜后的影像中发出来的。这种影像无法在屏幕上成像，因此称为**虚像**
（影像能够在屏幕上成像，则称为实像），如图6-4。

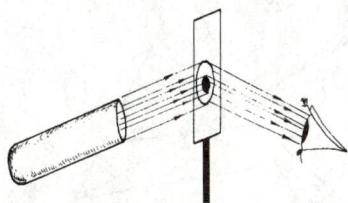

图6-3　镜子只有处于一个特定的位置时，
才能将光线反射到我们的眼睛中

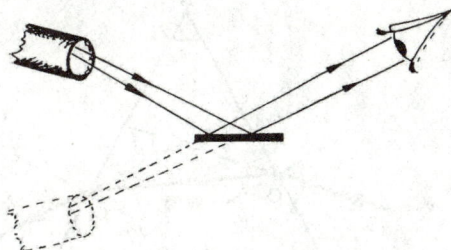

图6-4　平面镜的成像

（二）通过平行透明板的光线

　　研究光通过一些规则透明体后光路的变化及特点，具有重要的实用意义。

　　两个表面互相平行的透明体，叫做平行透明板，如平面玻璃和玻璃砖等。下面研究
光线通过玻璃板时，光路的变化情况。

　　如图6-5所示，光线从空气沿SO投射到玻璃板AA'面上，沿OO_1折射入玻璃，再
沿O_1S_1折射到空气里。

　　根据折射定律，应有 $n_1\sin\alpha = n_2\sin\gamma$

　　及　 $n_2\sin\alpha_1 = n_1\sin\gamma_1$

　　因 NN∥N'N'，故 $\gamma=\alpha_1$，

于是有　$n_1 \sin\alpha = n_1 \sin\gamma_1$

即 $\alpha = \gamma_1$，所以 SO 与 O_1S_1 平行。**即光线通过两面平行的透明板以后，并不改变方向，而只是发生向侧面的平行移动**。图 6-5 中 l 为侧位移的大小。透明板越薄这个移动距离越小。入射角越小，侧位移也越小。垂直入射时，不发生侧位移。隔着玻璃窗看窗外的物体，并不感到它偏离实际位置，就是因为玻璃片很薄的缘故。

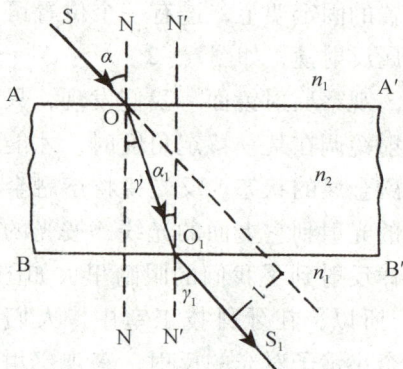

图 6-5　穿过平行透明板的光线

（三）三棱镜

横截面是三角形的透明三棱柱叫做三棱镜（如图 6-6），简称棱镜。

图 6-6 所示为三棱镜的主截面，AB、AC 为光线进出的两个折射面，BC 为棱镜的底面，∠φ 为顶角。玻璃三棱镜跟周围空气相比较它是光密介质。从光路图可见，光线经过光密介质三棱镜后向底面偏折。入射光线 SO 的延长线和折射光线 S_1O_1 的延长线的夹角 δ 叫做偏向角。**偏向角表示光线通过棱镜后的偏折程度**。

如图 6-7 所示，隔着玻璃三棱镜看物体时，看到的是物体正立的虚像，虚像的位置向顶角方向偏移。

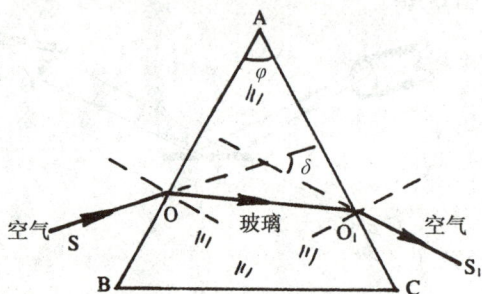

图 6-6　通过三棱镜的光线

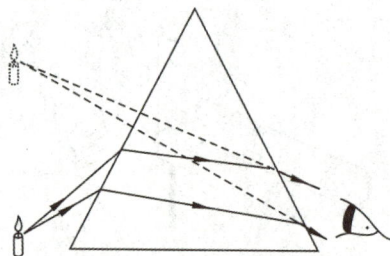

图 6-7　三棱镜成像

二、光的全反射

（一）全反射现象

当光线从光密介质射向光疏介质时，在一般情况下，会同时发生反射和折射现象，且折射角总是大于入射角。如果入射角增大，折射角也随着增大，当入射角增大到某一角度时，折射角增大到 90°，此时只有一条微弱的光线沿着界面传播，而反射光线较强。继续增大入射角，就连那条沿界面传播的微弱光线也反射回原来的光密介质中。这种从光密介质射入光疏介质的入射光线全部反射而无折射的现象叫**光的全反射**，见图 6-8。如果让光线从光疏介质射入光密介质绝对不会产生全反射现象。

　　我们把光线从光密介质入射到光疏介质时，折射角等于 90°时所对应的入射角叫做临界角。用字母 A 表示，见图 6-9。

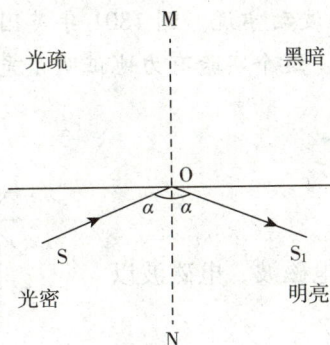

图 6-8　全反射现象　　　　图 6-9　临界角

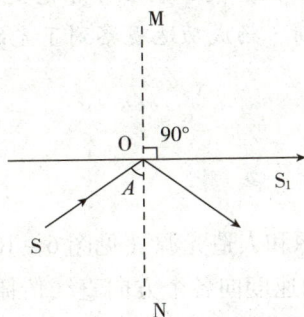

由上述分析可知，产生全反射的条件是：

①光线从光密介质射入光疏介质；

②入射角大于临界角。

(二) 临界角的计算

光线从某介质进入空气时，根据临界角的定义，由 $\dfrac{\sin\alpha}{\sin\gamma} = n$ 得：

$$\frac{\sin A}{\sin 90^{o}} = \frac{1}{n}$$

所以临界角 A 表达式为：

$$\sin A = \frac{1}{n} \tag{6-4}$$

全反射现象在日常生活中也是常见的。如玻璃里的气泡明亮耀眼是全反射的实例；自然界所谓的"海市蜃楼"也是光在传播中与大气上下层密度有关所引起的全反射现象；以及夏天的柏油马路上，光线被贴近路面的热空气全反射，从远处看去，路面显得格外明亮光滑，就像用水淋过一样，都是全反射现象。

第二节　光的波动性　眼睛

　　为什么我们能看见我们的牙科工具？光是怎么样引起人们视觉的？

　　进入一个黑房间中我们什么都看不到，因为那里没有光。由此看来有两个因素决定我们能否看见物体：光和健康的眼睛。

　　先来看看光这个因素，这里首先要回答一个问题：什么是光？人们对光的认识，经过了一个漫长的过程，大量的实验事实使我们对光有了本质的认识：光既不是实物粒子，也不像我们所认识的机械波，光是电磁波，具有波、粒二象性。本节只研究光的波动性。

知识补漏

17世纪，荷兰物理学家惠更斯提出光的波动学说。到1801年英国物理学家托马斯·杨成功地观察到了光的干涉现象。这个实验有力地证明了光具有波动性。

一、光的波动性

自然光源和人造光源（见图6-10）会发出电磁波，电磁波以 3×10^8 m/s 的速度向各个方向直线传播。

图 6-10 光源

知识拓展

自身能够发光的物体叫做光源。它分为两种，一种是自然光源，如太阳、萤火虫等；另一种是人造光源，如发光的电灯、点燃的蜡烛（烛焰）。

月亮不是光源。月亮依靠太阳的光反射而发光。一般行星不发光，如太阳系中的火星也不是光源。

可见，光是一种电磁波，因此，光具有反射、折射、干涉、偏振等波的特性。电磁波谱的范围相当大，但是真正能够引起人的视觉并在人健康眼的视觉系统上产生色彩感觉的电磁波波的波长范围大约在380~780nm，称为**可见光**。在这段可见光谱中，不同波长的电磁波则产生不同的色彩感觉。因此，可见光只是整个电磁波谱的很小一部分。长于780nm的为红外线、无线电等，短于380nm的为紫外线、X射线、宇宙射线等，这些无法引起人的视觉，称为**不可见光**。（见图6-11）

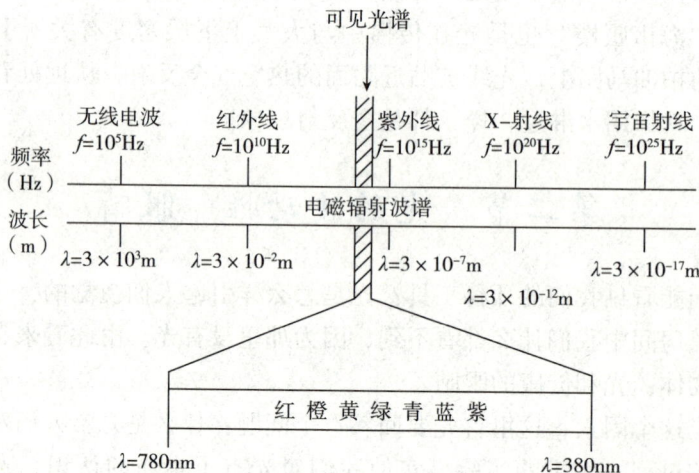

图 6-11 电磁波谱

知识补漏

nm 是纳米的意思，长度的单位。$1nm = 10^{-3}\mu m = 10^{-6}mm = 10^{-9}m$。

　　白光经过三棱镜折射后会形成按一定顺序排列的彩色带，这种现象称为光的色散。所形成的红、橙、黄、绿、青、蓝、紫色光就是**可见光谱**。

　　如图 6 – 12 所示的光的色散现象证明了白光是由各种颜色的光复合而成的，**即由不同波长的单色光所混合而成的光，称为复合光**。所谓"单色光"是指白光或太阳光经三棱镜折射所分离出光谱色光——红、橙、黄、绿、青、蓝、紫等七个颜色，因为这种被分解的色光，即使再一次通过三棱镜再也不会分解为其他的色光，所以将这种**不能再分解的色光，称为单色光**；而由"单色光"所混合的光称为"复色光"。上述说到的自然界中的太阳光及人工制造的日光灯等所发出的光都是复色光。

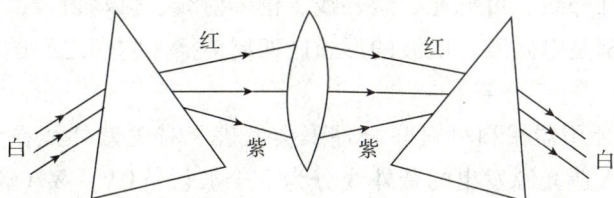

図 6 – 12　光的色散实验

　　当光照到物体上时，一部分光被物体反射，一部分光被物体吸收。如果物体是透明的，还有一部分光透过物体。**不同的物体，对不同的波长的光的反射、吸收和透过的情况不同**（注意，吸收了的光不能被反射到人的眼睛，这种颜色我们就看不到了），**因此呈现不同的色彩**。黑色吸收所有颜色，白色反射所有颜色。

　　在图 6 – 12 色散实验中，如果在白屏前放置一块红色玻璃，则白屏上其他颜色的光消失，只留下红色。这表明，其他色光都被玻璃吸收了，只有红光透过。如果在白屏前放置一块蓝色玻璃，则白屏上只呈现蓝光，见图 6 – 13。所以**透明物体的颜色由通过它的色光决定**。

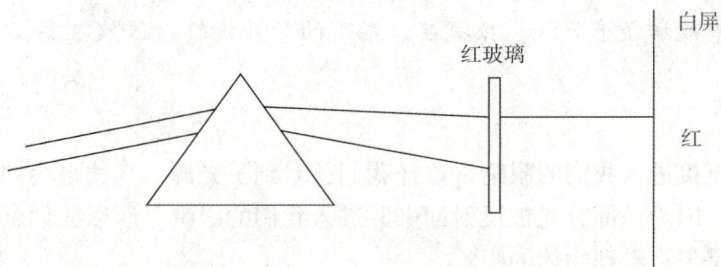

图 6 – 13　白屏前放置一块红玻璃

　　在图 6 – 12 色散实验中，如果把一张红色纸贴在白屏上，则在红纸上看不到彩色带，只有被红光照射的地方是亮的，其地方是暗的；如果把绿纸贴在白屏上，在屏上只有绿光照射的地方是亮的。这表明，**不透明物体的颜色是由它反射的色光决定的**，也就是我们平常所说的不同物体的颜色是不同的原因。

可见光的颜色是由它的波长决定的：红光波长 $\lambda \approx 0.65\,\mu m$，紫光波长 $\lambda \approx 0.45\,\mu m$。红光和紫光及中间色构成了按下列顺序排列的可见光谱：红、橙、黄、绿、青、蓝、紫，如图 6-14。

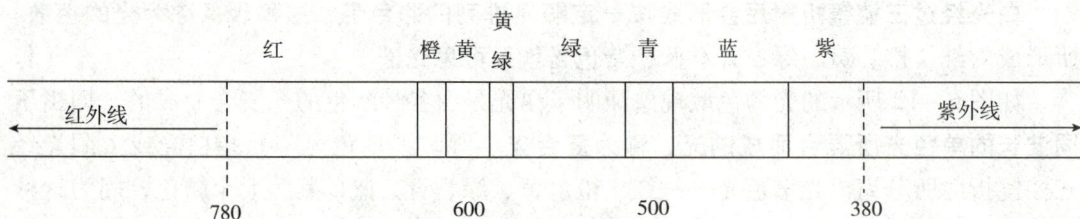

图 6-14　可见光波长

与可见光相连的是波长较短的紫外线区（UV-A、UV-B、UV-C）和波长较长的红外线区。微波、红外线、可见光、紫外线、伦琴射线、伽马射线，它们都有着相同的本性。实际上它们都是电磁波，以波的形式向四周传播。它们之间的区别只是**波长和频率不同**。

1976 年，美国牙用器械和材料联合理事会发表了有关紫外线在牙科治疗中的应用一文，把太阳光或人造光源发出的紫外线分为 3 个波段：UV-A（波长 320~400nm）、UV-B（波长 290~320nm）、UV-C（波长 200~290nm）。

UV-C 对于细胞和组织而言是致命的。因为波长越短的波，频率越高，光的能量越大，所以会对人体细胞造成较大的伤害，所幸太阳光中的 UV-C 会被地球大气层过滤掉。UV-B 会将皮肤灼伤，不过只有一小部分会到达地表。UV-A 大部分会到达地表，从生物学角度而言是可以忍受的。但出于安全考虑，只有这部分的紫外线是可以用于牙科治疗的。但在应用时也要采取不同的保护措施，要避免不加限制的紫外线照射。

知识拓展

　　为什么在多云的天气你的肌肤还会受到阳光的灼伤？这是因为紫外线辐射在大气中被水分子驱散，躲藏在云层下的紫外线辐射依然很高，仍然会灼伤肌肤。

光线能够直接进入我们的眼睛，这样我们就看到了光源。光线也会照射到我们使用的牙科工具上，因为一部分光被反射回来并进入我们的眼睛，所以我们就看到了牙科工具。那么眼睛是怎么看到物体的呢？

二、眼睛

人的眼睛是由巩膜、角膜（折射率 1.367）、水状液、晶状体、玻璃体（折射率

1. 336）、视网膜和视神经构成一个复杂的光学系统，如图6－15为人眼的解剖图。从几何光学的角度而言，人的眼睛可以简化成一个凸透镜（晶状体）和一个成像的屏（视网膜），当光线进入眼睛后，经过凸透镜的折射将像成到视网膜上人就看到了物体（如图6－16）。

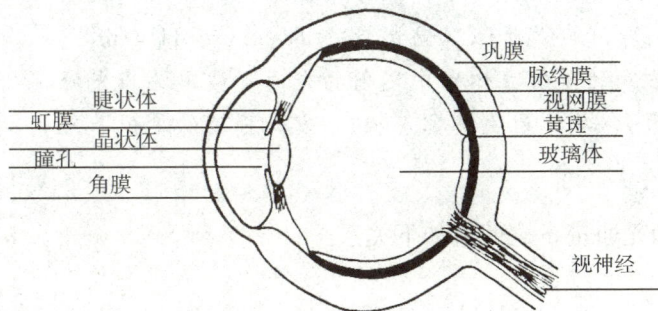

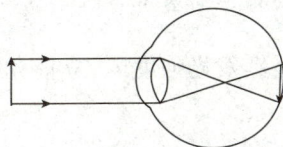

图6－15　眼的解剖图　　　　图6－16　眼睛的成像原理图

我们的眼睛能够辨别亮和暗、运动、形状、远近和颜色。感觉光线的是视网膜上的杆状细胞和锥状细胞。杆状细胞（大约1250万个）能够分辨亮和暗，对光线敏感的锥状细胞（大约700万个）能够分辨颜色。按照三原色原理，视网膜可以将三种基本色叠加组合成各种颜色。三种基本色为：红、绿和蓝。这就意味着我们有能感知红、绿和蓝光的三种锥状细胞。**当所有锥状细胞都受到同等强度的刺激时，我们感觉到的就大约是白色。**

知识拓展

人眼的结构相当于一个凸透镜，那么外界物体在视网膜上应该成的是倒立的实像。可是我们平常看见的任何物体，明明是正立的啊？这个与"经验规律"发生冲突的问题，实际上涉及大脑皮层的调整作用以及生活经验的影响。

三、在工作台上需要的照明

现在，我们的工作室（铸造室、石膏室等）和我们的住房主要是由电来照明的。通过灯的选择我们可以获得所需的和必要的照度。为了确定光源发出的、由不同波长构成的光的强度，人们定义了光通量的单位，并用它来描述由光源发出和由我们眼睛来衡量的光照强度。照度与亮度有区别。亮度是指光源的亮度，数值上等于单位面积的光源表面向其法线方向的单位立体角内辐射的光通量。照度是指物体表面被照亮的程度，数值上是被照射表面单位面积上的光通量。光通量也可认为是辐射通量，就是单位时间内辐射的光能。光通量越大的灯发出的光越多。

光通量的单位定义：发光强度为1坎德拉（cd）的点光源，在单位立体角（它的单位是**球面度sr**）内发出的光通量为"1流明"。英文缩写（Lm）。

知识补漏

　　光通量：光源单位时间内发出的光量称为光通量，符号为 φ，单位是流明（Lm）。光通量就是人眼对能量辐射通量的评价。

　　照度，也叫亮度：光源在某一方向上的单位投影面在单位立体角中发射的光通量数，符号为 E，$E = \varphi / s$，单位为 Lx（勒克斯），即：$1Lx = 1Lm/m^2$

　　发光强度：光源在给定方向的单位立体角中发射的光通量被定义为光源在该方向的发光强度，符号为 I，单位为坎德拉（cd）。发光强度的单位是光度测定的基本单位。

显然发光强度 I、立体角 Ω 和光通量 φ 之间有如下关系：

$$I = \frac{\varphi}{\Omega} \tag{6-5}$$

　　光源所发出的总光通量与该光源所消耗的电功率（瓦）的比值，称为该**光源的光效**，即 $\eta = \varphi / E$。光效也称为光源的发光效率或者光源的功率因素，发光效率值越高，表明照明器材将电能转化为光能的能力越强，即在提供同等亮度的情况下，该照明器材的节能性越强；在同等功率下，该照明器材的照明性越强，即亮度越大。表 6-2 列出了白炽灯和荧光灯的光通量和光效率。

表 6-2　白炽灯和荧光灯的光通量（Lm）和光效率（Lm/W）

白炽灯			荧光灯		
瓦特	光通量（220V）	光效率	瓦特	光通量（220V）	光效率
15	120	8	20	850	34
25	230	9.2	40	1950	39
40	430	10.8	65	3150	40
60	730	12.2	100	5400	44
75	960	12.8	120	7300	51
100	1380	13.8			
150	2220	14.8			
200	3150	15.7			

　　只有在很少情况下，光源各个方向的光通量是相等的。位于 1m 以外的光通量为 1Lm 的光源照射到面积为 $1m^2$ 的与其垂直平面上的光通量，即为 1Lx（烛光）。

　　对一个局部义齿而言，照射到它表面的光通量越大，就越好辨认。光照度就是表明物体被照明程度的物理量。**光照度与照明光源、被照表面及光源在空间的位置有关，大小与光源的发光强度和光线的入射角的余弦的乘积成正比，而与光源至被照物体表面的**

距离的平方成反比。

即

$$E = \frac{I}{r^2}\cos\alpha \qquad\qquad (6-6)$$

所以在安装灯的时候要注意照度与距光源的距离的平方成反比（如图 6 – 17）。距离加倍时，照度则减弱四倍。

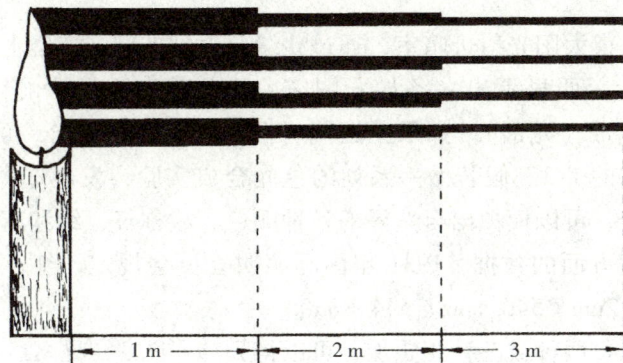

图 6 – 17　照度与距离平方成反比

1m 远的照度为 1Lx 时，2m 远时则为 1/4Lx，3m 远时为 1/9Lx

在工作和学习中，我们能否看清一个物体，或能否辨别物体上的细微部分，都与物体表面的被照程度有关系。保持合适的照度，对提高工作和学习效率都有很大的好处；在过于强烈或过于阴暗的光线照射下工作学习，对眼睛都是有害的。表 6 – 3 中所列的是几种不同工作情况下的标准照度值。

表 6 – 3　下表中所列的是几种不同工作情况下的标准照度值

工作性质或场所	照度（Lx）
夏季中午在太阳能直接照射下	100000
没有太阳的室外	10000 ~ 1000
明朗夏天的室内	500 ~ 100
细小精致的工作（如修理钟表、雕刻制板、制图等）	100
使用危险性的小的带刃工具（削刀、钻、旋刀）的工作	100
在工作台上作细小精致的工作（如用缝纫机缝纫、书写等）	75
阅读、观看各种仪器所示的读数、纺织	50
走廊	10
楼梯	8
在满月底下	0.2

对于我们技工室的工作而言，局部的照明要求非常高，因此可以选择介于 800Lx 到 1200Lx 的照度。

第三节　颜色的基本知识

色来源于光，光又伴随着色，色与光有着密切的关系。

一、色光三原色和色光加色法

如前所述，让一束太阳光射进暗室，通过狭缝照射到玻璃三棱镜上，透过玻璃，再投射到白色的屏幕上，便显示出一条如彩图2（见书后）所示的由红、橙、黄、绿、青、蓝、紫组成的光带（光谱）。如果三棱镜对白光的色散不充分，可以发现红、绿、蓝三种色光各占光谱的1/3。假若做一系列的色光合成实验，发现选择"适当"的红、绿和蓝色光进行组合，可以模拟出自然界的各种颜色，故称**红、绿和蓝色光为色光的三原色**。为了统一色度方面的数据，1931年国际照明委员会规定，红、绿、蓝三原色光的波长分别为：700.2nm、546.1nm、534.8nm。

若将三原色光，每两种或三种相叠加，可以得到如彩图3（见书后）的色光。

红（R）+绿（G）=黄（Y）

红（R）+蓝（B）=品红（M）

蓝（B）+绿（G）=青（C）

红（R）+绿（G）+蓝（B）=白（W）

以上各式表明，**色光的相加（混合）所获得的新色光其亮度增加，故称色光的混合为色光加色法（加色混合）**。改变三原色光中任意两种或三种色光的混合比例，可以得到各种不同颜色的色光。光是作用于人眼并引起明亮视觉的电磁辐射，具有能量，色光混合的数量愈多，光能量值愈大，形成的色光愈明亮。

如果把红、绿、蓝三原色光，分别和青、品红、黄三种色光等量相混合，可以得到白光，如彩图3（见书后），即：

红光＋青光＝白光

绿光＋品红光＝白光

蓝光＋黄光＝白光

当两种色光相加，得到白光时，称这两种色光互为补色光。因此，红光与青光互为补色光，绿光与品红光互为补色光，蓝光与黄光互为补色光。

二、色料三原色和色料减色法

色料就是用染和涂的方法，在可见光下能引起色觉的物质，如颜料、染料。在色料中，黄、品红、青三种色料是最基本的色料，它们无法用其他色料混合得到。换句话说，任意两种或两种以上的色混合，均不能获得黄、品红、青，故**黄、品红、青称为色料三原色**。而将黄、品红、青色料，每两种以"适当"的比例混合，又可以得到色光三原色的颜色（红、绿、蓝），如彩图4（见书后）。

黄 + 品红 = 红

黄 + 青 = 绿

品红 + 青 = 蓝

品红 + 青 + 黄 = 黑（BK）

改变黄、品红、青三种色料的混合比例，因选择性地吸收和反射色光，便可以获得各种不同的颜色，来满足绘画、装潢和印刷对各种色彩的要求。

从色光补色的关系可知，色料三原色呈现的色相是从白光中，减去某种单色光，得到的另一种色光的效果。从白光中分别减掉（吸收）光的三原色红光、绿光、蓝光，便得到了被减色光的补色光——青、品红、黄，故把黄称为减蓝，品红称为减绿，青称为减红，即黄、品红、青也可以叫做三减色。

色料的相加（混合）所获得的颜色其明度降低，故称色料的混合为色料减色法。

色料减色法的呈色原理也可以用下面的式子来表达。

黄（Y）+ 品红（M）= 白（W）− 蓝（B）− 绿（G）= 红（R）

黄（Y）+ 青（C）= 白（W）− 蓝（B）− 红（R）= 绿（G）

青（C）+ 品红（M）= 白（W）− 红（R）− 绿（G）= 蓝（B）

黄（Y）+ 品红（M）+ 青（C）= 白（W）− 蓝（B）− 绿（G）− 红（R）= O（黑）

黄、品红、青三种色料混合在一起，蓝光、绿光、红光分别被黄、品红、青色料吸收，故呈现出黑色。

从彩图 4（见书后）中看到，黄色料和蓝色料相混合得到黑色，品红色料与绿色料相混合得到黑色，青色料与红色料相混合也得到黑色。**凡是某种色料与另一种色料相混合呈现黑色时，这两种色料互为补色料。**所以，黄色与蓝色互为色料补色，品红色与绿色互为色料补色，青色与红色互为色料补色。

色料补色混合后呈现黑色，色光补色混合后呈现白光，两者恰好相反，但是，**光的三原色的补色是色料的三原色，色料三原色的补色又是光的三原色**，因此，光与色之间存在着相互的联系，这种联系已经被人们巧妙地应用在彩色原稿的颜色分解之中。

三、非彩色与彩色

自然界的颜色分为非彩色和彩色两大类。

非彩色 非彩色就是黑、白以及从黑暗到最亮的各种灰色，它们可以排列成一个系列，如图 6 − 18 所示，称为**黑白系列**，该系列中由黑到白的变化可以用一条灰色带表示，一端是纯黑，另一端是纯白。物质将可见光全部反射，反射率等于 100% 为纯白；物质将可见光全部吸收，反射率等于 0% 为纯黑。实际生活中没有纯白和纯黑的物质，氧化镁只能近似纯白，黑绒接近纯黑。黑白系列的非彩色只能反映物质的光反射率变化，在视觉上的感觉是明亮的变化。

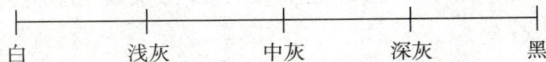

白　　浅灰　　中灰　　深灰　　黑

图 6 − 18 黑白系列

当物品的表面对可见光谱所有波长的辐射的反射率都在80%甚至90%以上时，视觉上的感觉便是白色。若反射率均在4%以下则是黑色。白色、黑色和灰色物体对光谱各波长的反射没有选择性，称它们为**中性特色**。

彩色 黑白系列以外的各种颜色称为彩色。任何一种彩色具有三个特征：色相（色调）、亮度（明度）和饱和度（纯度）。

色相 色相是色彩最基本的特征，是指色彩的相貌，即能够比较确切地表示某种颜色色别的名称。人们根据色相来称呼颜色如红色、黄色、绿色等，黑白没有色相，为中性。**色相由物体表面反射到人眼视神经的色光来确定**。从光学意义上讲，色相差别是由光波波长的长短产生的。即便是同一类颜色，也能分为几种色相，如黄颜色可以分为中黄、土黄、柠檬黄等。对于单色光可以用其光的波长确定。若是混合光组成的色彩，则以组成混合光各种波长光量的比例来确定色相。例如：在日光下，物品表面反射波长为 500～550nm 的色光，而相对吸收其他波长的色光，该物品在视觉上的感觉便是绿色。

亮度也就是明度，是指颜色的明暗度，白色的明度最高，而黑色的明度最低。物体表面反射光的程度不同，色彩的明度就会不同。所以，明度是物体反射光线数量方面的一种特性，物体对彩色光反射率越高，人们眼睛感觉到这种色愈明亮，它的明度值越高。所以**明度是颜色在量方面的特性**，明度有时称亮度。色彩的明度有两种情况：一是同一色相不同明度，二是各种颜色的不同明度。

饱和度又称为纯度，是指色相的纯净与饱和的程度，即颜色的纯洁性。原色纯度最高，间色次之，复色纯度最低。可见光的各种单色光是最饱和的颜色。当光谱色掺入的白光成分愈多时，就愈不饱和。它的移动是沿中心柱黑色调至色相圈的外缘处，高色度的颜色中几乎没有黑色、白色或者银粉。饱和度也有人称做**彩度**。

第四节　影响义齿颜色形成的因素

人类天生的牙齿看上去有不同的颜色：白色、黄色、带点红色的、棕色的或蓝色的等等，下面的内容中，我们就来研究影响义齿颜色形成的因素。

知识拓展

真正意义上健康美丽的牙齿不是大多数人想象中的白色，而应该是淡黄色。为什么呢？

因为牙齿表面覆盖着一层牙釉质，呈透明或半透明状态，其深部为牙本质，呈淡黄色。牙齿的颜色与釉质的钙化程度有关，钙化程度越高，釉质越透明，而其深部的牙本质的本色透过其使牙齿呈淡黄色；反之牙齿会呈现为不正常的白色或乳白色。

一、牙颜色的形成

（一）物体颜色的形成

物体颜色的表现总是与光线分不开的，所谓无光即无色。物质的颜色取决于物质对于可见光的反射、吸收与透射。光接触物质表面时，部分光会反射，如果物体是不透明的，那么光会全部被吸收；如果是透明的，就会有部分光穿透物体，部分光到达里面后又发生反射，反射光被眼睛接收并在大脑形成反射，从而**形成颜色**。因此，颜色的形成与下面因素都有直接的关系：①照射光的波长及特性；②物质本身的构成与特性；③大脑接收与反射。对正常人来讲，大脑神经反射系统正常者，颜色主要由光源的性质和物质本身的特性决定。

（二）来自白光的各种色彩

利用聚光镜将光源发出的光聚积到一个缝隙，再用另一个聚光镜将穿过缝隙的光线在合适距离的屏幕上聚积成缝隙清晰的、白色的像。在屏幕和成像透镜间加一个三棱镜，这时白色的缝隙不见了，我们看到了一条彩色的光带——光谱，可以清楚地看到它包含下列颜色：

红—橙—黄—绿—青—蓝—紫（见图6-19）。从图中可以看到，白光通过三棱镜被分解后，红色光被折射的程度小，紫色光被折射的程度大，所以红光在上，紫光在下。

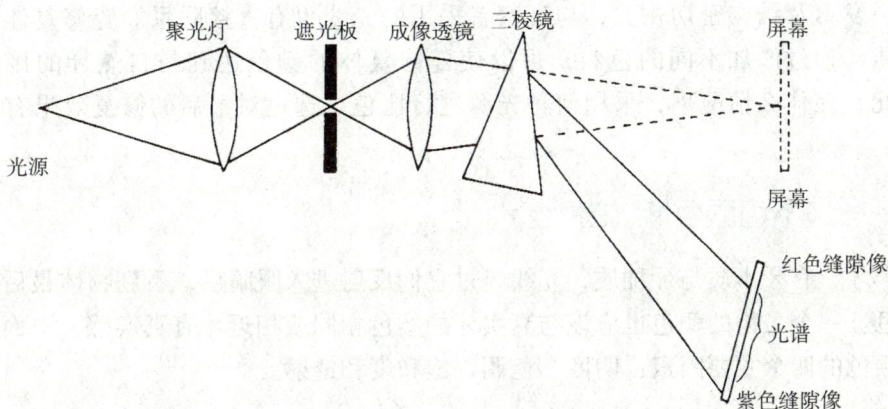

图6-19　开普勒-牛顿的光谱形成试验

一种光线进入眼睛，并引起某种颜色的感受，这被称为色感。前面已经知道，要在我们的眼睛中引起色感，光的波长必须介于380nm和780nm之间，并且必须超过色感敏感界限。由于各种波长的光对锥状视细胞的刺激不同，这样每种波长的光都有自己特定的颜色，因此日光或白炽灯被分解后会形成光谱颜色。

用一个小三棱镜将某种颜色，例如红色光引开，并将其余的光重新聚合起来，这时会在屏幕上显现青绿色。移开小三棱镜，红色光和青绿色光会形成白光。我们因此将红色和青绿色称为补色或余色。

余色

被引开的颜色：　　红　橙　黄　黄绿　绿　蓝绿　蓝　紫

其余颜色的混合色： 青绿　蓝绿　蓝　紫　品红　橙　黄　黄绿

将两个余色，例如蓝和黄同时照射到屏幕上，通过颜色的叠加混合可以得到白色（加色混合见图6－20）。将蓝光和黄光与白光混合，这两种光会吸收白光中的一部分色光，至少会吸收其中的绿色成分，混合光因此会呈现绿色（减色混合）。

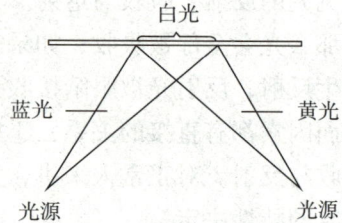

图6－20　加色混合

（三）牙颜色的形成

一个牙看起来有些发红，是因为它把白光中的红光部分反射出来，而将绿光和蓝光吸收掉。另一个牙看上去有些发蓝，是因为它将蓝光反射出来，而将绿、橙、红和部分黄光吸收掉。当黄、红和绿光按不同比例反射出来而蓝光被吸收掉时，牙看上去会发黄。当绿、蓝绿和黄被反射出来而红、深蓝和紫被吸收掉时，牙看上去则会发绿。

值得一提的是，在白光下看起来发红、发蓝等等的牙齿，在其他颜色光照射时颜色会改变。例如用红光照射一个蓝绿色的物体，它的颜色会变成黑色。蓝绿色的物体只能将蓝色和绿色反射回来，而红光中没有这两种颜色，所以物体看起来是黑的。

人体牙齿属于透明物质，牙齿颜色的形成是牙齿各部分结构的综合反映，与牙齿的质地、发育及结构密切相关，与观察者采用的光线也有直接联系。瓷修复体也是半透明物质，通过添加不同的色料，可以使瓷修复体的颜色达到与自然牙的接近或一致，因此，在什么情况下，采用何种光源进行比色、选色对最后的修复效果有着直接的关系。

二、影响义齿颜色形成的因素

一个牙，有牙本质与牙釉质，光线经过它们反射进入眼睛后，看到物体最后所呈现出的颜色。一个义齿的颜色也应该与真实牙的颜色相同或相近才有真实感。下面来看影响义齿颜色的四个主要因素：明度、色调、饱和度和透射。

（一）明度

明度是人眼对物体的明亮感觉，受视觉感受性和过去经验的影响，物体表面的反射率越高，它的明度就越高。明度受感觉的影响，明度体现了颜色在"量"上的不同。

明度没有任何色彩，只是黑白系列的感觉，由光的强度决定。进入人眼的反射光线越多，光的强度就越大，明度也越大；进入人眼的反射光线越少，光的强度就越小，明度也就越小。所有颜色都有对应的明度，技工室中制作义齿使用的比色板，其中一种就是以明度来划分台阶的。

（二）色调

色调是彩色彼此相互区别的特性，物体的色调决定于光源的光谱组成和物体表面所反射（或透射）的各波长辐射的比例对人眼所产生的感觉。色调体现了颜色在"质"方面的关系。

我们之所以能感受到周围颜色的千差万别，就是因为色调不同的原因，如花是红的，叶是绿的等等。这种**颜色感知上的属性称为色调**。色调取决于颜色的主波长。颜色的主波长相当于人眼观测到的颜色的色调。同一个义齿，它的几个部分色调都是不同的。如牙冠的颈 1/3 的部分呈红色，色调偏红；中 1/3 的部分为淡橙青色，色调偏黄色；切 1/3 的部分发青，色调偏淡。

（三）饱和度

饱和度是在色调"质"的基础上所表现的彩色纯度在"量"上的不同。所以**饱和度又称彩度**。它是指主波长在此波段中所占的比例。比例越大，饱和度越高，比例越小，饱和度越低。同样是红颜色，但加点水，红颜色就会变淡，饱和度也会降低。如在义齿的颈部瓷中加点白瓷粉，就会变成粉红颜色。

人的眼睛对明度最为敏感。对一个义齿颜色，如果色调和饱和度有差异，只要明度是正确的，人就能够接受；反过来，如果色调和饱和度是正确的，但明度不正确，人就不能接受了。

（四）透射

透射是指光线通过物体的现象。其光的透射率与两个因素有关：一是材料的性质。玻璃是透光的，透射率比较高，而金属是不透光的，透射率比较低。二是材料的厚度。玻璃虽然是透明的，但如果做得很厚，透射率也会降低。但反过来，即便是完全不透光的材料，加工到很薄很薄的时候，其透射率也会大大地增强。在制作义齿时，透明瓷的厚度同样会影响义齿的颜色，若涂得太厚，颜色会发青，不真实；若涂得太薄，没有牙本质与牙釉的过渡，变得透明，也不真实了。

所以制作义齿颜色时，除注意以上四个因素外，还有三点需要强调：一是各部分成分与天然牙尽可能接近，如在选用材料上也要注意与牙组织透光性能尽可能接近，比如体瓷的透光性能与牙本质接近，透明瓷的透光性能与牙釉质接近；二是每种瓷粉的厚度也要与天然牙基本一致；三是界面结构也必须与天然牙接近。总之，制作义齿要用不同的瓷粉，把握正确的厚度，各层之间的界限要清楚，不能混瓷。这样才能使做出来的义齿颜色与自然牙比较接近，有真实感觉。

除了颜色外，材料的密度对义齿的自然功能也有重要意义，因为它涉及光的折射作用。光从某种密度的物质进入另一种密度的物质时（例如从空气进入矿物牙并反射出来），会发生折射。垂直射入玻璃板的光线穿过玻璃板时不发生折射，而斜射的光线会发生折射，并且入射角越小，折射角也越小，这样也会影响到牙的自然功能和颜色。此外，折射角还与折射物质的表面形状有关。例如，光在前牙冠唇面发生的折射就与在玻璃板发生的折射不同。

三、辉光

和天然牙齿一样，当我们在义齿表面加上一些平面和沟槽时，光线也会在不同的位置发生不同的折射。要使义齿看上去逼真即更像真牙，那么表面材料必须有不同的透明度。

除了透明度之外，牙用塑料和陶瓷材料还必须具有其他的光学性质。这些性质我们可以把它统称为冷光。冷光是指固态、液态和气态物质在常温下的发光现象。

按照它的表现形式和产生方法，我们可以将冷光分为以下几类：

1. 电冷光　它是原子和分子在电场中被激发时产生的。

2. 光激冷光　某些物质在受到电磁波照射时产生的。

3. 放射激发冷光　发光物质受到射线照射时产生的。

4. 摩擦发光或分割发光　某些物质被捣碎或磨碎时发生的弱光。它是由于物质晶格被破坏时产生的放电现象。

5. 化学冷光　发生化学反应时，例如磷的氧化所产生的。

6. 生物冷光　这同样是一个氧化过程，是昆虫荧光素发生氧化时产生的（萤火虫等）。

根据发光时间的长短和发光的过程，我们将冷光分为荧光和磷光。很多物质（萤石、荧光素、氰亚铂酸镁、石油、苯等）都有在持续照射时自己发光的性质，而且发出的光与射向这些物质的光不同。我们称这种特性为**荧光**（光激发光的特殊形式），并把它用于义齿的着色。自然牙齿从在日光下的淡黄色到人造光下的淡红色的色彩偏移，称为**荧光效应**。这种效应可以通过在人造牙齿中加入绿色荧光物质来模仿。绿色和红色在阳光照射下作为余色相互抵消掉，淡黄色被牙齿反射回来。因为大多数人造光不含能够激发绿色荧光物质的紫外线，所以红色和黄色的混合色在人造光的照射下显出橙红的颜色。

冷光的另一种特殊形式是磷光。这是指有些物质在阳光、紫外线或伦琴射线照射时会自己发出光线。与荧光物质不同，磷光物质发光时间很长，没有光照时也会发光。

在青少年的牙釉质部分可以发现另一种光学现象：红颜色的可以通过，而波长短的蓝色光却被大量散射掉，这样在这个部分入射光看起来发蓝，而透射光看起来则发黄红色。因为这种颜色看起来像乳色，所以人们把它称为乳光，指的是光在某种材料上微小部分的散射。

知识补漏

透明度：被扩散的光和穿过的光之间的关系；透明的物质看起来透明，但不像玻璃一样透明。

散射：是指由传播介质的不均匀性引起的光线向四周射去的现象。如一束光通过稀释后的牛奶后为粉红色，而从侧面和上面看，是浅蓝色。

四、表面磨光及厚度

当白光照射到固体上时，一些光线直接从表面反射出来且仍然是白光。该光与材料实体反射的光线混合并稀释了颜色。结果使极为粗糙的表面看起来比同一材料光滑的表面要亮一些。这一问题与未抛光的或磨损的玻璃离子体和复合树脂修复体有关。例如，当复合树脂的树脂基质被磨掉时，修复体看起来要亮些，但色度低一些（更灰一些）。

修复体的厚度会影响其外观。例如，随着放在白色背景上的复合树脂厚度的增加，其亮度和色纯度则下降。变化最明显的是随着厚度的增加，不透光性也增加。

五、着色

有时通过在诸如复合树脂、义齿基托树脂、硅橡胶颌面材料及牙科陶瓷这样的非金属材料中加入着色剂，以获得美观效应。当加入着色剂时，观察到的颜色是由颜料的选择性吸收和对一定颜色的反射所造成的。硫化汞或朱砂是红色颜料，因为它们吸收除红色外的所有颜色，因此，颜料调配涉及减色过程。例如，绿色可能通过混合诸如硫化镉这样吸收蓝色和紫色的颜料与吸收红色、橙色及黄色的颜料来获得。

通常使用无机颜料而不使用有机颜料，因为无机颜料颜色质量更高且耐久。当颜色具有适当的透明度时，修复材料可配制成与周围牙齿结构或软组织极为相近的颜色。为了与牙齿组织相匹配，可向白色基底材料中加入各种深浅的黄色颜料和灰色颜料，其间或加入一些蓝色或绿色颜料。为了配出口腔软组织的粉红色，需要红色和白色的各种混合色，偶尔需要少量蓝色、棕色及黑色。人体口腔组织的颜色和透明性因患者不同、牙齿不同或口腔区域不同而有大的变化范围。

第五节　工作台上的荧光放大镜

透镜的光学性质　透镜一般是用玻璃制成的光学元件。它的折射面是两个球面，或一个球面一个平面的透明体。图 6-21 所示的为透镜的截面，其中 A、B、C 三种透镜都是中央厚、边缘薄，叫做凸透镜；D、E、F 三种透镜是中央薄、边缘厚，叫做凹透镜。

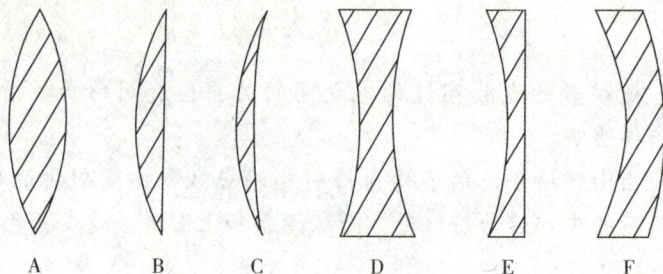

图 6 – 21   各种透镜

凸透镜和凹透镜的光学性质见图 6 – 22。

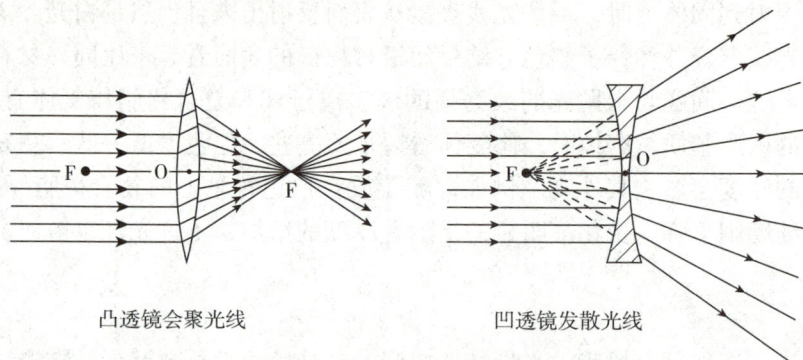

凸透镜会聚光线   凹透镜发散光线

图 6 – 22   透镜的光学性质

由于三棱镜使光线向厚的一边偏折，对于凸透镜来说厚部在中央，所以凸透镜能使光线偏向中央而会聚，因此凸透镜又叫会聚透镜；对于凹透镜来说厚部在边缘，所以凹透镜能使光线偏向边缘而发散，因此凹透镜又叫发散透镜。各种透镜的中央部分都不会使光线改变原来的传播方向。我们的近视镜就是凹透镜，花镜（放大镜）是凸透镜。

放大镜   要仔细观察一个模型、一个卡环等的状态时，我们会把被观察的物体靠近眼睛，以便扩大视角（如图 6 – 23）。由于不断地调节观察距离会引起眼痛和头痛，所以可以利用一个放大镜，来增加光线的折射从而使视角扩大，来提高视力调节。

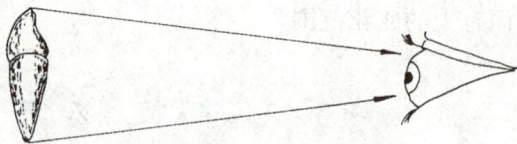

图 6 – 23   视角（由物体两端进入眼睛的射线构成的角。物体离眼睛越远，视角越小）

如图 6 – 24 为一荧光放大镜，仔细观察这个放大镜的玻璃表面会发现，它有球形拱起，中间厚于边缘，所以是一**凸透镜**。

透镜能够使透射光线发生折射并成像。通过透镜两个折射面球心的直线叫主光轴，简称主轴。平行于主轴的光线通过透镜后，其折射光线或折射光线的反向延长线会聚于主轴上焦点 F。从焦点到透镜中心（光心）的距离称为**焦距**。

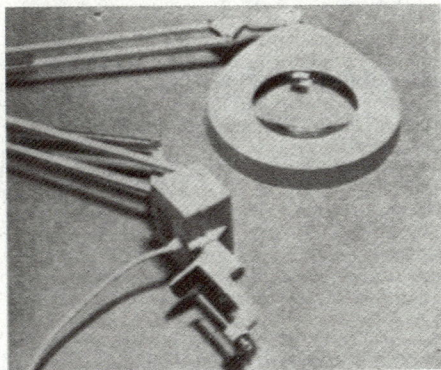

图 6 – 24　荧光放大镜

知识补漏

视力调节：眼睛根据被观察物体的距离，来调节晶状体的弯曲程度。

物体在凸透镜焦距之外时，经过透镜后成实像（也就是说可在屏幕上成像），所成像是倒立的缩小的或等大的或放大的实像。物体在焦点时，光束经过透镜后变成了平行光束，成像无限远，即不成像。物体在焦距以内时，会在物的后面成一个正立的、放大的虚像。凹透镜总是成虚像。

在绘制凸透镜成像图解时，先画一个凸透镜、光轴和两个焦点（图 6 – 25）。从物体边缘引出两条光线，一条经过焦点再经凸透镜折射后与光轴平行，另一条平行于主光轴的光线经过凸透镜后射向焦点 F_2，还可以画第三条光线，让它穿过凸透镜中心，不发生折射继续前行。

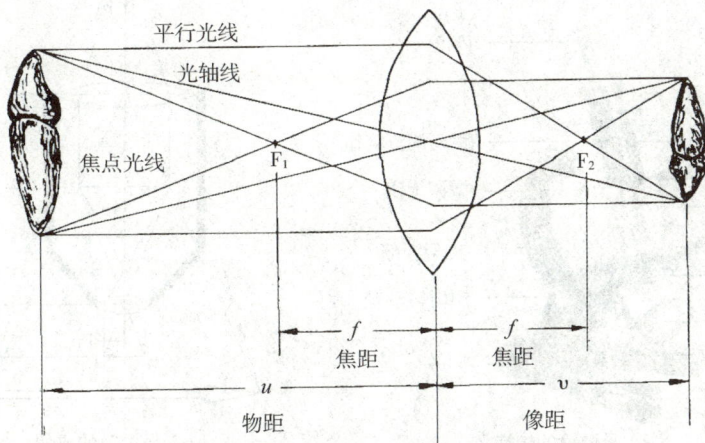

图 6 – 25　凸透镜成像图解

通过物距和焦距可以计算像到透镜的距离，也就是像距，我们可以利用下面的透镜成像公式计算：

$$\frac{1}{u} + \frac{1}{v} = \frac{1}{f} \tag{6-7}$$

（其中 u = 物距；v = 像距，实像 $v > 0$，虚像 $v < 0$；f = 焦距，凸透镜 $f > 0$，凹透镜 $f < 0$）

使用放大镜可以增加眼睛的视角。将被观察物体置于放大镜焦距之内，这样会形成一个正立的、放大的虚像（如图 6 - 26）。放大倍数取决于清晰视距（或明视距离，人眼一般为 25cm）和放大镜焦距的比例。

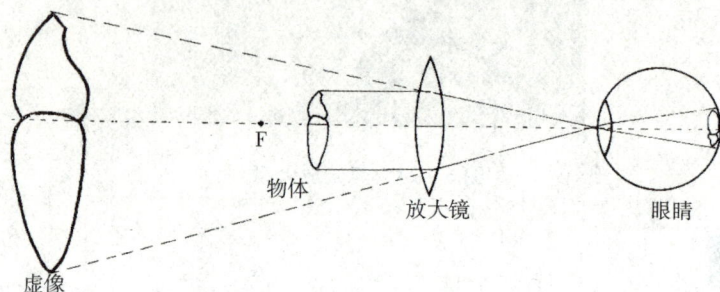

图 6 - 26　放大镜的放大原理

$$放大倍数 = \frac{清晰视距}{放大镜焦距} \tag{6-8}$$

一个焦距为 50mm 的放大镜，对于正常人来说，放大倍数应为 250：50 = 5 倍。

显微镜　当用放大镜不足以看清物体时，我们就需要借助于显微镜［图 6 - 27（a）］来观察。图 6 - 27（b）是一个显微镜的放大过程。在观测台上，物体（BA）处于物镜附近，但还在它们焦距以外。被反光镜照亮的物体在物镜作用下形成一个倒立放大的可以在镜面中移动的实像（A′B′）。这个实像位于上部透镜系统，即目镜的焦距之内，这时目镜的作用相当于一个放大镜，它将实像继续放大，却不再将这个实像翻转。我们看到被放大的像 A″B″ 似乎在镜筒之外真正的物体之下。

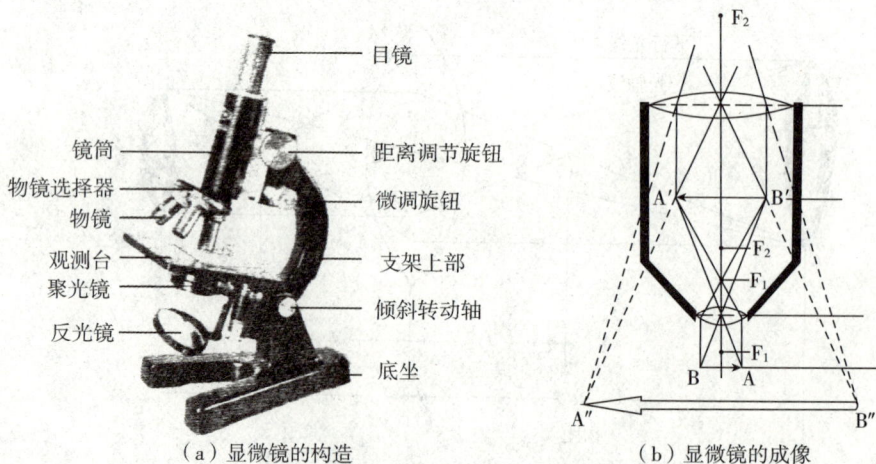

（a）显微镜的构造　　　　（b）显微镜的成像

图 6 - 27　显微镜的构造及显微镜的成像

　　显微镜的放大倍数是目镜放大倍数和物镜放大倍数的乘积。如果物镜上标的放大倍数是"40倍"，目镜上是"12倍"，那么这个显微镜的放大倍数为 $40 \times 12 = 480$ 倍。因此可以通过大倍数物镜和小倍数目镜的组合或小倍数物镜和大倍数目镜的组合来获得相同的放大倍数。然而它们成像的质量是不同的。物镜对于成像质量起着至关重要的作用，它在一定程度上可以获取物体最细微的光学特点，而作为放大镜的目镜只是把实像拉长拉大，却不会发现更多细节。

　　物镜按放大顺序可分为消色差物镜、近复消色差物镜和复消色差物镜。

知识补漏

　　利用两种不同性质的玻璃可以消除色彩错误。例如将一个由无铅玻璃制成的凸透镜和一个由铅玻璃制成的凹透镜组合在一起，就可以得到一个消色差透镜。

　　光学显微镜的放大倍数是有限的。由于光波长对解析度的限制，即使最好的光学显微镜放大倍数也不会超过2000倍。目前，人们发明的电子显微镜远超过了这个界限，利用电子显微镜可以获得3000000倍的放大倍数。

第六节　利用激光进行连接和分割

　　激光的特点是相干性好、平行度好、亮度高。相干性好是它包含的波长范围很窄，具有非常好的单色性；平行度好即发散程度非常小，人们可以利用光纤将激光束传到所需的地点，即利用透镜或物镜把这平行光聚集到很小的面上（对眼睛很危险）；亮度高指激光的能量能够在很短的时间内（10^{-9} 秒到 10^{-12} 秒）被释放出来，因而能达到兆瓦（10^6 W）到京瓦（10^9 W）的高功率。这种能量的高度聚集有很多用途，例如可在钻石和石膏模型上打孔。

知识补漏

　　激光是英文 light amplification by stimulated emission of radiation 的缩写。意思是由于受激辐射而得到加强（放大）的光。

　　激光器之所以能产生非常集中和单向的激光束，主要是由于激光器中有转化为光能的合适介质和两个作为共振器的镜子，其中一个镜子用来完全反射这些光束，另一个镜子则使光束平行射出。图6-28为一螺旋形闪光灯固体激光器。

　　按不同的媒质形态，我们将激光分为气体激光、固体激光、彩色物质激光和光导体激光。今天，激光的应用十分广泛，已渗透到国防、工业、农业、医学和科学研究等部门。在激光唱机、超市收银机中可以见到激光的应用。眼科医生利用激光来修复视网膜，外科大夫把它用作手术刀，牙医用它治疗牙结石，在冶金中它被用来焊接打孔或硬化，激光因此成为未来技术的一个代表，正为开拓新技术、新领域而大放光彩。

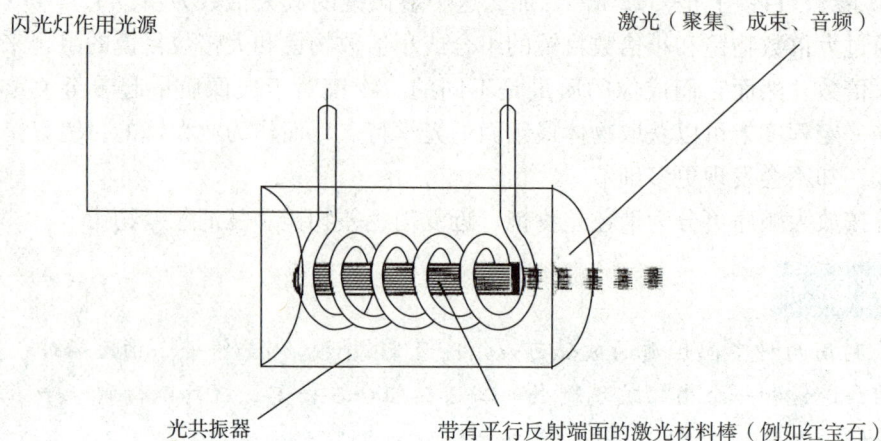

图 6 - 28　螺旋形闪光灯固体激光器

习题六

一、名词解释

1. 折射率

2. 光密介质

3. 全反射

4. 临界角

5. 光的色散

6. 补色光

7. 色相

8. 色光加色法

9. 明度

二、填空题

1. 眼睛是由_____、_____、_____、_____和_____构成的一个光学系统。感觉光线的是视网膜上的_____细胞和_____细胞。

2. 色光的三原色是_____、_____和_____。色料的三原色是_____、_____和_____。

3. 颜色分为_____和_____两大类。非彩色就是黑、白以及从黑暗到最亮的各种灰色，它们可以排列成一个系列，称为_____系列，该系列中由黑到白的变化可以用一条灰色带表示，一端是_____，另一端是_____。

4. 一个焦距为50mm 的放大镜，对于正常人眼来说，放大倍数应为_____倍。一个显微镜，物镜上标的放大倍数是"45 倍"，目镜上的是"8 倍"，那么整个放大倍数为_____倍。

5. 产生全反射的条件是_____。

6. 通过位于空气中的三棱镜的光线具有向棱镜的_____偏折的性质。

7. 能在物体同侧生成正立的、缩小的虚像的透镜是_____；能在物体同侧生成正立的、放大的虚像的透镜是_____。

8. 透镜的成像公式为_____。对透镜来说，物体放在焦距以内，像成一个_____（填正、倒）立的、放大的_____（填虚、实）像。

9. 紫外线三个波段中，UV－C 对于_____而言是致命的，所幸太阳光中的UV－C会被地球大气层过滤掉。UV－B 会将_____灼伤，不过只有一小部分会到达地表。UV－A 大部分会到达地表，从_____而言是可以忍受的。但出于安全考虑，只有这部分的紫外线是可以用于牙科治疗的。但在应用时也要采取不同的_____，要避免不加限制的紫外线照射。

10. 由不同波长的单色光所混合而成的光，称为_____光，不能再分解的色光，称为_____光。

三、判断题（正确的打√，错误的打 ×）

1. （　　）$n_{水} = 1.33$，$n_{玻} = 1.5$，二者相比较，水是光疏媒质。

2. （　　）光从光密媒质射入光疏媒质时，可能产生全反射，也可能不产生全反射。

3. （　　）透明物体的颜色由通过它的色光决定，而不透明物体的颜色是由它反射的色光决定的。

4. （　　）眼睛中的杆状细胞能够分辨颜色，对光线敏感的锥状细胞能够分辨亮和暗。

5. 以下色光相加得到的色光是

（　　）红（R）＋绿（G）＝青（C）

（　　）红（R）＋蓝（B）＝品红（M）

（　　）蓝（B）＋绿（G）＝黄（Y）

6. （　　）物质将可见光全部反射，反射率等于0%为纯白；物质将可见光全部吸收，反射率等于100%为纯黑。

7. （　　）牙齿颜色的形成是牙齿各部分结构的综合反映，与牙齿的质地、发育及结构密切相关，与观察者采用的光线也有直接联系。

8. （　　）为了与牙齿组织相匹配，可向白色基底材料中加入各种深浅的黄色和灰色，其间或加入一些蓝色或绿色颜料。

四、选择题

1. 折射率是$\sqrt{2}$的媒质，它的临界角是（　　）

　　A. 30°　　　　　　　　B. 45°　　　　　　　　　　　C. 60°

　　D. 75°　　　　　　　　E. 90°

2. 关于媒质的折射率，下面正确的说法是（　　）

　　A. 与媒质中光速有关，光速小的折射率大

　　B. 与媒质中光速有关，光速小的折射率小

　　C. 随折射角增大，折射率增大

　　D. 随入射角减小，折射率减小

　　E. 随入射角增大，折射率减小

3. 若甲媒质的折射率大于乙媒质的折射率，当光由甲媒质射入乙媒质时，下列答案正确的是（　　　）

    A. 折射角等于入射角

    B. 折射角大于入射角

    C. 折射角小于入射角

    D. 甲为光疏媒质，乙为光密媒质

    E. 速度关系是 $V_甲 > V_乙$

4. 关于透镜成像，下列不正确说法是（　　　）

    A. 凹透镜不能成实像，只能成虚像

    B. 凹透镜的像距总是取负值

    C. 凸透镜可生成放大的像，也可以生成缩小的像

    D. 凸透镜可成实像，也可成虚像

    E. 凹透镜可成放大的像，也可成缩小的像

5. 光从空气射入水中，当入射角变化时，则（　　　）

    A. 反射角和折射角都发生变化

    B. 反射角和折射角都不变

    C. 反射角发生变化，折射角不变

    D. 折射角变化，反射角始终不变

    E. 以上说法都不正确

6. 在下列现象中，哪个不属于光的折射现象（　　　）

    A. 司机从后视镜中观看车后的情况

    B. 白光通过三棱镜后出现七色光

    C. 在河边可以看到树的倒影

    D. 物体通过凸透镜可产生像

    E. 人看水中的鱼比实际位置偏高了

7. 关于光的折射错误说法是（　　　）

    A. 折射光线一定在法线和入射光线所确定的平面内

    B. 入射线和法线与折射线不一定在一个平面内

    C. 入射角总大于折射角

    D. 入射角总小于折射角

    E. 光线从空气斜射入玻璃时，入射角大于折射角

8. 人体口腔组织的颜色和透明性与哪个因素无关（　　　）

    A. 患者差异

    B. 牙齿不同

    C. 口腔区域的不同

    D. 需要红色和白色的各种混合色

    E. 色光的加色法

五、计算与简答题

1. 光从真空进入某介质时，入射角是 60°，折射角是 30°，则此介质的折射率是多少？光在该介质中传播的速度是多少？

2. 光在水中的速度为 $\frac{3}{4}c$，求水的折射率。

3. 光从甲介质射入乙介质时，入射角为 45°，折射角为 60°，这两种介质比较，哪一种是光疏介质？

4. 有一个凸透镜，焦距是 1.25cm，现在把一个物体放在距它 5cm 的地方，求像成在什么位置？如果把这个透镜作为放大镜使用，问它的放大率是多大？

5. 作出通过两面平行的透明玻璃板的光路图。

6. 颜色的形成与哪些因素有直接关系？

7. 什么叫可见光？其光谱的颜色由什么决定？

实践模块

绪　论

一、物理实验是物理学的基础

（一）地位与作用

物理学是一门以实验为基础的科学。在中等口腔修复工艺专业的物理课中，做一些必要的物理实验也是学好物理应用的基础，更是做好专业实验实训的前提，同学们对它的重要性要有足够的认识。在实验中，同学们要根据实验目的，利用实验仪器，验证实验规律。纵观物理学的发展史，物理学中许多重大发现，不是在书桌上而是从实验室里开始的，人类的物理知识来源于实践，特别是来源于科学实验的实践，所以说物理学是以实验为基础的科学。

（二）目的和任务

1. 对学生进行实验方法和实验技能的训练。首先，要求学生弄懂实验原理，熟悉仪器的使用，掌握测量的方法。其次，要求学生正确记录和处理实验数据，分析判断实验结果，并能写出比较完整的实验报告。

2. 培养和提高学生动手、观察、分析问题的能力，加深对物理概念、规律和理论的理解。培养学生严谨的工作作风和实事求是的科学态度，养成刻苦钻研、探究问题的良好习惯。

（三）注意事项及要求

1. 实验目的要明确。要明确实验的任务，了解实验目的，弄清实验原理，以及测量的物理量和要使用的仪器，如何进行测量等等。

2. 要有严肃认真的态度。要真正掌握仪器的使用和测量方法，观察物理现象，严肃对待实验数据，并进行原始的记录。

二、实验及实验报告的要求

每个实验有三个环节：预习实验内容、进行实验和写出实验报告。

实验课前必须预习实验内容，搞清楚本次实验的任务、要测量的物理量和要使用的仪器及测量方法，并提前设计好表格，以备实验时记录数据。进行实验前，仔细阅读仪器说明书和实验步骤，对仪器要轻拿轻放，实验时要做到心中有数，及时将实验数据记录在表格中。实验结束要将数据送达老师处签字后，方可收拾整理实验器材，将仪器放置到原来位置，保持实验室的整齐清洁。实验报告在规定时间内连同实验数据一并交给老师，等待老师的批复。

实验报告的主要项目及要求：一是要有实验名称，同时记下实验日期。二是要有实验原理的简单叙述，写出主要公式，有原理图的一并附上。三是实验仪器，要注明所用仪器的名称、规格，以便以后需要时重复测量。四是把实验数据记录在表格中。五是进行数据处理和分析实验结果，写出实验产生的误差原因以及改进的意见。

三、误差和有效数字

做物理实验，不仅要观察实验现象，还要找出现象中的数量关系，这就需要知道有关物理量的数值。

要知道物理量的数值，必须进行测量。**所谓测量就是将被测量的物理量同作标准的同类物理量进行比较的过程。**这样测量的结果不可能是绝对精确的。例如，用刻度尺来测长度，用天平来称质量，用电流表来测电流，测量出来的数值跟被测物理量的真实值都不能完全一致，**测出的数值与真实值的差异叫做误差。**从来源看，误差可以分成**系统误差**和**偶然误差**两种。

系统误差　是由于仪器本身不精确，或实验方法粗略，或外界环境的干扰，或实验原理不完善，或实验者本人感觉器官的限制等而产生的误差。例如米尺的刻度不均匀，天平的两臂不相等，砝码的质量不准确，称质量时没有考虑空气浮力的影响等，都会产生系统误差。系统误差的特点是在多次重复同一实验时，误差总是偏大或偏小，不会出现这几次偏大另几次偏小的情况。要减小系统误差，必须校准测量仪器，改进实验方法，设计在原理上更为完善的实验等。

偶然误差　是由各种偶然因素对实验者、测量仪器、被测物理量的影响而产生的误差。例如用毫米刻度尺量物体的长度，毫米以后的数值是用眼睛来估读的值，每次测量的结果就不一致，有时偏大，有时偏小，都有一定的偶然性，都会带来误差。偶然误差的特点是在多次重复同一实验时，各测量值有的比真实值偏大，有的比真实值偏小，似乎是纯属偶然，并且偏大和偏小的机会相同。偶然误差不可能通过改善仪器、改进实验方法或修正测量原理等办法来消除，但是可以适当增加测量次数取其平均值来减少偶然误差。

误差可用绝对误差和相对误差来表示。待测物理量的真正大小叫**真值**。由于误差不可能完全避免，所以测量值与真值间总有一个差值，这个差值的绝对值叫做**绝对误差**。真值无法测量，所以我们就用公认值代表真值来求绝对误差。用 P 表示公认值，M 表示测量值，则绝对误差 ΔM 为

$$\Delta M = |\ M - P\ |$$

用绝对误差往往不能真正表达实验结果的好坏，因此，我们就用绝对误差与公认值的比值 $\Delta M / P$ 来表示实验的准确程度，叫做**相对误差**，一般用百分比来表示，又叫百分误差。用 B 表示相对误差，则

$$B = \frac{\Delta M}{P} \times 100\%$$

测量既然总有误差，测得的数值就只能是近似数。例如，用毫米刻度尺量出书本的长度是 172.4mm，最末一位数字 4 是估计出来的，是不可靠数字，但是仍然有意义，仍要写出来。这种带有一位不可靠数字的近似数字，叫做**有效数字**。在有效数字中，数 3.5、3.50、3.500 的含义是不同的，它们分别代表二位、三位、四位有效数字，数 3.5 表示最末一位数字 5 是不可靠的，而数 3.50、3.500 则表示最末一位数字 0 是不可靠的。因此，小数最后的零是有意义的，不能随便舍去或添加。但是小数的第一个非零数字前面的零是用来表示小数点位置的，不是有效数字。例如，0.35、0.098、0.0072 都是两位有效数字。大的数目，例如，483000km，如果这六个数字不全是有效数字，就要这样写，可以写成有一位整数的小数和 10 的乘方的形式，如果是三位有效数字，就写成 4.83×10^5 千米。

在学生实验中，测量时要按照有效数字的规则来读数。在处理实验数据进行加减乘除运算时，本来也应该按照有效数字的规则来运算，但由于这些规则比较复杂，所以在中职阶段将不作要求，运算结果一般到两位或三位数字就可以了。

思考题

1. 误差按其来源分有几种？产生的原因各是什么？
2. 绝对误差和相对误差各应该如何表示？
3. 数 9.2、9.20、9.200 的含义有什么不同？
4. 数 0.18、0.018、0.0018 和数 3.82×10^3 各是几位有效数字？

实验一　游标卡尺和螺旋测微器的使用

在临床和牙科工艺技工室中，经常会遇到如何精确地量度一个牙的尺寸、牙冠的厚度、牙床的大小，以及制作卡环的金属丝粗细、长度等问题，有时也要知道一个物体的面积和体积，这就需要利用比较精密的仪器来完成。我们首先从测量长度开始，来学习游标卡尺和螺旋测微器的使用方法。

一、游标卡尺和螺旋测微器

在技工室中，哪个卡环丝较粗，哪个牙的冠较厚？我们是可以通过目测来比较的。但是，如果我们要准确知道一个卡环丝的粗细，或者一个冠的厚度时，就必须用一把尺子或更精确的测量仪器，通过具体的量度来完成。实验图 1-1 是 3 个卡环丝，我们目测可以知道 b 最细，c 比 a 粗，但我们要精确地知道 a、b、c 各个卡环的具体粗细，就必须学习精确测量长度的仪器——游标卡尺和螺旋测微器。

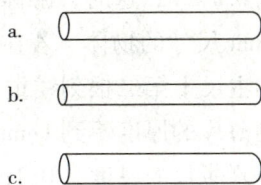

实验图 1-1　卡环丝粗细

（一）游标卡尺

游标卡尺是一种测量长度的工具。用它测量长度可准确到 0.1mm 或 0.05mm、0.02mm。这里介绍测量准确到 0.1mm 的游标卡尺，见实验图 1-2 所示。

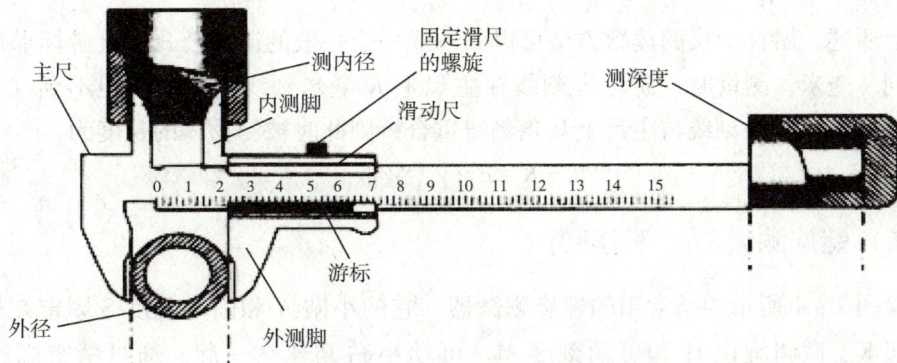

实验图 1-2　游标卡尺示意图

游标卡尺由两个部分组成：主尺和可以沿主尺滑动的游标尺。主尺上的最小分度值为 1mm。游标尺上的总长度为 9mm，我们把游标尺上的总长度分成 10 等分。这时游标分度上每一等分的长度等于 0.9mm，即游标上每一分度与主尺上每一最小分度相差 0.1mm，如实验图 1-3（a）所示。

当游标尺两个测脚合在一起时，游标上的零刻线应和主尺上的零刻线相重合，这

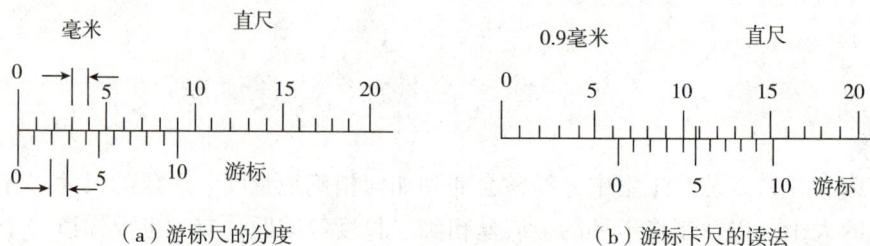

（a）游标尺的分度　　　　　　　　　（b）游标卡尺的读法

实验图 1-3　游标尺的分度和游标卡尺的读法

时，除了游标上的第十刻线与主尺上的第九刻线重合外，游标上其他各刻线的位置都不与主尺上的刻线相重合。若在两测脚间放一厚度为 0.1mm 的纸片，那么，游标就向右移动 0.1mm，这时，游标上第一刻线就会与主尺上的第一根刻线重合，我们可准确读出 0.1mm 尺寸的物体。若在两侧脚间放一块厚为 0.2mm 的薄片时，则游标上第二根刻线就和主尺上第二根刻线重合，我们可准确读出 0.2mm 的物体，以此类推。所以，只要被测薄片的厚度不到 1mm，在游标上第 n 根刻线与主尺上相应的一根刻线重合时，就表示被测薄片的厚度是 0.1mm 的 n 倍。

在测量大于 1mm 的长度时，因为两测脚间张开的距离总是等于游标上的零刻线与主尺上零刻线间的距离。所以毫米整数可由游标零刻线所指的主尺上的位置读出，如实验图 1-3（b）表示被测物体之长为 6mm 多一些。而小于毫米的部分，应该从游标上读出，第四刻线与主尺上的一条刻线重合，这就表示游标零刻线与主尺的 6mm 刻线相距 0.4mm，因此，读数是 6.4mm。

这样，我们对 0.4mm（十分之几毫米的数）是直接测出的，而不是估读的。因此，用这种游标卡尺测量长度可以准确到 0.1mm，比起用最小分度为 1mm 的尺子，读数的准确度提高了 10 捨。

综上所述，游标卡尺的读数方法可以归纳成一个一般的读数公式。设游标卡尺可以准确读到 y 毫米，测量时，游标零刻线在主尺上 K 毫米刻线的右侧，但不到（$K+1$）毫米，游标上第 n 条刻线与主尺上某条刻线重合，则此时被测物体的长度为：

$$L = K + n \times y（毫米）$$

（二）螺旋测微器（千分尺）

实验图 1-4 所示的是常用的螺旋测微器。它的小砧 A 和固定刻度 S 固定在框架 B 上。旋钮 K、微调旋钮 H 和可动刻度 M、可动小砧 P 连在一起，通过精密螺纹套在 S 上。

精密螺纹的螺距是 0.5 mm，即旋钮每转一周，小砧前进或后退 0.5mm。可动刻度分成 50 等分，每一等分表示 0.01mm，这样每转两周，转过 100 等分时，前进或后退的距离正好是 1mm。用它测量长度可以准确到 0.01mm。

当小砧 P 和 A 并拢时，如果可动刻度 H 的零点恰好跟固定刻度 S 的零点重合，旋出可动小砧 P，并使两小砧的面正好接触待测长度的两端，那么可动小砧 P 向右移动的

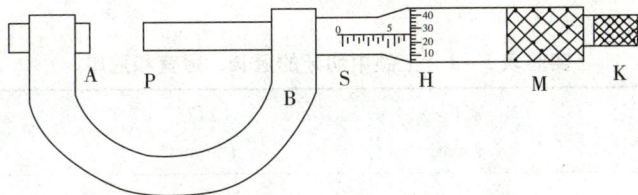

实验图 1-4　螺旋测微器

距离就是所测的长度。这个距离的整毫米数（或 0.5mm）由固定刻度 S 上读出，小于 0.5 部分则由可动刻度 H 上读出。

在读数的时候，要注意固定刻度尺上表示半毫米的刻线是否已经露出。如实验图 1-5 所示的读数是 6.735mm（应该估读一位读数），而不是 6.235mm。

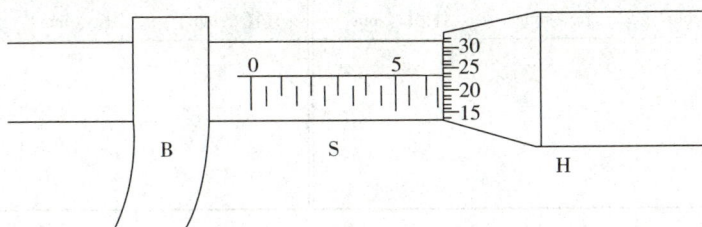

实验图 1-5　螺旋测微器的读法

螺旋测微器在不测量物体长度而使小砧 A 和 P 并拢时，微分筒上的零刻线可能不与主尺上的零刻度横线重合，此时测微器上的读数叫零误差。若并拢时，微分筒上零刻度线在主尺横线上方三小格，零误差为正值，测量结果应加上 0.03mm，若微分筒上零刻度线在主尺横线下方三小格，则表示零误差为负值，测量结果得减去 0.03mm。同样，如用游标卡尺测量长度时，测量结果每次也要加或减零误差。

牙科技工室和临床上用的卡规是简易的，原理相对简单，但容易产生误差，而以上讲的两种测量仪器误差是比较小的，只是用起来没有简易卡规方便。

二、测量内容及步骤

1. 仔细观察游标卡尺及螺旋测微器的构造，熟悉它们的使用方法。

2. 分别将游标卡尺的两个测脚和螺旋测微器的两个小砧并拢，记下零误差（注意正负）。

3. 用游标卡尺测量上颌中切牙的冠长、冠宽和冠厚各三次，方位约互为 120°，将测量数据填入实验表 1-1 中。

4. 用卡尺测量卡环丝的长度，用测微仪量卡环丝的粗细（直径）各三次，方位约 120°，记录于实验表 1-2 中，然后计算现体积也填于实验表 1-2 中。

（注意每次读数必须加或减零误差）

记录和计算：

实验表 1－1　上颌中切牙的冠长、冠宽和冠厚

	冠长 L（mm）	冠宽 D（mm）	冠厚 H（mm）
1			
2			
3			
平均值			

实验表 1－2　测量卡环丝的直径和长度，计算其体积

卡尺测长和直径			卡尺测长、测微仪测直径		
直径（mm）	长（mm）	体积（mm³）	直径（mm）	长（mm）	体积（mm³）
1					
2					
3					
平均					

三、实验报告（样本）

实验名称：长度的测量

实验原理：（自行写出）

实验器材：（自行写出）

实验记录与计算：

思考题

1. 如何测量一个冠的厚度？用什么工具方便？
2. 如何测量一个平行四边形金属片的面积？需要测出什么就可知道它的面积？
3. 叙述游标卡尺和螺旋测微器的测量原理及注意事项。
4. 你能根据 0.1 分度的游标卡尺原理，设计出 0.05、0.02 分度的游标卡尺吗？
5. 游标卡尺用估读吗？

实验二　验证力的平行四边形定则

一、实验目的

1. 验证两个互成角度的共点力合成定则——平行四边形定则。
2. 巩固分力、合力和力的合成的概念。
3. 明确力的平行四边形定则是所有矢量合成的普遍法则。

二、实验器材

图板、白纸、图钉（或胶带）、三角板（一幅）、量角器、弹簧秤（两只）、橡皮条、细线等。

三、实验原理

几个共点力的共同作用效果可以由一个力的作用效果来代替时，代替的这个力就叫做那几个力的合力，那几个力就叫做这个力的分力，求几个已知力的合力的过程叫做力的合成。求两个互成角度的共点力的合力方法，就是以这两个力的图示矢量为邻边画平行四边形，跟这两个矢量共点的沿对角线方向的矢量（对角线长度是矢量的大小）即为合力。

四、实验步骤

1. 在桌上平放一块方木板，在方木板上垫一张白纸，并把白纸固定，把橡皮条的一端固定在板上的 A 点，将两条细绳结在橡皮条的另一端，通过细绳将两只弹簧秤互成角度拉橡皮条，使橡皮条在 F_1 和 F_2 两个力作用下伸长，橡皮条伸长后，使结点 E 到达某一位置 O［实验图 2-1（a）］。

2. 记下两只弹簧秤的读数以及结点 E 的位置，描下两条细绳的方向，在纸上按比例作出两个力 F_1 和 F_2 的图示，用平行四边形定则求出合力 F，F 就是待验证的合力值。

3. 只用一只弹簧秤，通过细绳把橡皮条的结点 E 拉到同样位置 O［实验图 2-1（b）］。记下弹簧秤的读数和细绳的方向，按同样比例作出这个力 F' 的图示，因为 F' 代替了 F_1 和 F_2 共同作用的效果，所以 F' 就是合力的理论值。

4. 改变两条细绳的方向，重复上述的步骤 2 和步骤 3 再实验一次。

5. 填写实验报告，要附以实验图［实验图 2-1（c）］。

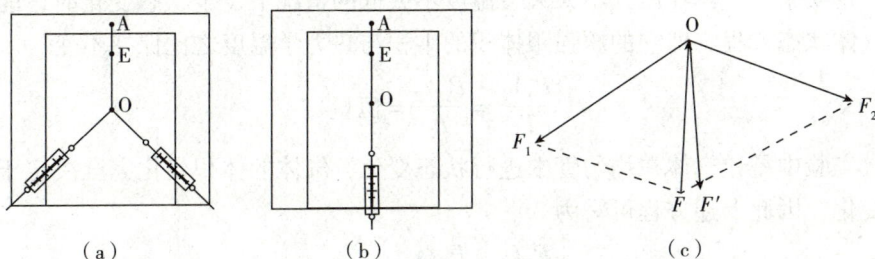

（a）　　　　　　　（b）　　　　　　　（c）

实验图 2-1 验证力的平行四边形定则

实验记录与计算：

序次	F_1/N	F_2/N	F/N	F'/N	误差		
					绝对误差		相对误差
					OD 与 OE 的夹角	$\Delta F = \mid F - F' \mid$	$(\Delta F/F') \times 100\%$
1							
2							

五、实验报告

实验名称：验证力的平行四边形定则。

实验原理：略

实验器材：略。

实验记录与计算：略

思考题

1. 合力的结果一定比分力大吗？
2. 实验中看到 F 与 F' 之间有个夹角，试分析出现误差的原因。

实验三　验证理想气体状态方程

一、实验目的

验证理想气体状态方程。

二、实验器材

气压计（公用）、附有标尺的 U 形均匀玻璃管（一端封闭）、温度计、烧杯等。

三、实验原理

当一定质量的气体在压强不太大、温度不太低的情况下发生状态变化时，能近似遵从理想气体状态方程，即它的压强跟体积的乘积与热力学温度之比保持不变。

$$\frac{P_1 V_1}{T_1} = \frac{P_2 V_2}{T_2} = 恒量$$

本次实验中是让气体在均匀管中进行状态变化，气体的体积变化完全决定于气柱长度 L 的变化，因此上述方程可写为

$$\frac{P_1 L_1}{T_1} = \frac{P_2 L_2}{T_2} = 恒量$$

测出气体在每一个状态时的压强 P、气柱长度 L 和热力学温度，即可进行验证。

四、实验步骤

1. 从公用气压计上读出大气压 P_0（用毫米水银柱高表示）。

2. 把 U 形玻璃管竖直插入冷水中，并使被水银封闭的气柱全部没入水中（实验图 3-1）。读出标尺所示的气柱长度 L 和 U 形管两侧水银面的高度差 h_0（毫米水银柱高）。

3. 用温度计测出烧杯内的水温 $t℃$，它就是封闭端内气体的温度。

4. 向烧杯内注入适量热水改变水温，使封闭端气体状态发生变化，重复上述步骤

2、3 进行测量。

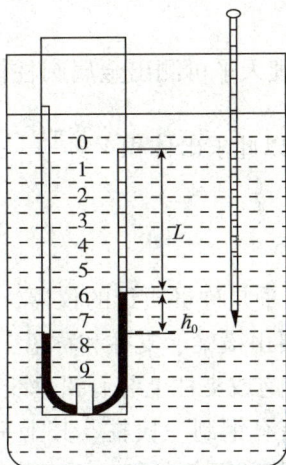

实验图 3 - 1　验证理想气体状态方程

5. 再向烧杯内注入热水改变水温，重复步骤 2、3 进行测量。

实验记录与计算：

序次	气柱长度 L/mm	水银面高度差 h_0/mm	气体压强 $P = (P_0 \pm h)$ /mm	气体温度 t /℃	气体温度 T/K	$\dfrac{PV}{T}$
1						
2						
3						

结论： _____

_____

五、实验报告（学生完成）

思考题

1. 实验时为什么要将 U 形管的封闭端全部没入水中？
2. 实验中读取水银面的高度差时应该注意什么？

实验四　测定规则形状金属的密度

一、实验目的

1. 学会正确使用物理天平。
2. 测定金属圆柱体的密度。

二、实验原理

物质的密度为 $\rho = \dfrac{m}{V}$，用物理天平可测出金属圆柱体的质量 m，用游标卡尺可测出

金属圆柱体的直径 D 和高度 h，以此求出体积 $V = \dfrac{\pi D^2}{4} \cdot h$，所以密度 $\rho = \dfrac{m}{V} = \dfrac{4m}{\pi D^2 h}$。

三、实验器材及使用方法

1. 物理天平的构造　物理天平是称量质量的仪器，它是根据等臂杠杆原理制成的，其构造如实验图 4 - 1 所示，主要由横梁、支柱和称盘三部分组成。

（1）天平底座上装有水准气泡或支柱上装有铅垂线，用作调节天平底座的水平。

（2）横梁两侧和中央分别装有钢制三棱柱，其上一锋利的棱称为刀口，物盘和砝码盘通过吊耳、吊架分别悬挂于横梁两侧的刀口上，横梁中央处的主刀口向下，承放于支柱上端的刀槽上，使横梁可灵活地自由摆动，这是天平能称量微小质量的关键所在，因此要保护刀口的完好。

（3）横梁下面固定一指针，当横梁摆动时，指针就左右摆动。

（4）横梁的升降，由升降旋钮控制，在调天平平衡时使用横梁两端的平衡螺母。

（5）天平横梁上装有游码，游码由横梁左端移到右端时，相当于右盘中增加 1.00g 砝码，如果游码由左端移到右端共移动 5.0 小格，就代表右盘中增加了 0.1g 砝码，因此，物理天平的最小称量（又称天平的感量）是 0.02g。在使用游码称量时，可估计到 0.01g。物理天平的称量是指允许测定质量的最大值（砝码盒里全部砝码的质量）。

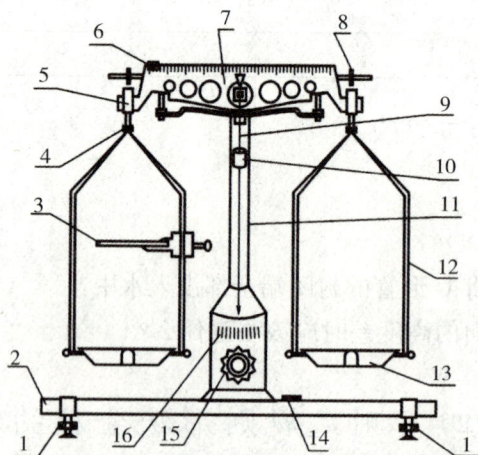

实验图 4 - 1　天平

1. 水平螺钉　2. 底板　3. 托架　4. 支架　5. 吊耳　6. 游码　7. 横梁
8. 平衡调节螺母　9. 读数指针　10. 感量调节器　11. 中柱　12. 盘梁
13. 秤盘　14. 水准器　15. 开关旋钮　16. 读数标牌

2. 物理天平的调整

调底板水平：旋转底板下部的水平螺钉，使水准器的气泡位于中央时，底板的水平就调好了。

调横梁平衡：先把游码移到横梁左端的零刻度处，然后旋转横梁两端的平衡调节螺母，当观察到读数指针在读数标牌的零刻度两边摆动的格数相等时（或读数指针停在零刻度处），就表示横梁已调成平衡了。

3. 操作的注意事项

（1）要把被称物体放在左盘，右盘放砝码，在估计了物体质量之后，由大到小选用砝码，最后用游码调节平衡。

（2）每次调选砝码或取放物体时，都应旋动开关旋钮降下横梁，只有在判定天平是否平衡时，才旋动开关旋钮使横梁升起，升降横梁要轻慢，以保护刀口。

（3）取放砝码要用镊子，不要把潮湿、高温、腐蚀性物品直接放在天平盘里称重。

（4）被测物体的质量不应超过天平允许称量的最大值。

四、实验步骤

1. 先调天平底座水平，然后把游码移至零刻度处调节横梁使之平衡，用天平把待测物体的质量称三次，每次称量之前，都要把天平的横梁调成平衡。

2. 在圆柱体成120°的三个不同部位，用游标卡尺分别测量三次圆柱体高度和直径。

3. 然后填写以下实验报告。

五、实验报告

实验名称：测定规则形状固体的密度。

实验原理：$\rho = m/V$

实验器材：金属圆柱体、物理天平、游标卡尺。

实验记录与计算：金属密度的公认值 $\rho_0 = $ ＿＿＿＿＿＿ kg/m³

序次	质量 m/kg	高度 h/mm	直径 D/mm	体积 V/m^3	密度 $\rho/(\text{kg/m}^3)$
1					
2					
3					
平均值					

平均绝对误差 $\Delta\rho = |\rho - \rho_0| = $ 　　　　　　相对误差 $\delta = \Delta\rho/\rho_0 = $

实验值 $\rho = \rho_0 \pm \Delta\rho = $

思考题

1. 为什么测金属圆柱体的高度和直径要在不同的部位测量三次？

2. 如果把被称物体放在天平的右盘，而砝码放在左盘，记录游码的读数时会出现什么错误？

3. 体会一下本实验为何要用游标卡尺来测金属柱体的高度和直径。

实验五　万用电表的使用

一、实验目的

1. 熟悉万用电表的使用方法。
2. 学会万用电表测电阻、电压和电流。
3. 学会判断保险管和烙铁芯的通断状况。

二、实验器材

万用电表、电阻箱、固定电阻若干、好坏混合的保险管和烙铁芯、低压电源、开关、导线等。

三、万用电表的构造及测量原理

万用电表是测量多种电学量的仪表。如可测量电阻、直流或交流电的电压和电流，是电路测试和检查电器元件的常用仪器。其构造见实验图 5 - 1 所示，万用电表表面由表盘、功能转换装置和表笔连线插孔三部分组成。表盘上有相应测量电阻、电压、电流的刻度线和指针，按照所需测量的电学量，利用功能转换开关来选择档位和量程；表笔连线将万用电表与外电路连接起来，来完成测量。调零旋钮是测量前进行校准用的。

实验图 5 - 2 是万用电表的表盘。从图中可以看到表盘上"Ω"刻度线顺序是从右向左，且刻度是非均匀的，只有一组数据。而电流、电压的刻度线顺序是从左到右，且刻度是均匀的，有三组数据。所以在读数时要明确所选择的档位，才能正确读数。

测电阻时，应先将万用电表的功能转换开关置于电阻的适当量程档位上，再将红黑二表笔相接触，旋转调零旋钮，让刻度盘上的指针指到"0"欧姆的位置。然后用红黑二表笔直接接触待测电阻两端。在"Ω"刻度线上进行读数，乘上所选倍数，即为待测电阻的阻值。

测量电压时，适当选择好量程，如果是测量直流电压的话，就要将功能转换开关打到直流电压档上，如果测量交流电压的话就要打到交流电压档上。此时，万用电表要跟被测部分并联，当测直流电压时，红表笔接高电势点，黑表笔接低电势点，在相应刻度线上读数。如果不知道被测电压有多大，则要选择最大量程测量。当测量交流电压时，不必考虑表笔的正负极，量程的选用方法同测直流电压。

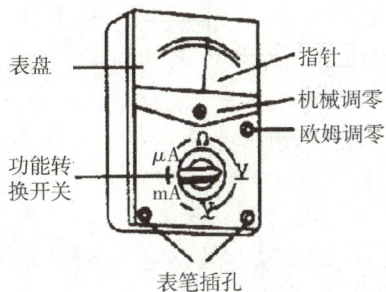

实验图 5 - 1　万用电表外形示意图

实验图 5 - 2　万用电表表盘

测量直流电流时，选择好量程，将功能转换开关打到直流电流的适当量程档位上，把万用电表串联在待测电路中，此时，电流从红表笔流进，从黑表笔流出，在相应刻度线上读数即可。量程选用方法同上。测交流电流方法与测直流电流相同，但不需要区分表笔正负。

四、注意事项

1. 在使用万用电表之前，观察指针是否在零刻线位置，如不在应先进行"机械调零"后再测量。

2. 在测量时，不能用手去碰到表笔的金属部分，以保证安全及测量准确。特别提示：为确保安全，实验时禁止学生用万用电表直接测量市电供电系统的电压和电流，防止发生意外。

3. 不能在测量某一电学量时同时换档，否则，会损坏万用电表。如需换档，应先断开表笔，换档后再去测量。

4. 万用电表在使用时，必须水平放置，以免造成误差。同时，尽量减少外磁场对万用电表的影响。

5. 万用电表使用完毕，应将表笔从插孔中拔出。转换开关也应置于空档或交流电压的最大档。如果长期不使用，还应将万用电表内部的电池取出来，以免电池腐蚀表内其他器件。

五、实验步骤

（一）测量电阻

1. 选择万用电表适当的欧姆档量程，调节欧姆调零旋钮，使指针指在刻度的零位置上。

2. 分别测量 R_1、R_2 的阻值记录在表格中。

3. 将 R_1、R_2 串联，见实验图 5 - 3（a）；将 R_1、R_2 并联，见实验图 5 - 3（b）。

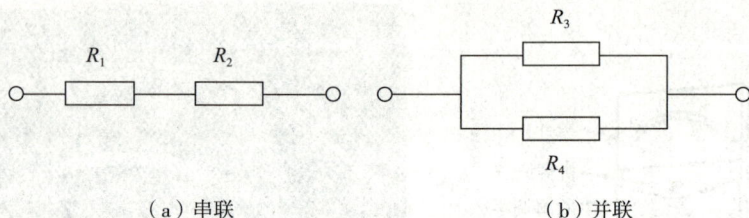

（a）串联　　　　　　　　　（b）并联

实验图 5-3　电阻的测量

（二）测量直流电压

1. 分别按实验图 5-4（a）和 5-4（b）连接电路。
2. 选择适当的直流电压量程档位。
3. 分别测量 R_1、R_2 上的电压和 R_1、R_2 串联后的总电压并记录在表格中。
4. 分别测量 R_3、R_4 上的电压和 R_3、R_4 并联后的总电压并记录在表格中。

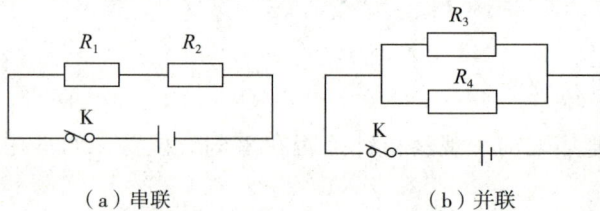

（a）串联　　　　　　　　　（b）并联

实验图 5-4　直流电压、电流的测量电路

（三）测量直流电流

1. 选择万用电表适当的直流电流量程档位。
2. 测量通过 R_1、R_2、R_3、R_4 的电流，记录在表格中。

测量通过实验图 5-4（a）电路和实验图 5-4（b）电路的总电流，记录在表格中。

（四）用万用电表判断保险管和烙铁芯的通断状况

保险管的内部是一根热敏的金属导线，当电流过大时产生的热量会熔断该部分导线对电路起到保护作用；烙铁芯的内部是一个电热丝，通电后能够产热。我们可以用万用电表的电阻档来判断保险管和电热丝的通断状况，从而判断保险管和烙铁芯的好坏，这也是万用电表最常用的功能之一。

1. 取外观完好但是内部通断不一的保险管和烙铁芯各 10 个。
2. 将万用电表调至电阻 ×1k 档，调节欧姆调零旋钮，使指针指在刻度的零位置上。
3. 用表笔同时接触保险管两侧的金属部分，指针迅速回到零或很接近零的位置，说明该保险管是好的，内部的保险丝正常；如果指针不动或微微只动一点点，说明保险管是坏的，内部的保险丝是断开的。

4. 用表笔同时接烙铁芯外露的两根导线，指针迅速回到零或很接近零的位置，说明该烙铁芯是好的，内部的电热丝正常；如果指针不动或微微只动一点点说明该烙铁芯是坏的，内部的电热丝是断开的。

5. 同样的原理我们还可以测量一根外观绝缘层完整的导线其内部是否正常。

六、实验记录

记录表格：

测量项目	R_1	R_2	R_3	R_4	$R_1 + R_2$	$\dfrac{R_3 \cdot R_4}{R_3 + R_4}$
电阻（Ω）						
直流电压（V）						
直流电流（mA）						

七、实验报告（学生完成）

思考题

1. 测量电流时，万用电表是串联还是并联在电路中？
2. 使用万用电表前，在什么情况下要先调零？
3. 用万用电表判断电路、电器的通断时应该选用什么工作状态？为什么？

实验六　测电源电动势和内阻（设计性实验）

一、实验目的

1. 测定干电池的电动势和内阻。
2. 综合运用闭合电路欧姆定律的知识，培养自行设计实验方案的能力。

二、实验原理

闭合电路欧姆定律——闭合电路中的电流 I 跟电源的电动势 E 成正比，跟整个电路的总电阻 R 成反比。用公式可以写成以下三种形式：

$$E = IR + Ir$$
$$E = U + Ir$$
$$E = U + \frac{U}{R \cdot r}$$

1. 任选上面一式，测出两组数据，解方程求出 E 和 r。
2. 测量（或计算）U、I 值 5～6 组，以 U 为纵坐标、I 为横坐标，绘出 $U - I$ 图线，求出 E、r 值。

三、实验器材

干电池、电流表、电压表、电阻箱、滑线变阻器、电键、导线。

待测电源用一节干电池，对应上面的三个公式可任选如下一组器材：

（1）采用一只电流表和一个电阻箱。

（2）采用一只电压表、一只电流表和一个滑线变阻器。

（3）采用一只电压表和一个电阻箱。

四、实验步骤

下面就采用一只电流表和一个电阻箱，来进行间接测量电源电动势 E 与内电阻 r。其实验步骤如下：

1. 将干电池、电流表、电阻箱、电键按实验图 6 - 1 连接。

2. 适当选择电阻箱的电阻，使电路闭合时电路中的电流为某一定值。

3. 记下电阻箱的电阻 R_1 和电路中的电流 I_1。

4. 改变电阻箱的电阻几次，使电流的数值随之改变。记下每次的电阻和电流值。

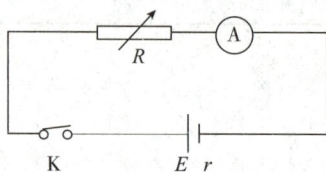

实验图 6 - 1　测电源电动势和内阻的实验电路

五、实验记录与计算

1. 列方程处理数据，根据 $E = IR + Ir$，利用表中任意两组测量数据，解方程求出 E、r。

实验次数	外电阻 R （Ω）	电流 I （A）	路端电压 U （V） $= IR$
1			
2			
3			
4			
5			

2. 以 U 为纵坐标、I 为横坐标，作出 U - I 图线，求出 E、r 值，直线在 U 轴上的截距（$I = 0$，$E = U$）就是 E，直线在 I 轴上的截距（$U = 0$，$r = E/I$）就是 r。

六、注意事项

1. 干电池使用时间长，E 和 r 会发生明显变化，每次测量通电时间要尽量短，读完数值应立即切断电源，实验中电流不要调得太大，干电池不宜超过 0.3A。此外，还要注意电流不得超过电阻箱和滑线变阻器的额定电流值。

2. 根据实验电流的大小，选择电表适当的量程，注意电表安全。

七、实验报告（学生完成）

思考题

1. 为了电表的使用安全，在电源开关闭合前后，滑线变阻器阻值应如何变化？是由大到小，还是由小到大？

2. 为了考虑干电池的允许电流，实验中电阻箱 R 值的安全值应不小于多少？

3. 请采用"一只电压表、一只电流表、一个滑线变阻器"和"一只电压表、一个电阻箱"的两组实验器材，设计电路图，说明如何来测量电源电动势与内电阻。

4. 如果选择"采用一只电压表和一个电阻箱"的实验方案，请画出实验电路图，写出实验步骤。

实验七　牙科技工室中的安全用电常识和电源线、接地线、保险丝及插头插座的基本检查与维修

一、实验目的

1. 明确牙科技工室中的安全用电常识。
2. 学会检修牙科设备的电源线、接地线、保险丝及插头插座。

二、实验器材

万用电表、电烙铁、电工刀、钳子、起子（改锥）、试电笔、导线、保险丝、绝缘胶布等。

三、安全常识与检修设备步骤

现代口腔工艺设备是构建现代义齿加工技术体系的一大支柱。牙科技工室中，要制作精美的义齿，要用到各种成型设备，如铸造设备、打磨机、切割器、抛光设备、高速涡轮机和烤瓷炉等，没有一个不与电打交道，因此，除了熟练掌握工具，正确使用设备外，设备与人员的安全常识和设备的基本检修也是非常重要的环节。

（一）安全用电常识

1. 使用仪器设备过程中人的安全保护　仪器设备造成人体损伤的主要形式就是电击。人体各处电阻不同，皮肤的电阻较大，内部组织和细胞的电阻较小。体内组织含水量越大，离子也越多，呈现电阻越小，损伤程度就越大。电击造成人体损伤程度与电压大小（或电流大小）、电源频率、电流流经人体的途径、电流通过人体的持续时间、人体健康状况等因素有关。

电击是指电流从体外流进体内时所产生的触电现象。电击可分为两类：一类称为微

电击，它是直接流进心脏内部的小电流引起的电击。如：体内心脏起搏器的导管和电极均导电，如果漏电，将有电流直接进入心脏，引起心室纤颤。另一类称为强电击，当人体与电源相接触，有较大电流通过体内组织，造成强电击，如果电流通过体内心脏等器官时，就会产生心室纤颤，危及生命。

在牙科技术中，为了减小技工室工作人员触电的可能性，可以在绝缘隔离的基础上，再增加附加的保护措施。

接地保护法　这种方法是将已进行绝缘隔离的仪器金属外壳与大地相接。这样能防止因漏电原因机壳电击伤人。

双重绝缘隔离法　一次绝缘是在带电导体和机壳之间的绝缘隔离，二次绝缘是在机壳外加绝缘层。这样即使发生机壳漏电故障，也能防止人接触到机壳而触电。

低压供电法　很多电器（特别是电子诊断仪）采用低压电池、低压绝缘变压器供电。如果电压低到安全程度，不加绝缘也不会产生强电击，但若电流直接加到心脏仍然会产生微电击。

浮地法　在一次绝缘隔离的基础上，使设备供电电源浮地。在市供电系统与设备之间加一个隔离变压器，由变压器不接地的次极对设备供电，进入设备的两根电线都和地没有联系。所以人体与地之间构不成回路，自然不会有漏电电流经过人体。

如果一旦触电必须急救，急救关键是要及时，首先要采用正确的方法使其脱离电源，然后根据伤者情况迅速采取人工呼吸或人工胸外心脏挤压法进行急救，同时立即报告医疗机构。

使触电者脱离电源方法如下：①拉闸：迅速拉下闸刀或拔出电源插头。②拨线：若电闸一时找不到，应使用干燥木棒、木板将电线拨离触电者。③隔离或砍线：若电线被触电者抓在手里或粘在身上拨不开，可设法将干木板塞到其身下，使其与地面隔离。也可用有绝缘柄的斧子砍断电线。④拽衣：若上述条件都没有，而触电者的衣服又是干的，且施救者穿着干燥或绝缘性好的鞋子，则可找干燥的衣物包住施救者的一只手，拉住施救者的衣服，使其脱离电源。

必须指出：一是施救者在施救时，尽可能站在绝缘物体（如干燥木板）上；二是上述方法仅适用220/380V电压的抢救，对于高压触电，应立即通知供电部门采取相应措施。

2. 电器设备的安全保护　不同的牙科用电器要求不同，保护措施也各异，但原则上应注意以下几点：

一是电器设备不能暴晒，不能放在温度较高的地方，要避免灰尘进入仪器内部。如不能放在窗口边和靠近暖气的地方，避免太阳的暴晒和设备元件的变质。

二是使用设备时，要严格按照说明书要求操作。要检查电源电压是否与设备额定电压相符，相符方可通电。

三是检修更换保险丝时，切不可换上比原来所用规格大的保险丝（不能超过设备允许通过的最大电流），否则将失去保险作用。更不能用导线代替保险丝，因为其对电流的承受能力远大于保险丝，达不到保险的目的。保险丝熔断，很可能是仪器出了故障，要排除后方可通电。

四是拨动或旋转开关时，必须缓缓用力，当转不动时，说明已经到了极限，切不可再用力猛旋，否则会损坏开关、电位器，损坏电器内部其他元件。

五是在使用仪器过程中，若出现有冒烟、怪味、元件变黑等现象，必须立即断电进行修理。

（二）检修牙科设备的步骤

安全检修要诀：遵守规程，断电作业，身地绝缘，单手操作，不触二线，安全第一。

1. 电源线　经过长时间的使用，电源线会因为使用不当或绝缘层老化而发生短路、断路故障。

短路故障：即本来不应接通的电路，因导线之间的绝缘外皮破裂或击穿、接点变形、接点螺丝松动、搭碰等原因，火线与地线被意外地连接起来，引起电流增大，使保险丝、电器等设备烧坏。

断路故障：因使用不当、使用时间过长、接点不牢或元件损坏等原因，引起断线。

检查牙科设备故障的步骤：

（1）观察电源线绝缘外皮是否有破损，芯线是否外露，两芯线是否相碰。

（2）用改锥轻触连接点，检查连接点是否牢固，并观察其是否发生形变、锈蚀。

（3）检查电源线路是否短路或断路。

若电源线老化，必须更换新线，电源线芯线外露，则用绝缘胶布包裹严密；若是两线芯线相碰，则用绝缘胶布分别包裹严密，使它们分离；若是接头、螺丝松开，则重新接好，拧紧。

2. 接地线　为了防止因绝缘损坏而使设备外壳带电，凡是金属外壳的牙科仪器和设备都必须把外壳接地。可移动的仪器要通过三孔插座来接地，接地线需可靠连接。凡需接地的，必须安装完整的接地装置，然后把仪器和设备的金属外壳通过接地线与接地装置连接。接地装置的接地电阻，不得大于4欧姆。

没有接三线插头的仪器设备，要专门从仪器的金属外壳或仪器金属外壳的背板接地旋钮处引出一地线接在室内自来水管上。

长期使用，会发生接头松动、锈蚀，必须用小刀刮去锈蚀，用活口扳或改锥拧紧螺丝，若锈蚀严重，应该更换部分装置或全部装置。

3. 保险丝　为了防止线路或仪器内部电路短路事故造成损失，线路和仪器须安装保险。若保险过载熔断，查明原因后，更换同规格保险丝，可以用万用电表判断保险的好坏。

4. 插头、插座　插头、插座是供设备连接电源用的。常用的有双孔插头、插座和三孔插头、插座，实验图7-1（a）为双孔插头和插座实物图。实验图7-1（b）为三孔插座和插头实物图。

由于长时间使用，插头内线接头、螺丝松动会造成短路、断路故障。若发生这类故障，应重新安装插头。若是插头老化，则应该更换新插头。检修插座的步骤如下：

（1）双孔插座要正确接线，应该根据插座线排列顺序连接。插孔水平排列时，相线接右孔，零线接左孔，即"左零右火"；垂直排列时，相线接上孔，零线接下孔，即"下零上火"。使用试电笔检查若有误，须断电后，调换二线位置重新接线，见实验图7-2（a）。

（a）双插座、插头实物图   （b）三插座、插头实物图

实验图7-1　插头和插座

（2）三孔插座的正确接线是下方的两个孔是接电源线的，左孔接零线，右孔接火线，上面的一个孔接地线，见实验图7-2（b）。用万用电表的电阻档测接地电阻，接地电阻小于4Ω；使用试电笔检查零线、火线位置，若有误须断电，然后调换二线位置，重新接线。

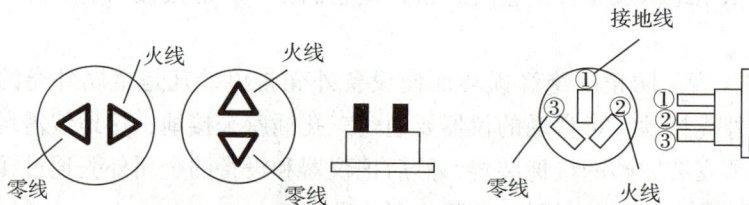

（a）双孔插座、插头   （b）三孔插座、插头

实验图7-2　插头、插座

（3）若电路有电，而用试电笔测试插座无电，有可能是插座内接线螺丝松动造成，应拉下总开关，切断电源，用改锥将螺丝拧紧。

（4）用试电笔测试插座有电，但插头插入无电输出，是因为插座里的铜片因使用日久，而向外弯曲，插头无法触及铜片。发现这种情况，应先拉下总开关断电，再用小改锥把铜片顶弯向内侧，并用小刀将铜片上的脏物刮去。

（5）若发现插座内铜片断裂或插座老化，则应更换新插座。

（6）在检修多用插线板时，连接插头和插板所用的三芯电线的颜色是不同的，习惯上红色或棕色用来连接火线，蓝色或白色用来连接零线，黄绿相间的电线用来连接接地线。

四、实验步骤

1. 检查、维修仪器设备的电源线。
2. 检查、维修仪器设备的接地线。
3. 检查、维修仪器设备的保险。
4. 检查、维修仪器设备的插头与插座。

五、实验报告（学生完成）

思考题

1. 检查维修电路和电器设备的安全要诀是什么？
2. 技工室中使用牙科设备过程中人的安全保护有哪些？
3. 电源线、接地线、保险和插头、插座如何来检修？

附录一　国际单位制（SI）

　　国际单位制是第11届国际计量大会通过的作为一种先进、实用、简单、科学的计量单位制，其国际代号是SI，我国简称为国际制。

（一）国际制（SI）基本单位表

物理量的名称	单位		
	名称	中文代号	国际代号
长度	米	米	m
质量	千克（公斤）	千克	kg
时间	秒	秒	s
电流	安培	安	A
热力学温度	开尔文	开	K
发光强度	坎德垃	坎	cd
物质的量	摩尔	摩	mol

（二）本书常用物理量的国际制（SI）单位

物理量的名称	单位名称	单位代号	备注
角、旋转角	弧度	rad	1 弧度 = 57°18′
长度、距离、路程位移、振幅、波长	米	m	1 埃 = 10^{-10} 米
时间、周期	秒	s	
频率	赫兹	Hz	
速度	米每秒	m/s	
加速度	米每秒平方	m/s^2	
角速度	弧度每秒	rad/s	
面积	平方米	m^2	
体积	立方米	m^3	
质量	千克（公斤）	kg	1 克 = 0.001 千克 1 吨 = 1000 千克

续表

物理量的名称	单位名称	单位代号	备注
密度	千克每立方米	kg/m³	1 克/厘米³ = 1000 千克/米³
力	牛顿	N	1 千克（力）= 9.8 牛顿
压强	帕斯卡	Pa	1 毫米汞柱 = 133.3 帕斯卡
			1 标准大气压 = 760 毫米汞柱 = 101325 帕斯卡
			1 工程大气压 = 1 千克（力）/厘米² = 98067 帕斯卡
功、能、热	焦耳	J	1 千克（力）·米 = 9.8 焦耳
			1 电子伏特 = 1.60×10^{-10} 焦耳
			1 卡 = 4.18 焦耳
			1 千瓦小时 = 3600000 焦耳
功率	瓦特	W	1 千瓦 = 1000 瓦特
			1 千克（力）·米/秒 = 9.8 瓦特
			1 马力 = 75 千克（力）·米/秒 = 735 瓦特
倔强系数、表面张力系数	牛顿每米	N/m	1 达因/厘米 = 0.001 牛顿/米
温度	开尔文	K	1 摄氏度 = 1 开尔文
电量	库仑	C	
电流强度	安培	A	
电场强度	牛顿每库仑 或伏特每米	N/C V/m	
电势、电势差、电压 电动势	伏特	V	
自感系数	亨利	H	1 亨利 = 10^3 毫亨 = 10^{12} 微亨
电阻、感抗、容抗	欧姆	Ω	
磁感应强度	特斯拉	T	
磁通量	韦伯	Wb	
发光强度	坎德拉	cd	
光通量	流明	Lm	
照度	勒克斯	Lx	

附录二 常用的物理恒量

静电力恒量	$K = 9.0 \times 10^9$ 牛顿·米^2/库仑	真空中光的光速	$c = 3.00 \times 10^8$ 米/秒
基本电荷	$e = 1.60 \times 10^{-19}$ 库仑	氢原子的半径	$r = 0.53 \times 10^{-10}$ 米
电子的质量	$m_e = 0.91 \times 10^{-30}$ 千克	普朗克量	$h = 6.63 \times 10^{-34}$ 焦耳·秒
质子的质量	$m_p = 1.67 \times 10^{-27}$ 千克	电子伏特	$ev = 1.60 \times 10^{-10}$ 焦耳
中子的质量	$m_n = 1.67 \times 10^{-27}$ 千克	玻尔兹曼常数	$k = 1.38 \times 10^{-23}$ 焦耳/（分子·开）
α 粒子的质量	$m_a = 6.64 \times 10^{-27}$ 千克	阿伏伽德罗常数	$N = 6.02 \times 10^{23}$/摩尔
原子质量单位	$u = 1.66 \times 10^{-27}$ 千克		

附录三　希腊字母及读音

字母		读音		字母		读音	
A	α	Alpha	啊尔发	N	ν	Nu	纽
B	β	Beta	贝塔	Z	ξ	Xi	克西
Γ	γ	Gamma	伽马	O	o	Omicron	欧米克伦
Δ	δ	Delta	得尔塔	Π	π	Pi	派
E	ε	Epsilon	衣普西隆	P	ρ	Rho	洛
Z	ζ	Zeta	尾塔	Σ	σ	Sigma	西格马
H	η	Eta	艾塔	T	τ	Tau	陶
Θ	θ	Theta	西塔	Υ	υ	Upsilon	尤皮西隆
I	ι	Iota	育塔	Φ	φ	Phi	佛爱
K	κ	Kappa	卡帕	X	χ	Chi	克黑
Λ	λ	Lambda	兰姆达	Ψ	ψ	Psi	普西
M	μ	Mu	米尤	Ω	ω	Omega	欧米嘎